Abgrenzungen der Landesteile der Kapitel I–VI und die Übersicht der Biome

I	Nördliches Hochland
II	Der Westen
III	Bale, Arsi und Harar
IV	Kaffa
V	Rift Valley und Afar
VI	Der Osten

Sahel Biome

Sudan-Guinea Savanna Biome

Somali-Masai Biome

Afro-tropical Highlands Biome

Somalia

Die hier dargestellte Abgrenzung der Landesteile soll nur die räumliche Zuordnung zu den einzelnen Kapiteln erleichtern. Es handelt sich nicht um exakte Grenzen geografischer, politischer oder historischer Einheiten.

Biome nach Fishpool & Evans (2001)

Noahs Rabe
Artenvielfalt in Äthiopien

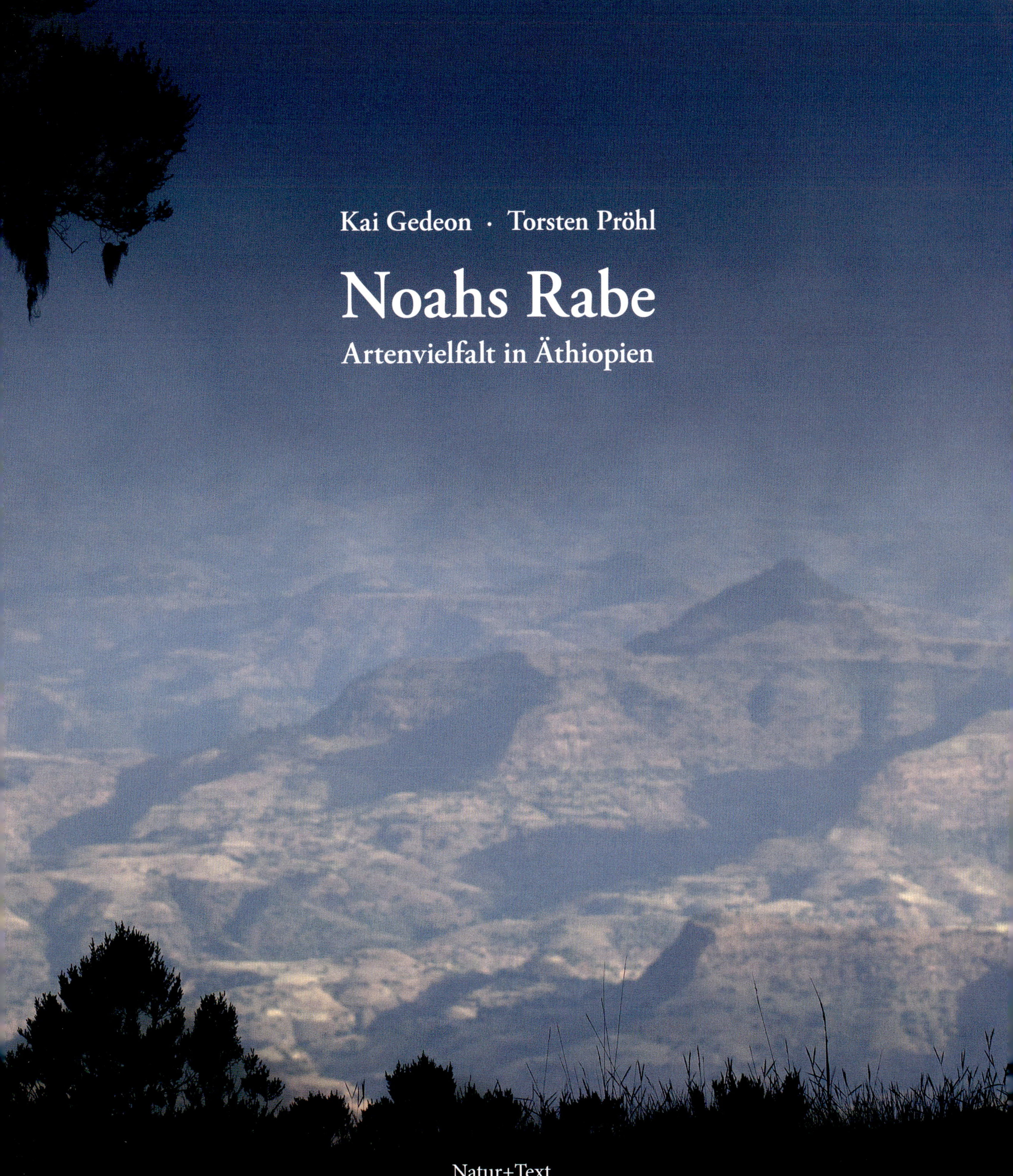

Kai Gedeon · Torsten Pröhl

Noahs Rabe

Artenvielfalt in Äthiopien

Natur+Text

Unseren Freunden und Weggefährten in Tigray, Amhara, Oromia, Afar, Somalia und anderen Regionen am Horn von Afrika. Naturschutz kennt keine Grenzen.

Inhalt

Zum Geleit

Der afrikanische Kontinent hat nie etwas von seiner Faszination verloren. Unser Zugang und unsere Auseinandersetzung mit den Menschen und der Natur dieses Kontinents aber verändern sich hoffentlich für alle zum Besseren. Im Angesicht der großen Leiden, verursacht durch europäische Kolonisation auch in ihren langandauernden Wirkungen – wir wissen von vielen Naturzerstörungen, ausgelöst durch moderne Formen der Ausbeutung –, erscheint es wie ein Wunder, welch kultureller und natürlicher Reichtum uns in Afrika noch begegnet. Dies gilt ebenso für Äthiopien. Äthiopiens Menschen und Natur standen und stehen noch immer nicht so im Licht der öffentlichen Aufmerksamkeit, wie dies etwa für südostafrikanische Regionen gilt. Mit dem Buch *Noahs Rabe. Artenvielfalt in Äthiopien* zeigen Kai Gedeon und Torsten Pröhl uns allen, welchen Reichtum Äthiopien beherbergt. Es ist dies das erste populärwissenschaftliche Buch über die Natur und insbesondere die Vogelwelt Äthiopiens in deutscher Sprache. Die beiden Autoren referieren in ihrem Buch auch auf die historische Dimension der europäischen Auseinandersetzung mit dieser Region und verknüpfen dies mit einer außerordentlich respektvollen und inspirierenden heutigen Begegnung mit diesem Land. Es ist die Kombination der textlichen und fotografischen Qualität, die dieses Buch so besonders macht. In vielen Fällen werden äthiopische Tierarten zum ersten Mal überhaupt in dieser fotografischen Qualität der Öffentlichkeit vorgestellt. Zudem ist es eine Auseinandersetzung mit den Veränderungen und Naturzerstörungen, die auch in diesem Land – natürlich, ist man verführt zu sagen – zu beobachten sind.

Die beeindruckende Darstellung der Natur Äthiopiens in diesem Buch führt mich aber unweigerlich auch zum Thema der gesellschaftlich global wirksamen Entwicklungen. Bekanntermaßen wird die Kluft zwischen dem globalen Norden und Süden, im Besonderen auch die Unzugänglichkeit zu Wissen als eine Grundlage demokratischer Entwicklungen, immer größer. Ich stelle mir die Frage, in welcher Form der Wissensschatz, dokumentiert in diesem Buch, auch für Menschen in Äthiopien zugänglich ist oder gemacht werden kann. Wir, der globale Norden, stehen in der Pflicht, unseren Beitrag zur Beantwortung dieser Frage zu leisten, und wir, das Museum Koenig als ein naturkundliches Museum des globalen Nordens, umso mehr. Wir versuchen dies durch befruchtende wissenschaftliche und wissenschaftsnahe Zusammenarbeit.

Kai Gedeon und Torsten Pröhl sind prädestiniert, diese Qualität zu erreichen. Beide setzten sich schon seit Jahren mit Äthiopien und dessen Tierwelt wissenschaftlich und publizistisch auseinander, und dieses Buch ist nun ein Produkt der jahrelangen Beschäftigung mit diesem Land. Wir sind sehr glücklich, hier am Museum Koenig in Bonn mit Kai Gedeon und Torsten Pröhl zusammenarbeiten zu dürfen und in vielen Projekten im Besonderen die Vogelwelt Äthiopiens zu erforschen und bekanntmachen zu können. Ein wesentlicher Aspekt der Zusammenarbeit ist auch die Analyse der Auswirkungen der Landnutzung und des Klimawandels auf ausgewählte äthiopische Vogelarten.

Ich wünsche diesem Buch eine große Leserschaft als Würdigung der Leistungen Kai Gedeons und Torsten Pröhls. Ich wünsche mir für dieses Buch auch eine große Leserschaft, um etwas für dieses Land, seine Menschen und seine Natur zu bewegen. Was ich damit ausdrücken möchte ist meine Hoffnung, wirkmächtige Menschen, von denen es bei uns sehr viele gibt, mit diesem Buch zu erreichen.

Bonn, 18. Februar 2022

Bernhard Misof
Generaldirektor
Leibnizinstitut zur Analyse des
Biodiversitätswandels, Museum Koenig Bonn

Linke Seite: Etwa 40 Arten umfasst die Familie *Lybiidae* (Afrikanische Bartvögel). Zumeist brüten sie in Baumhöhlen. Einige Vertreter, wie der Ohrfleck-Bartvogel (*Trachyphonus darnaudii*), graben allerdings Niströhren, deren Eingänge auf ebener Erde liegen und die tief hinab in den Boden reichen.

Einführung

Fast hundertfünfzig Tage war die Arche nun unterwegs, und noch immer kein Land in Sicht. Der Duft von Kaffee und Weihrauch lag in der Luft und drang durch die Planken hinunter in die Kajüten, wo dicht gedrängt Elefanten, Giraffen, Nashörner und unzählige andere Tiere in engen Käfigen ausharrten. Noah fegte den eisernen Löffel beiseite, mit dem er gerade die frisch gerösteten Bohnen von einem heißen Blech geschoben hatte. Die Stirn in Falten gelegt und mit schmalen Lippen trat er an die Reling und schaute über das endlose Wasser hinweg zum Horizont. Hatte er dem ausgesandten Raben nicht aufgetragen, rasch zurückzukommen? Mit einer schroffen, unwilligen Bewegung wandte er sich um, als er ein raues Krächzen vernahm. Der Bote war zurückgekehrt, endlich.

Was sich nun zwischen den beiden abgespielt hat, ist nicht überliefert. Sicher ist jedoch, dass Noah nach einigen Minuten die Zornesröte ins Gesicht stieg, er den Kaffeelöffel ergriff und dem Raben damit unverhofft einen Schlag auf den Hinterkopf versetzte. Wie sich herausstellte, war der Vogel unverrichteter Dinge zurückgekehrt. Das rettende Land hatte er nicht gefunden und stattdessen müßig seine Zeit vertrödelt! Die Beteuerung des Raben, dass der Wasserspiegel noch immer nicht gefallen war, ließ Noah nicht gelten. Nachdem er sich gefasst hatte, sandte er Tauben auf die Reise, die die Aufgabe schließlich zu seiner Zufriedenheit erledigten. Die Arche landete alsbald am Berge Ararat, und die Tiere besiedelten von hier aus erneut die Erde. Der Rabe jedoch muss seit jenem Vorfall mit dem Mal seines vermeintlichen Versagens leben – einem großen weißen Fleck am Nacken, dort, wo sich Noahs biblischer Zorn entlud.

So oder ähnlich erzählt man sich die Geschichte in Äthiopien. Die Verfasser des Alten Testaments haben den Raben zwar erwähnt, übergingen jedoch seine tragische Rolle und das harsche Verhalten Noahs. Stattdessen wird die Leistung seiner gefiederten Nachfolger in gleich fünf Versen gewürdigt. Die Popularität der Taube ist nicht mehr aufzuhalten. Mit einer 1949 von Pablo Picasso geschaffenen Lithografie steigt sie endgültig auf in das Pantheon der weltweit bekanntesten Symbole. Sie wird zum Botschafter des Friedens und der Völkerverständigung. Eintausendzweihundert Tauben stiegen bei der Eröffnung der Olympischen Spiele 1988 in die Luft. Zum letzten Mal, denn nachdem einige der Vögel im olympischen Feuer ums Leben kamen, findet ihr Auftritt vor einem Millionenpublikum nur noch im Rahmen von Choreografien oder als Computeranimation statt.

Ja, Noahs Rabe hätte es werden können: eine Ikone der Weltgemeinschaft! Es sollte anders kommen. In das Licht der internationalen Öffentlichkeit trat er erst wieder 1836, als der Frankfurter Afrika-Reisende Eduard Rüppell die wissenschaftliche Erstbeschreibung der Art veröffentlichte. Im Kreise der Taxonomen und Forscher wird der Rabe fortan *Corvus crassirostris* heißen. Im Deutschen ist er unter dem Namen Erzrabe bekannt, wobei sich die Vorsilbe „Erz" vom altgriechischen ἀρχή (archē) ableitet und für Anfang oder Führung steht. Und tatsächlich ist er der größte und schwerste Vertreter in der globalen Rangliste der über fünftausend Arten umfassenden Ordnung Passeriformes, zu denen die Rabenvögel gehören. Im Guinness-Buch der Rekorde wird er freilich, Sie ahnen es schon, übergangen – wieder einmal.

Das vorliegende Buch ist kein Reiseführer. Es geht vielmehr darum, ausgewählte Fakten und Hintergründe zu präsentieren, die für den naturkundlich interessierten Reisenden

Linke Seite: Erzrabe (*Corvus crassirostris*). Die mächtigen, seitlich zusammengedrückten und im Profil gebogenen Schnäbel geben den Vögeln ein markantes Aussehen. Welchem Zweck diese Schnabelform dient, ist Forschern bis heute ein Rätsel.

aufschlussreich sein könnten. Die sechs Hauptkapitel (I–VI) behandeln unterschiedliche Landesteile, wobei sich deren Abgrenzung an den biogeografischen Gegebenheiten orientiert. Eine zugehörige Karte findet sich auf dem Vorsatz. Die Kapitel I und III beschreiben die Situation im Nördlichen Hochland und in den Gebirgen westlich des Rift Valley. Diese Gebiete werden dem Biom der Afro-tropical Highlands zugerechnet. Der Westen (Kapitel II) gehört dem Sudan-Guinea Savanna Biom an, während die Artengemeinschaften im Rift Valley, in Afar und in den östlichen Landesteilen (Kapitel V und VI) dem Somali-Masai Biom zugerechnet werden. Im Südwesten Äthiopiens (Kapitel IV) sind die genannten Biome eng verzahnt. Wir haben dieses Kapitel Kaffa genannt, wohl wissend, dass es verschiedene historische Entitäten mit gleicher Bezeichnung und unterschiedlichen Grenzen gibt. Neben Kaffa wird auch der Name Kafa verwendet. Unterschiedliche Schreibweisen gibt es auch bei unzähligen anderen Orten, Gebirgen und Gewässern, ebenso wie bei Sprachen und Ethnien. Wir haben uns bemüht, die jeweils aktuellen und geläufigsten Varianten zu verwenden. Englischen Bezeichnungen haben wir wegen ihrer weiten Verbreitung den Vorrang gegeben. Deren Verwendung hat außerdem den Vorzug, dass sie weitergehende Recherchen, etwa im Internet, erleichtern. Bei der Abgrenzung und Benennung von Organismen gibt es ebenfalls Unterschiede. Sie spiegeln zum einen den sich fortlaufend ändernden Erkenntnisstand wider, zum anderen die konkurrierenden Auffassungen von Experten. Bei den Vogelnamen folgen wir der *Illustrated Checklist of the Birds of the World* (del Hoyo & Collar 2014/16), bei den Säugetieren der *Illustrated Checklist of the Mammals of the World* (Burgin et al. 2020). Schwieriger war es, sich auf einen einheitlichen Referenzrahmen für Sprachen und Ethnien festzulegen. Als Orientierung dienten uns die 22. Edition von *Ethnologue*, ein jährlich aktualisierter Katalog von über 6.700 Sprachen (Eberhard et al. 2019) sowie die Datenbank glottolog.org des Max-Planck-Instituts für Menschheitsgeschichte (Jena).

Innerhalb der Kapitel I bis VI finden sich jeweils vier Abschnitte. Zunächst wird auf historische Aspekte der natur-

Bestände von Fackellilien (*Kniphofia foliosa*) erstrecken sich auf den alpinen Matten bis 4.000 m ü. NN. Ihre Rhizome werden von der lokalen Bevölkerung zur Linderung von Bauchkrämpfen verwendet.

kundlichen Entdeckung des Gebietes eingegangen. Im Fokus des Abschnitts „Frühe Reisende" stehen dabei Forscher, die unser Wissen in herausragender Weise erweitert haben. Es ist weder Willkür noch Zufall, dass das Wirken von Zoologen aus dem deutschsprachigen Raum dabei einen breiten Raum einnimmt. Bis zum Beginn des 20. Jahrhunderts galten Eduard Rüppell, Theodor von Heuglin, Carlo von Erlanger und Oscar Neumann als unbestrittene Koryphäen, was die Erkundung der Tierwelt am Horn von Afrika betrifft. Im Abschnitt „Menschen und Landschaft" stehen biogeografische Aspekte sowie der Einfluss der Landnutzung durch den Menschen im Vordergrund. Bei der anthropogenen Transformation der Landschaften kommt der Domestizierung einzelner Pflanzen- und Tierarten eine besondere Rolle zu, wie an Teff, Khat und Kaffee sowie anderen Beispielen gezeigt wird. Zudem streifen wir, zumindest kurz, die erstaunliche linguistische und ethnologische Vielfalt. Die verbleibenden Abschnitte „Biodiversität" und „Vogelwelt" beschäftigen sich mit den Lebensräumen sowie Tier- und Pflanzenarten des jeweiligen Gebietes. Dass den Vögeln ein separater Abschnitt gewidmet wird, ist unserem Interessenschwerpunkt, aber auch dem vergleichsweise guten ornithologischen Kenntnisstand geschuldet.

Das Kapitel „Reiseziele" soll den ambitionierten Beobachter zu eigenem Erkunden anregen. Eine zugehörige Karte findet sich auf dem Nachsatz. Die von uns erwähnten Arten stellen nur eine verschwindend kleine Auswahl dar und betreffen lediglich Vögel und Säugetiere. Birdern können wir zwei englischsprachige Bücher empfehlen, die detaillierte Angaben zu einzelnen Beobachtungspunkten liefern: *Where to watch birds in Ethiopia* von Spottiswoode et al. (2015) und *Birding Ethiopia* von Behrens et al. (2010). Unser Buch endet mit einem Epilog, in dem wir einige Aspekte des Naturschutzes noch einmal hervorheben. Das Thema mit seinen vielen Facetten und seiner brennenden Aktualität kommt auch in den vorangegangen Kapiteln immer wieder zur Sprache.

Ohne die Hinweise, Ratschläge sowie die Unterstützung unserer mit Äthiopien eng verbundenen Freunde, Kollegen und Bekannten wären weder unsere Touren noch das vorliegende Buch zustande gekommen. Zahllose Gespräche und Nachrichten, aber auch manche gemeinsamen Stunden im Feld haben uns zu wertvollen Einsichten verholfen. Stellvertretend möchten wir uns bedanken bei Abadi Mehari, Abdu Selam, Abebayehu Desalegn, Adem Dube, Afework Bekele, Agaju Derebew, Alazar Daka, Alemayu Addissu, Ali Guche, Andrew Bladon, Anteneh Shimelis, Anteneh Tesfaye, Awel Mohammed, Bellow Shiferaw, Bruktawit Abdu, Daan Vreugdenhil, Elias Birhane, Fanuel Kebede, Fekede Regassa, Gertrud und Helmut Denzau, Girma Amante, Gobena Getu, Habtamu Argaw, Jamal Kassim, Kassahun Ayele, Kumara Wakjira, Kumlachew Mesfin, Lars Podsiadlowski, Lutz Reißland, Mekkonen Tassew, Mengistu Wondafrash, Merid Gabremichael, Mihret Ewnetu, Mohammednur Jemal, Nigel Collar, Nigel Redman, Niguse Negawo, Okoto Dida, Nuredin Adbi, Paul Donald, Samuel Jones, Shimelis Aynalem, Stefan Behrens, Tariku Getachew, Tesfaye Mekonnen, Till Töpfer, Vernon Head, Volker Sthamer, Yihenew Aynalem und Yilma Dellelegn. Bei der Bestimmung uns unbekannter Taxa konnten wir uns auf die Expertise von Christian Dietz, Eckhart Grimmberger, Jens Kipping, Andreas Nöllert und Ulrich Schuster verlassen. Emely Gedeon verdanken wir den Hinweis auf die volkstümliche Geschichte von Noahs Rabe. Der Elan und der Optimismus von Chemere Zewdie, Direktor im Oromia Forest & Wildlife Enterprise, war uns ein steter Ansporn. Almut Scheller-Mahmoud, Till Töpfer und Roland Lehmann haben die ersten Textentwürfe mit großer Sorgfalt gelesen und halfen uns mit ihren fundierten Hinweisen und Anregungen. Bei Layout und Lektorat konnten wir auf das Engagement, die Fachkunde und die Geduld von Katrin Wähner und Birgit Cirksena zählen. Kathrin Pröhl gilt unser besonderer Dank. Sie war Torsten stets eine treue Begleiterin und Gefährtin, hielt ihm jederzeit den Rücken für seine Arbeit frei, auch dann, wenn er allein unterwegs war. Die allermeisten Bilder dieses Buches wären ohne sie nicht möglich gewesen.

Noahs Rabe hat den Bewohnern der damaligen Arche keine frohe Kunde gebracht, nur die Einsicht, dass das rettende Land noch immer nicht in Sicht ist. Die heute durch Klimaerwärmung und Umweltzerstörung nahenden Fluten werden Wissenschaftlern zufolge erheblich länger dauern als die in der Bibel genannten einhundertfünfzig Tage. Wir täten gut daran, sie mit allen verfügbaren Mitteln zu verhindern, sodass die Arche nicht noch einmal Segel setzen muss.

Rechte Seite: Riesenlobelien (*Lobelia rhynchopetalum*). In etwa 50 Jahren – so die Prognosen unter Berücksichtigung von Klimadaten – werden über 95 % der für die Art geeigneten afro-alpinen Habitate verschwunden sein.

I Nördliches Hochland
Frühe Reisende

Ich war durch den Umgang mit hochbegabten Männern früh zu der Einsicht gelangt, daß ohne den ernsten Hang nach der Kenntniß des Einzelnen alle große und allgemeine Weltanschauung nur ein Luftgebilde sein könne.
Alexander von Humboldt

Eduard Rüppell (1794–1884)

Etwa eintausend Zuhörer drängten am 6. Dezember 1827 in die große Halle der Berliner Singakademie, um dem großen Forscher und Reisenden Alexander von Humboldt zu lauschen. Die Saalmiete für diese und die nachfolgenden 15 öffentlichen Kosmos-Vorlesungen hatte Humboldt aus eigener Tasche bezahlt, und die Tür stand allen offen, vom Arbeiter und Handwerksmeister bis zum König. Und alle kamen! Kronprinz Wilhelm vermerkte dazu: „Niemand von der ersten Gesellschaft, Damen und Herren, fehlt. Papa fand es lächerlich, daß alles hinströmte – kommt aber von heute an selbst …". Humboldt gilt als einer der letzten Universalgelehrten, Vater und Wegbereiter der Biogeografie, der Ökologie und der Klimakunde, um nur einige seiner Forschungs- und Interessensfelder zu nennen. Nach der Rückkehr von seiner legendären Südamerika-Reise und der Veröffentlichung der ersten Berichte wurde er bei öffentlichen Auftritten über Ländergrenzen hinweg bejubelt. Berge, Ströme und Städte wurden nach ihm benannt. Er war – folgt man dem heutigen Sprachgebrauch – ein Superstar, eine Ikone, ein Indiana Jones. Tatsächlich war die Erkundung ferner Länder im 19. Jahrhundert zu einer Art Popkultur geworden. Und Eduard Rüppell war der erste Europäer, der von diesem Geiste beseelt und mit ernster wissenschaftlicher Agenda das abessinische Hochland bereiste.

Freilich, andere waren vor ihm nach Abessinien aufgebrochen. Der Bekannteste unter ihnen, James Bruce, galt vielen allerdings als exzentrischer schottischer Abenteurer, dessen 1790 bis 1792 publizierte Reisebeschreibungen wenig glaubhaft schienen. Zu Unrecht, wie sich später herausstellte. Viele seiner Beobachtungen erwiesen sich als zutreffend, und seine Angaben sowie die Zeichnungen von Pflanzen und Tieren, die vor allem sein Begleiter Luigi Balugani anfertigte, führten zu den ersten wissenschaftlichen Benennungen äthiopischer Endemiten. Der Engländer Henry Salt, vorrangig in kommerzieller und diplomatischer Mission tätig, brachte Anfang des 19. Jahrhunderts erstmals Herbarbelege und Tierpräparate nach Europa. Sein ins Deutsche übersetzter Reisebericht erschien 1815 in Weimar. Dessen Lektüre und sein persönliches Zusammentreffen mit Salt zwei Jahre später in Kairo haben den jugendlichen Rüppell mit Sicherheit motiviert und beeindruckt, zeigten sie doch eines: Die Bereisung und naturkundliche Erforschung des mythischen und für Europäer bis dato weitgehend unbekannten Abessinien war möglich. Die erste wissenschaftliche Expedition mit dem Ziel Äthiopien sollte jedoch eine höchst staatliche, deutsche Angelegenheit werden. Sie startete 1824/25,

Linke Seite oben: Der endemische Hochlandfrankolin (*Scleroptila psilolaema*) besiedelt montane und alpine Grasländer, wobei der Bestand nur noch wenige verstreute Populationen umfasst. Farbe und Muster seines Gefieders bieten perfekte Möglichkeiten der Camouflage.
Unten: An den steinigen Hängen des Nördlichen Hochlandes ist der Erckelfrankolin (*Pternistis erckelii*) nicht selten. Oft sind die lauten Rufe der Männchen zu hören, die sie von exponierten Warten vortragen.

gefördert durch Humboldt und finanziert durch die Preußische Akademie der Wissenschaften. Die Reise von Christian Gottfried Ehrenberg und Friedrich Wilhelm Hemprich stand jedoch unter keinem guten Stern. Beide erreichten nur die Ausläufer des abessinischen Hochlandes im heutigen Eritrea, bevor mehrere Expeditionsteilnehmer schwer erkrankten und Hemprich verstarb. Humboldt selbst veröffentlichte 1826 einen Bericht zu den Forschungsergebnissen von Ehrenberg und Hemprich, einschließlich des gescheiterten Versuchs, ins äthiopische Hochland vorzudringen. Als dieser Bericht erschien, weilte Rüppell bereits in Massawa, seine Blicke auf die fernen Umrisse des äthiopischen Hochlandes gerichtet. Es war die Endstation seiner ersten Forschungsreise, die ihn über Ägypten und Arabien bis an die Küsten des Roten Meeres führte. Auch ihn und seine Begleiter zwangen Krankheit und Erschöpfung an dieser Stelle zur Aufgabe – vorläufig. Denn schon auf der Rückreise im September 1827 berichtete er seinem Kollegen und Freund Philipp Jakob Cretzschmar vom „feurigen Wunsche … recht bald für eine Reise in Abessinien … zurückzukehren, um in jenem Lande recht lange zu verweilen".

Eduard Rüppell, 1794 in Frankfurt am Main geboren, war Spross einer wohlhabenden Familie. Er verlor seinen Vater mit 17 Jahren und konnte über sein beträchtliches Erbe schon in jungen Jahren frei verfügen. Seine zunächst kaufmännischen Tätigkeiten ließ er alsbald ruhen, um sich als Privatmann ganz dem Reisen, Sammeln und Forschen zu widmen. Einen großen Teil seiner künftigen Schaffenskraft stellte er in den Dienst der 1817 gegründeten Senckenbergischen Naturforschenden Gesellschaft (heute Senckenberg Gesellschaft für Naturforschung). Seine Abessinien-Pläne sollten 1832 Wirklichkeit werden. Im April diesen Jahres schlossen sich er und sein Reisebegleiter Theodor Erckel einer zweihundertköpfigen Karawane an, die Waren vom Hafen in Massawa nach Enschetkab, dem Hauptort der damaligen abessinischen Provinz Simien, brachte. Zuvor hatte er Martin Bretzka, der bereits 1826/27 in seinen Diensten stand und dann nach Abessinien zurückkehrte, mit allem zwischenzeitlich gesammelten Material nach Alexandria geschickt. Von hier gelangte es wohlbehalten nach Europa, darunter Säugetierpräparate, Vogelbälge, Fische in Alkohol, Mollusken und Insekten. Der damals

Die grandiose Landschaft in Simien ist das Ergebnis von Vulkanismus, Vergletscherung und Erosion. Der dortige Nationalpark gehört seit 1978 zum UNESCO-Welterbe.

Kleinsäugerreiches Offenland sowie felsiges Gelände als Brutplatz gehören zu den Habitatrequisiten des Kapuhu (*Bubo capensis*). Die Aufzuchtphase überlebt oft nur ein Jungvogel, Kanibalismus jüngerer Geschwister gibt es regelmäßig.

übliche Reiseweg ins abessinische Hochland führte über den Taranta-Pass im heutigen Eritrea. Rüppell traf hier erstmals auf die charakteristischen Artengemeinschaften des Hochgebirges und inspizierte die Ausbeute der vorausgeschickten Sammler. Einer ganzen Reihe musealer Pflanzen- und Tierpräparate ist der eritreische Taranta-Pass als sogenannte „Typuslokalität" (Herkunftsort des ersten wissenschaftlich beschriebenen Exemplars einer Art) zugeordnet, obgleich dieser Ort im nördlichsten Zipfel ihres regulären, weitgehend auf Äthiopien beschränkten Verbreitungsgebietes liegt. Zu nennen wären hier etwa der Klunkeribis (*Bostrychia carunculata*) und die Weißringtaube (*Columba albitorques*).

Am 1. Juni 1832 bot sich Rüppell schließlich ein Anblick, der den heute Reisenden nicht mehr vergönnt ist: die weit herab mit Schnee bedeckten Gipfel des Simien-Gebirges. In seinem Reisebericht wird er später vermerken: „… alles vergegenwärtigt hier den Charakter der Hochalpen Europas, und es fehlen nur die malerisch gelegenen Sennhütten, die zerstreut weidenden Herden fetter Kühe und die Schweizer Hirten mit ihrer zierlichen Nationaltracht, um die Eindrücke meiner Alpen-Reise mir auf das lebhafteste in Erinnerung zurückzurufen." Wenngleich Rüppells Interessen vielgestaltig waren – er beschrieb Wetter und Landschaft, notierte heimische Bräuche, zeichnete Karten und historische Bauten und sichtete kostbare alte Handschriften –, so galt sein Hauptaugenmerk doch der Fauna des Landes. Dem Gouverneur der Provinz Simien erklärte er, der „eigentliche Zweck" seiner Reise bestehe darin, „von allen in der Umgegend wild vorkommenden Thieren einige Exemplare einzusammeln, da sich in meinem Vaterlande ein Palast befände, in welchem von allen Geschöpfen der Erde je ein Paar ausgestopft aufbewahrt würde, um so eine Art von Arche Noah darzustellen". Seinem äthiopischen Gastgeber und den anderen Anwesenden schien dieser Grund „genügend vorzukommen". Nicht aller Kandidaten für diese neuzeitliche Arche – gemeint war ganz offensichtlich die zoologische Sammlung des Senckenbergischen Vereins – konnte man indes habhaft werden. So berichtete Rüppell von einem „Schwarm weisser Papageien mit rothen Flügeln, die wir sonst in keiner Gegend Abyssiniens wieder fanden, und deren Aufenthalt in einer solch hohen Gebirgsregion merkwürdig ist." Trotz einiger Mühen wurde keiner der Vögel erbeutet, und bis heute ist unklar, um welche Art es sich hier gehandelt haben könnte. Von Simien aus führte Rüppells Weg nach Gondar und schließlich zur Gegend um den Tana-See. Unweit des Sees, am Oberlauf des Blauen Nils, erreichte er den südlichsten Punkt seiner Route. Im Mai 1833 trat er die Rückreise zur Küste an und war im darauffolgenden Jahr wieder in Deutschland, wo ihm in Frankfurt ein glänzender Empfang bereitet wurde.

Unter den zahlreichen wissenschaftlichen Veröffentlichungen des Forschers befassen sich zwei voluminöse Werke vorrangig mit Äthiopien. Von 1835 bis 1840 erschien in mehreren Lieferungen der Band *Neue Wirbelthiere zur Fauna von Abyssinien gehörig*. 1845 folgte die *Systematische Übersicht der Vögel Nord-Ost-Afrika's*. In beiden Werken werden zahlreiche neue Arten beschrieben, darunter faktisch alle der spektakulärsten Säugetiere und Vögel der Region. Insgesamt hat Rüppell sogenannte Erstbeschreibungen zu mehr als 120 Vogel- und etwa 40 Säugetierarten publiziert. Ein beträchtlicher Teil dieser Beschreibungen ist heute noch anerkannt, und die betreffenden Taxa werden als „valide" Arten bzw. Unterarten geführt. Neben den Vögeln und Säugern galt Rüppells vorrangiges Interesse den Fischen, von denen er über 200 Arten in das wissenschaftliche Schrifttum einführte, überwiegend solche aus dem Roten Meer und dem unteren Nilgebiet. Auch an der Beschreibung der von ihm gesammelten Wirbellosen, vor allem meeresbewohnenden Mollusken und Krebsen, war er beteiligt. Rüppells große Verdienste, auch auf weiteren Gebieten wie Mineralogie, Paläografie, Geografie und Numismatik, fanden rasch internationale Anerkennung. Als erster Ausländer erhielt er 1839 die prestigeträchtige Gold Medal der Royal Geographical Society in London, eine Ehre, die er mit späteren Afrikaforschern vom Format eines David Livingstone, Heinrich Barth oder Richard Francis Burton teilte.

Der Ausspruch „Sammler sind glückliche Menschen" wird Johann Wolfgang von Goethe zugeschrieben. Dass er auf Eduard Rüppell zutrifft, muss bezweifelt werden. Der Forscher wirkte auf seine Zeitgenossen abweisend, zynisch und unversöhnlich; er überwarf sich in seinen späteren Lebensjahren mit der Senckenbergischen Gesellschaft, und noch im Greisenalter brach er mit seinem einstigen Reisegefährten Erckel. Sein wissenschaftliches Werk schmälert diese persönliche Tragik nicht. Es ist im höchsten Maße analytisch, detailreich und anschaulich. Der gesellige und frohsinnige Humboldt muss Menschen vom Schlage Rüppells vor Augen gehabt haben, als er den „ernsten Hang nach Kenntnis des Einzelnen" beschwor. Jeder Synthese und Gesamtschau muss das Erfassen, Klassifizieren und Benennen vorausgehen. In seinen zoologischen Sammlungen und prächtigen Folianten hat Eduard Rüppell den Reichtum der abessinischen Fauna bewahrt und hinterlassen. Was für ein Glück – für uns!

Menschen und Landschaft

Ein heiliger Geist in Gestalt einer Schlange erschien vor Königin Saba und wies auf ein dünnes, goldenes Gras zu ihren Füßen, mit dem sie ihr Volk nähren sollte. Dieses wundersame Korn wurde Teff genannt.
Barnabas Solomon

Teff (*Eragrostis tef*)

Der Flug von Aksum nach Addis Ababa in einer Q400 Bombardier Turboprop dauert etwa eine Stunde. Er führt in niedriger Höhe vom nördlichen Teil Äthiopiens in die zentral gelegene Hauptstadt. Kurz nach dem Start geht der Blick über eine hügelige Landschaft, aus der einzelne schroffe Felsen herausragen. Im November sind die meisten Felder bereits abgeerntet, und je näher wir dem Tal des Tacazze-Flusses kommen, desto trockener und steiniger werden die ihm zufallenden Abhänge des Gebirges. Die Gegend um den großen Stausee erscheint nahezu kahl und menschenleer. Weiter südlich wandelt sich das Bild. Von hier bis Addis Ababa überfliegen wir eine endlos scheinende Hochfläche, die durch ein gigantisches Netz von Tälern und Schluchten zerfurcht ist. Das Land wird grüner, Siedlungen häufiger. Und schließlich breitet sich ein Mosaik aus Feldern und versprengten Hütten aus, so weit das Auge reicht. Wie unsere spätere Recherche zeigt, erreicht die Bevölkerungsdichte hier bis zu 300 Einwohner je Quadratkilometer. Zum Vergleich: In Brandenburg leben auf derselben Fläche ganze 82 Einwohner. Beide Regionen stellen vom Menschen nachhaltig veränderte Kulturlandschaften dar. Abessinien allerdings blickt auf eine sehr viel ältere, von landwirtschaftlichen Innovationen und früher Staatenbildung getragene Geschichte zurück.

Welche naturräumlichen Bedingungen und welche historischen Ereignisse haben den heutigen Charakter dieser afro-montanen Landschaft geprägt? Die geologischen Verhältnisse des äthiopischen Hochlandes sind das Resultat lang anhaltender vulkanischer Aktivitäten. Vor etwa 30 Millionen Jahren überzogen Ströme von Lava das Land. Das erstarrte Gestein türmte sich zu einer mächtigen Masse auf, die große Teile des heutigen Jemen und Äthiopiens bedeckte und deren ursprüngliches Volumen Experten auf 350.000 km^3 schätzen. Durch die einsetzende Erosion wurde ein beträchtlicher Teil dieser Basaltschicht wieder abgetragen. Zurück blieb eine tief zerklüftete Gebirgslandschaft mit silikatreichen Böden. Diese Böden sowie reicher Niederschlag in den Sommermonaten machen die Region zu einer der fruchtbarsten in ganz Afrika. Während des Frühen Holozäns (vor etwa 10.000 Jahren) war das Klima sogar noch feuchter als heute, und die Berge waren mit immergrünen Wäldern bedeckt, in höheren Lagen dominiert von Ostafrikanischem Wacholder (*Juniperus procera*) und Schlankem Afrogelbholz (*Afrocarpus gracilior*). Zunehmende Trockenheit führte im Mittleren Holozän dann zur Auflockerung der Vegetation, zu Bodenerosion und zur Ausbreitung von montanem Grasland. Die bioklimatischen Bedingungen vor etwa 5.000 Jahren waren damit denen von heute bereits sehr ähnlich.

Etwa zu dieser Zeit begann die dauerhafte menschliche Besiedlung des Hochlandes, vermutlich durch Zuwanderung aus den küstennahen Gebieten des Roten Meeres. Den frühen Siedlern waren neben der Viehzucht (Rinder, Schafe, Ziegen, Esel) auch die Kultivierung von Weizen und Gerste wohlbekannt. Allerdings konnten diese Getreidearten nicht ohne Weiteres auf den schweren, durchlässigen Tonböden (Vertisol) des äthiopischen Hochlandes angebaut werden. Vor etwa 3.000 bis 4.000 Jahren, vielleicht sogar früher, kam es zu einer entscheidenden lokalen Innovation, die den Weg ins Hochland bahnte: der Domestizierung des Teff (*Eragrostis tef*). Das kleinwüchsige, grasartige Getreide erreicht maximale Erträge in Höhenlagen um 2.000 m und ist

Heraufziehender Regen in den Choke Mountains. Im Nordwesten des Bergmassives, bei Gish Abay, liegen die legendären Quellen des Blauen Nils.

ideal an das Klima, die Tageslänge und die Bodenverhältnisse Nordäthiopiens angepasst. Die Anbaufläche, konzentriert im Nördlichen Hochland, umfasst heute ca. 2,5 Millionen Hektar und nimmt damit die Spitzenposition aller Getreidesorten ein. Teff ist der Hauptbestandteil der Nationalspeise Injera, einem aus Sauerteig hergestellten Fladenbrot. Eine Mahlzeit ohne Injera ist für die meisten Äthiopier undenkbar. Mit seinem hohen Eiweiß- und Mineralgehalt gilt das Getreide heute als „Superfood". Wie immer seine Zukunft im Ernährungsportfolio der Menschheit aussehen mag – Teff hat bereits heute Geschichte geschrieben, indem es die Besiedlung einer ganzen Gebirgsregion ermöglichte und ihr seinen landschaftlichen Stempel aufgedrückte. Der Vollständigkeit halber sei erwähnt, dass mindestens zwei weitere Nutzpflanzen

Zu den weit verbreiteten Greifvogelarten, von felsenreichen Abschnitten des Rift Valleys bis zu den Hochplateaus der Gebirge, gehört der Lannerfalke (*Falco biarmicus*). Er ist ein geschickter Vogeljäger, verschmäht aber auch kleinere Säugetiere und Insekten nicht.

ihre Wiege wohl im Norden Äthiopiens haben: Fingerhirse (*Eleusine coracana*) und Nigersaat (*Guizotia abyssinica*). Außerhalb Afrikas werden beide Arten vor allem in Indien angebaut. In Äthiopien finden wir des Weiteren eine Reihe von endemischen Varietäten weit verbreiteter Nutzpflanzen (wie Weizen, Gerste, Kichererbsen, Linsen und Bohnen), was auf eine lange und komplexe Geschichte von Anbau und genetischer Diversifikation hinweist.

Für die Herausbildung der heutigen Kulturlandschaft war eine weitere Entwicklung prägend: die Etablierung und Ausweitung von Staaten. Das Territorium des Königreiches D'mt (oder Da'əmat) reichte zwischen dem 10. und 5. Jahrhundert vor unserer Zeit vom Roten Meer bis in das Gebiet des heutigen Tigray und hatte enge kulturelle und wirtschaftliche Verbindungen zur arabischen Halbinsel. Dies galt auch für das Aksumitische Reich, das Teile des heutigen Nordäthiopiens, Eritreas, Sudans und Jemens umfasste und dessen Existenz nahezu neun Jahrhunderte umfasste (ca. 100 bis 940 u. Z.). Die Bevölkerungsdichte stieg bis etwa Mitte des ersten Jahrtausends. Übernutzung führte jedoch zur Erosion der Böden, zur Minderung der landwirtschaftlichen Erträge, zum Bevölkerungsrückgang und zuletzt zum Zusammenbruch des Reiches. Nach einer vorübergehenden Erholungsphase haben Rodungen und Nutzungsdruck ab der zweiten Hälfte des zweiten Jahrtausends wieder zugenommen. Zumindest scheint dieses historische Szenario nach einer Reihe vorläufiger Befunde recht plausibel.

Das Nördliche Hochland erstreckt sich heute über Teile von drei Regionalstaaten, vergleichbar den Bundesländern in Deutschland. Von Nord nach Süd sind dies Tigray, Amhara und Oromia. Diese Staaten wurden mit dem Sturz der Regierung von Mengistu Haile Mariam Anfang der 1990er-Jahre etabliert. Ihre Grenzen orientieren sich an den hauptsächlich gesprochenen Sprachen (Amharinya, Tigrinya und Oromiffa), sind aber zugleich ethnisch konnotiert. Neben den Tigray, Amhara und Oromo gibt es eine Reihe von Minderheiten, die sich auch linguistisch unterscheiden, wie die Awi südwestlich des Tana-Sees, die Qemant westlich von Gondar, die Kamyr südlich von Sekota, die Argobba im Osten von Amhara sowie die Erob im Nordosten von Tigray. Die meisten der Bewohner sind Bauern, und sieht man von den steilsten Hanglagen ab, so ist nahezu jeder Flecken des Hochlandes landwirtschaftlich genutzt. Die Hütten sind mehrheitlich ohne Strom. Beim Energieverbrauch dominieren traditionelle Brennstoffe, wie Holz, Holzkohle, Ernteabfälle und Dung, was für über 90 % der gesamten äthiopischen Bevölkerung gilt. Die einstigen Wälder sind nahezu vollständig verschwunden. Nur um die zahlreichen Kirchen sind vielerorts noch kleine, isolierte Fragmente erhalten geblieben oder restauriert worden. Sie stellen wertvolle Refugien für eine Reihe gehölzbewohnender Arten dar.

Abessinien. Land ohne Hunger. Land ohne Zeit ist der Titel eines 1928 in Berlin veröffentlichten Buches. Das klingt ungewohnt und passt mit dem Äthiopienbild vieler Zeitgenossen nicht zusammen. Tatsächlich aber lag die große äthiopische Hungersnot 1973 zu dem Zeitpunkt noch in weiter Ferne. Kaiser Haile Selassie soll diese Katastrophe damals wie folgt kommentiert haben: „Reich und Arm haben immer existiert und werden es immer tun. Warum? Weil es die gibt, die arbeiten … und jene die lieber nichts tun … Jeder ist verantwortlich für sein Unglück, sein Schicksal.“ Dass sich die Bevölkerungszahl zwischen den 1920er- und 1970er-Jahren etwa verdreifacht hatte und die Lebensverhältnisse der Teff-Bauern und Hirten auch deshalb zunehmend prekär wurden, ist ihm bei seiner Analyse offenbar entgangen.

Heute leben über 100 Millionen Menschen in Äthiopien, etwa zehnmal so viel wie zu Beginn des 20. Jahrhunderts. „Die wachsende Bevölkerung, eine fortschreitende Desertifikation und die Auswirkungen des Klimawandels erschweren zunehmend eine produktive Landnutzung“, so die nüchterne Analyse des deutschen Bundesministeriums für Wirtschaftliche Zusammenarbeit. Tatsächlich steht Äthiopien vor enormen Herausforderungen, was die Nutzung, die Erhaltung und den Schutz seiner reichen natürlichen Ressourcen betrifft.

Biodiversität

Im Angesicht rasanter Lebensraumzerstörungen sind Studien zur Taxonomie und Evolution der Kleinsäuger Äthiopiens dringend und von großer Wichtigkeit. Es besteht ein hohes Risiko, dass einige bislang unbekannte endemische Arten aussterben, bevor sie gefunden, beschrieben und untersucht werden können.
Leonid A. Lavrenchenko & Afework Bekele

Abessinische Grasratte (*Arvicanthis abyssinicus*)

Spricht man über die Einzigartigkeit der Pflanzen- und Tierwelt Afrikas, werden nur die Wenigsten an Vereisung und Gletscherbildung denken. Und doch spielten diese Prozesse eine entscheidende Rolle bei der Herausbildung des Artengefüges in den hohen Gebirgen des Kontinents. Während der letzten 2,5 Millionen Jahre gab es mehrere Eiszeiten. Die jüngste begann vor etwa 110.000 Jahren und endete vor 15.000 Jahren, wobei die Eisdecke vor 26.500 Jahren ihre maximale Ausdehnung erreichte. Während dieser Zeit glich das äthiopische Hochland einer kalten und eher trockenen Tundralandschaft, aus der zahlreiche vergletscherte Gipfel ragten. Über die Berg- und Hügelketten entlang des Roten Meeres gab es Verbindungen zu ähnlichen glazialen Landschaften im Süden Europas und Westasiens. Mit dem Ende der Eiszeit und mit zunehmenden Temperaturen wurden diese jedoch unterbrochen. Das Hochland war nun isoliert und im Osten, Westen und Norden weitgehend von kargen Steppen umgeben. Nur nach Süden hin gab es Reste von Wäldern, die jedoch in beträchtlicher Ferne lagen. Für die alteingesessenen Bewohner galt es, sich in der stark veränderten Umwelt zu behaupten. Zuzügler, die das postglaziale Hochland erobern wollten, hatten es ebenfalls schwer: Als Siedler umliegender Landschaften mussten sie sich an die Bedingungen des Gebirges anpassen, als Bewohner ferner Gebirge und Wälder weite Strecken überwinden. Das Hochland am Horn von Afrika wurde so zum Schmelztiegel der Evolution und Artenbildung.

Die Amhara unterscheiden traditionell verschiedene Höhengürtel, die gut mit den in der Wissenschaft üblichen Termini korrespondieren: High Wurch (afro-alpines Grasland über 3.700 m), Wurch (subalpine Heide, 3.200–3.700 m), Dega (montane Wälder, 2.300–3.200 m), Weyna Dega (Savanne, 1.500–2.300 m), Kolla (Buschland, 500–1.500 m). Zur Kolla müssen zum Beispiel die tief ins Hochland eingeschnittenen Täler des Tacazze und des Abbay gezählt werden, in denen Faunen- und Florenelemente des sich quer über ganz Afrika erstreckenden Sudan-Guinea Biomes bestimmend sind. Der überwiegende Teil des äthiopischen Hochlandes wird jedoch dem Afro-montanen Biom zugerechnet, welches eine ganze Reihe afrikanischer Gebirgsregionen umfasst. Die Gebirge im Osten Afrikas, am Horn von Afrika und auf der Arabischen Halbinsel bilden wiederum den „Eastern Afro-montane Biodiversity Hotspot". Es gibt weltweit 34 solcher Hotspots, das heißt Gebiete, in denen eine große Zahl endemischer Pflanzen- und Tierarten vorkommt und deren Natur in besonderem Maße bedroht ist. Die Fläche dieser Hotspots umfasst nur 2,3 % der weltweiten Landfläche und beherbergt nach derzeitigem Kenntnisstand 50 % aller Pflanzenarten, 55 % aller

Rechte Seite oben: Bei Temperaturen um den Gefrierpunkt drängen sich Dscheladas (*Theropithecus gelada*) in einer steilen Felswand dicht beisammen. Hier finden sie zudem Schutz vor gefährlichen Leoparden.
Unten: Kleinteilig parzellierte Felder im Nördlichen Hochland. Zu den vorrangig angebauten Getreidearten gehört Teff (*Eragrostis tef*), dessen Mehl die Grundlage des gesäuerten äthiopischen Fladenbrotes, Injera, bildet.

Ein charakteristischer Bewohner kleiner Lachen und Rinnsale im Gebirge ist die Rougetralle (*Rougetius rougetii*). Oft fallen die recht heimlichen Vögel erst auf, wenn sie durch zuckende Bewegungen des Schwanzes dessen leuchtend weiße Unterseite präsentieren.

Süßwasserfischarten und 77 % aller Landwirbeltiere. 42 % aller landbewohnenden Wirbeltiere gibt es sogar ausschließlich in diesen Hotspots. Für den äthiopischen Anteil des Hotspots wurden 79 „key areas" identifiziert, mehr als in jedem anderen Land der Region. Vor dem Hintergrund dieser Zahlen wird die biogeografische Bedeutung des äthiopischen Hochlandes besonders deutlich.

Von den etwa 7.600 bekannten Pflanzenarten des Eastern Afro-montane Hotspots sind mehr als 2.350 endemisch. Das äthiopische Hochland beherbergt davon über 5.000 Arten, von denen mindestens 200 als endemisch gelten. Besonders vielfältig ist z. B. die Gattung *Senecio*. Die Hälfte der zwei Dutzend vorkommenden Arten wird nur hier gefunden. Während die Pflanzen in der alpinen Zone selten höher als 50 cm werden, können die Blütenstände der endemischen Riesenlobelie (*Lobelia rhynchopetalum*) eine Höhe von über zehn Metern erreichen. Die Pflanze wird bis zu 20 Jahre alt, bevor sie zum ersten Mal blüht und dann stirbt. Modellierungen gehen davon aus, dass um das Jahr 2080 infolge der Klimaerwärmung nur noch 3,4 % des derzeitigen Verbreitungsgebietes für eine Besiedlung geeignet sind. Das Risiko einer vollständigen Auslöschung ist somit extrem hoch und betrifft auch eine ganze Reihe weiterer Arten. Typischerweise sind die afro-alpinen Hochlagen von einem dichten Heidegürtel umschlossen. Die Bestände der Baumheide (*Erica arborea*) erreichen dabei Wuchshöhen von bis zu sieben Metern. Durch starke Beweidung und Gewinnung von Brennholz ist der Bewuchs an vielen Orten bereits verschwunden.

Mehr als 100 der etwa 500 Säugetierarten des Eastern Afromontane Hotspots sind Endemiten. Von den 311 Arten der aktuellen, noch immer als vorläufig betrachteten Säugerliste Äthiopiens gelten 55 als endemisch. In keinem anderen af-

Augurbussard (*Buteo augur*). Bei der Namensgebung ließ sich der Forscher Eduard Rüppell von der Antike inspirieren. Auguren waren römische Beamte oder Priester. Sie verkündeten den Willen der Götter, welchen sie vorzugsweise aus dem Flugverhalten und den Rufen von Vögeln ableiteten.

rikanischen Land ist der Anteil an Endemiten so hoch. In den letzten drei Jahrzehnten kam es bei dieser Artengruppe zu zahlreichen Entdeckungen, die zur Beschreibung neuer Spezies führten. Besonders hoch ist die Diversität bei den Kleinsäugern. So gelten zehn Spitzmausarten (38 % der vorkommenden Arten) derzeit als endemisch, davon vier mit ausschließlich afro-alpiner Verbreitung. Ein bekannterer Bewohner des Hochlandes ist der Blutbrustpavian oder Dschelada (*Theropithecus gelada*). Er lebt in großen Gemeinschaften und ernährt sich fast ausschließlich von Gräsern. Eng verwandte Arten gab es einst auch in anderen Gebieten Afrikas und sogar Asiens. Dass der einzige Vertreter der Gattung heute nur noch in Äthiopien vorkommt, führt Jonathan Kingdon, ein Kenner der afrikanischen Tierwelt, vor allem auf vier Faktoren zurück: 1. reichlich Gras in den montanen und alpinen Habitaten, 2. kaum konkurrierende Arten, 3. eine einigermaßen tolerante menschliche Bevölkerung und 4. leicht erreichbare Rückzugsgebiete. Tatsächlich weiden oft große Gruppen, manchmal mehr als hundert Tiere umfassend, friedlich neben Ziegen und Schafen auf den weitläufigen Plateaus. Von den Hirten bleiben sie weitgehend unbehelligt, sofern sie nicht in die Felder eindringen. Nachts und bei Gefahr steigen sie in die stets nahen, steil abfallenden Schluchten hinab, wo sie vor Verfolgung sicher sind.

Ausschließlich im Simien-Gebirge trifft man den endemischen Walia-Steinbock (*Capra walie*), dessen aktueller Bestand auf etwa 1.000 Tiere geschätzt wird. Er ist nahe verwandt mit dem in Nordafrika und Arabien verbreiteten Nubien-Steinbock (*Capra nubiana*), von dem es nur noch 1.200 Tiere gibt. Beide Formen stehen deshalb auf der Roten Liste der weltweit gefährdeten Arten. Auch der Äthiopische Wolf (*Canis simensis*) ist dort gelistet. Im Nördlichen Hochland gibt es

Lange Zeit galt der im Norden und Osten Afrikas verbreitete Afrikanische Goldwolf (*Canis lupaster*) als Unterart des Goldschakals. Erst in jüngster Zeit erbrachten genetische Untersuchungen den Beweis, dass es sich um eine eigenständige Spezies handelt.

nur noch vier bis fünf kleine und isolierte Populationen, mit zusammen kaum 150 Individuen. Rechnet man das intaktere Vorkommen in der Bale-Arsi-Region östlich des Rift Valley hinzu, so umfasst der Gesamtbestand etwa 400 Tiere. Doch nicht jede Wolfssichtung im Hochland muss diese Art betreffen. Im Simien-Gebirge und anderswo kann man neben *Canis simensis* auch *Canis lupaster* begegnen, dem Afrikanischen Goldwolf. Von einigen weit verbreiteten Säugetierarten gibt es in Äthiopien endemische Subspezies, so zum Beispiel vom Klippschliefer (*Procavia capensis*). Von den vier Unterarten, deren Vorkommen auf die Gebirge Äthiopiens und Eritreas beschränkt sind, kommen zwei im Nördlichen Hochland vor. Ihr Bestand ist derzeit nicht gefährdet.

Der Eastern Afro-montane Hotspot beherbergt auch mehr als 323 Amphibienarten, von denen über 100 endemisch sind. Trotz diverser aktueller Untersuchungen bestehen immer noch erhebliche Wissenslücken. Die derzeitige Artenliste Äthiopiens umfasst 66 Spezies, von denen 41% als endemisch gelten. Besonders im Südwesten besteht erheblicher Forschungsbedarf. Aber auch über die Verbreitung und Häufigkeit der im Nördlichen Hochland lebenden Arten wissen wir wenig. So ist der Frosch *Ptychadena wadei* nur aus einem kleinen Gebiet südöstlich des Tana-Sees bekannt. Über seine Lebensweise weiß man nichts, und seine Gefährdung kann deshalb nicht eingeschätzt werden. In der Roten Liste wird er deshalb in der Kategorie „DD – Daten ungenügend" geführt. Der Tana-See selbst ist bekannt für seinen Reichtum an endemischen Fischen. 70% der 67 hier lebenden Fischarten gibt es in keinem anderen Gewässer der Welt. Besonders divers ist die Barbenfauna. Die 15 bekannten Arten stammen alle von einem gemeinsamen Vorfahren ab und haben im Laufe der Evolution ganz unterschiedliche Lebensweisen entwickelt. Acht dieser Arten leben zum Beispiel räuberisch von anderen Fischen, was für Cypriniden (Karfpenartige) sehr ungewöhnlich ist. Die ökologische Diversifizierung und Speziation ist mindestens ebenso spektakulär wie die adaptive Radiation der Buntbarsche in den großen Seen Ostafrikas (Victoria, Malawi und Tanganyika). Die Barbenbestände im Tana-See haben dramatisch abgenommen, vermutlich wegen anhaltender Überfischung seit dem Ende der 1980er-Jahre.

Auch unter den Insekten und anderen Wirbellosen des Nördlichen Hochlandes dürften sich zahlreiche Arten befinden, die dem Auge der Wissenschaftler bislang entgangen sind. In den Jahren 2014/15 wurden gleich vier neue Laufkäferarten der überwiegend paläarktisch verbreiteten Gattung *Calathus* neu beschrieben. Alle Typus-Fundorte lagen im alpinen Grasland oberhalb von 3.500 m, drei davon im Nördlichen Hochland, nahe Gondar, Dessie und Debre Markos. Einige Jahre zuvor wurden zwei Blattkäferarten der Gattung *Lema* im Hochland westlich von Addis Ababa entdeckt und beschrieben. Über die Gesamtverbreitung all dieser Arten ist nichts bekannt. Vermutlich sind ihre Areale aber sehr klein und auf Äthiopien beschränkt. Von den 69 nachgewiesenen Libellenarten sind 12% endemisch, unter anderem *Orthetrum kristenseni*, die auch in den Grasländern des Nördlichen Hochlandes (z. B. bei Debre Markos) vorkommt. Selbst von dieser relativ weit verbreiteten Art gibt es in Äthiopien bisher nur 25 dokumentierte Nachweise.

Zu Recht gehört das Hochland Äthiopiens zu den weltweiten Hotspots der Biodiversität. Doch noch immer sind viele Artengruppen nur unzureichend untersucht. Von manchen Spezies ist kaum mehr bekannt als ihr Fundort und das Datum der Erstbeschreibung. Die Zeit drängt, wie Afework Bekele, langjähriger Dekan der Naturwissenschaftlichen Fakultät der Universität Addis Ababa, und seine Kollegen mit großem Nachdruck betonen.

Folgende Doppelseite:
Das Areal des seltenen Walia-Steinbocks (*Capra walie*) ist auf die Simien Mountains beschränkt und umfasst nur wenige Hundert Tiere. Die Art wurde – so wie viele andere äthiopische Endemiten – von dem Frankfurter Forschungsreisenden Eduard Rüppell in der ersten Hälfte des 19. Jahrhunderts benannt und in das wissenschaftliche Schrifttum eingeführt.

Vogelwelt

Die Beziehungen zwischen der montanen Waldvogelfauna von Kamerun, dem Ostkongo und Kenia lassen sich relativ leicht erklären, aber die Situation in Abessinien ist verwirrend.
Reginald Ernest Moreau

Almenschmätzer (*Pinarochroa sordida*)

Reginald Ernest Moreau war ein ausgewiesener Kenner der afrikanischen Vogelwelt. 1966, gegen Ende seines Lebens, publizierte er *The Bird Faunas of Africa*, ein Buch über die Verbreitung und Ausbreitungsgeschichte der Vögel des Kontinents. Zu den Arten, die ihm besonderes Kopfzerbrechen bereiteten und deren heutige Areale er sich nicht erklären konnte, gehört *Pinarochroa sordida*, ein recht unscheinbarer kleiner Vogel aus der Familie der Fliegenschnäpper (Muscicapidae). Er kommt in Äthiopien und Eritrea vor, aber auch in den Gebirgen Ostafrikas (Ngorongoro Highlands, Mt. Meru, Mt. Kilimandscharo, Mt. Kenya, Mt. Elgon) und tritt in vier verschiedenen Unterarten auf. Sein deutscher Name, Almenschmätzer, beschreibt treffend seinen Lebensraum: offenes Gras- und Moorland in der montanen und alpinen Höhenstufe. Moreau rechnete akribisch die Distanzen zwischen den montanalpinen Bereichen der einzelnen Gebirgsmassive nach. Selbst wenn man in Betracht zog, dass in Phasen der Vereisung die Moorlandgrenze tiefer lag als heute und die geeigneten Habitate dadurch näher aneinander rückten, so blieben die Entfernungen zwischen den Hochländern Abessiniens und Ostafrikas ganz erheblich. War die Art also einst weiter verbreitet und bewohnte Habitate des Flachlandes, ehe sie überall in die Hochlagen verdrängt wurde? Wenn ja, was war der Auslöser dieses Prozesses? Oder haben Vögel die Entfernungen zwischen den Gebirgen überwunden und sie auf diese Weise kolonisiert? Wenn ja, warum haben sie diese Mobilität verloren? Denn wären sie noch mobil, hätte die geringe Distanz zwischen den einzelnen Populationen in Kenia und Tansania nicht zu genetischer Isolation und Herausbildung von Unterarten geführt. Für Moreau war klar, dass sich hinter der Arealkarte jeder Spezies eine Geschichte verbirgt. Und viele dieser Geschichten werfen spannende, nicht leicht zu lösende Fragen auf.

Schauen wir zum Beispiel auf die nahe Verwandtschaft des Almenschmätzers. Neuere genetische Studien haben gezeigt, dass die Gattungen *Myrmecocichla* und *Thamnolaea* eine sogenannte Schwesterngruppe bilden. Der Einfarbschmätzer (*Myrmecocichla melaena*) vertritt die recht artenreiche und weit verbreitete Gattung in den felsigen Hochlandhabitaten Äthiopiens und Eritreas. Andere Arten dieser Gattung haben sich z. B. an das trockene Hügelland im Süden Afrikas angepasst oder bewohnen den ausgedehnten Savannengürtel von der Küste Westafrikas bis in den Sudan. Vermutlich war der gemeinsame Vorfahre all dieser Spezies einst südlich der Sahara weit verbreitet, bevor einzelne Populationen separiert wurden und in Anpassung an die regionalen Bedingungen unterschiedliche Merkmale entwickelten.

Rechte Seite oben: Seinen Namen verdankt der Klunkeribis (*Bostrychia carunculata*) dem charakteristischen Kehllappen. Die Vögel sind wenig scheu und vielerorts in kleinen Trupps anzutreffen, selbst innerhalb von Städten und Dörfern.
Unten: Montane und alpine Grasländer bilden den Lebensraum des Goldhalspiepers (*Macronyx flavicollis*), der nur in Äthiopien vorkommt. Die Art ist keineswegs häufig, und Forscher befürchten einen anhaltenden Rückgang des Bestandes.

Das Äthiopische Hochland ist auch ein wichtiges Überwinterungsgebiet für eine Reihe paläarktischer Zugvögel. Zu den regelmäßigen Gästen gehört der Steinrötel (*Monticola saxatilis*). Er ist von Oktober bis April in Lagen bis zu 2.500 m ü. NN häufig anzutreffen, meidet aber auch tiefer gelegene Gebiete nicht.

Überwinternde Ortolane (*Emberiza hortulana*) sind im Hochland meist in kleineren Trupps von bis zu 10, manchmal auch 30 Vögeln unterwegs. Über etwas größere Gebiete verstreut sind gelegentlich 1.000 und mehr Tiere anzutreffen. Zur Nahrungssuche bevorzugen sie kurzrasige Weiden, Brachland und Getreidekulturen.

Ein ähnlicher, aber noch nicht so weit fortgeschrittener Prozess dürfte sich beim Rotbauchschmätzer (*Thamnolaea cinnamomeiventris*) gerade abspielen. Anders als bei der Gattung *Myrmecocichla* ist es hier noch nicht zur Ausdifferenzierung einzelner Arten gekommen. Stattdessen werden neun Unterarten unterschieden, von denen zwei in Äthiopien vorkommen. Ganz anders als seine nahen Verwandten ist der Rotbauchschmätzer ein farbenfroher, auffälliger Vogel. Er erinnert sehr an den im äthiopischen Hochland endemischen Spiegelrötel (*Monticola semirufus*), und die Männchen der beiden Arten können leicht verwechselt werden. Trotz der frappierenden Ähnlichkeit besteht aber keine nähere Verwandtschaft. Die Gattung *Monticola* ist zudem nicht auf Afrika beschränkt, sondern umfasst auch Arten, die in Asien und Europa vorkommen. Zwei davon, der Steinrötel (*Monticola saxatilis*) und die Blaumerle (*Monticola solitarius*), sind in Äthiopien typische Wintergäste. Von den zahlreichen vorkommenden Steinschmätzerarten ist lediglich der Braunbrust-Steinschmätzer (*Oenanthe frenata*) nahezu endemisch. Auch er ist ein Bewohner offener montaner Habitate, so wie alle bisher genannten Arten.

Die Familie der Fliegenschnäpper umfasst weltweit nahezu 300 Arten mit sehr unterschiedlichen Habitatpräferenzen. Während einige Arten Grasland, Felsen, Wüsten und Tundren bevorzugen, haben sich andere in baumbestandenen, deckungsreichen Lebensräumen eingerichtet. Betrachten wir die Situation in Äthiopien, so ergibt sich ein interessantes Bild. Fünf Arten dieser Familie sind hier endemisch oder fast endemisch. Und unter ihnen ist nur eine waldbewohnende Art, der Braundrongoschnäpper (*Melaenornis chocolatinus*), was einem Anteil von 20 % entspricht. Anders sieht es auf dem Niveau der Unterarten aus. Hier ist der Anteil von Bewohnern baumreicher Habitate mit 50 % (vier von acht vorkommenden Taxa) deutlich höher. Unter ihnen ist der Dunkelschnäpper (*Muscicapa adusta*) die einzige vorwiegend montane Art.

Noch bis vor wenigen Jahren war der Sperbergeier (*Gyps rueppelli*) in weiten Teilen Afrikas eine häufige Art. Seit 2015 gilt er als „Critical Endangered", d. h. vom Aussterben bedroht, nachdem vielerorts starke Rückgänge registriert wurden. Verlust von Lebensraum, Abnahme von Huftierpopulationen, Vergiftung von Kadavern und Kollisionen mit Stromleitungen werden als Ursachen für die dramatische Entwicklung genannt.

Weibchen und Männchen des Afrikanischen Schwarzkehlchens (*Saxicola torquatus*). Von dieser Art sind zahlreiche Subspezies bekannt. Den Vögeln in Äthiopien (Unterart *albofasciatus*) fehlt die ansonsten charakteristische rotbraune Färbung an Brust und Bauch.

Linke Seite: Die meisten Vertreter der farbenprächtigen Bienenfresser besiedeln wärmebegünstigte und offene Habitate, wo sie als Jäger großer Fluginsekten reichlich Beute finden. Der Hochlandspint (*Merops lafresnayii*) ist in Äthiopien jedoch bis in hochmontane Lagen verbreitet und meidet auch Ränder und Lichtungen der Wälder nicht.

Die Analyse offenbart ein deutliches Muster, auf das schon Moreau hingewiesen hat. Während die „Nicht-Wald-Arten" in Abessinien einen hohen Grad an Endemismus zeigen, ist dies bei „Waldarten" nicht der Fall. Offenbar ist ein Großteil der waldbewohnenden Vogelarten am Horn von Afrika einst einer „klimatischen Katastrophe" zum Opfer gefallen. Nur wenige Arten haben das zeitweise Verschwinden der Wälder überlebt, darunter vielleicht die beiden genannten Schnäpper. Die meisten jedoch sind erst nach der Wiederbewaldung aus anderen Gegenden eingewandert und haben sich bis heute, trotz geografischer und genetischer Isolation im abgelegenen äthiopischen Hochland, nur auf dem Niveau von Subspezies differenziert.

Machen wir noch einen kurzen Abstecher zu den Drosseln (Turdidae), den nächsten Verwandten der Fliegenschnäpper. Diese ebenfalls artenreiche Gruppe, deren Vertreter eher feuchtere, bewaldete Habitate bewohnen, ist in Äthiopien spärlich vertreten. Nur eine der fünf als Brutvögel bekannten Arten ist endemisch. Anders als ihr deutscher Name Kosobaumdrossel (*Psophocichla simensis*) vermuten lässt, ist sie keineswegs nur in baumbestanden Lebensräumen anzutreffen. In den Choke Mountains sahen wir sie in Höhen von über 3.900 Metern auf strauchlosen alpinen Matten. Und auch in den etwas tieferen, montanen Lagen besiedelt sie überwiegend offene oder halboffene Landschaften. Meist sind die agilen und wenig scheuen Vögel am Boden unterwegs, wobei sie die Futtersuche oft unterbrechen, um in aufrechter Körperhaltung die Lage ringsum zu sondieren. In ihrer Langbeinigkeit erinnern sie dabei eher an Steinschmätzer als an Drosseln. Auch ihr Gesang, der kaum kehlige Pfeiflaute enthält, ist wenig drosselähnlich. In deckungsreicheren Habitaten wird *Psophocichla* durch die Abessiniendrossel (*Turdus abyssinicus*) ersetzt. Diese waldbewohnende Art ist, dem bei den Fliegenschnäppern beschriebenen Muster folgend, nicht endemisch. Selbst die hier vorkommende Subspezies ist weit über Äthiopien hinaus verbreitet. Ihr Areal reicht von Eritrea bis in den Norden Tansanias.

In der Gattung *Crithagra* sind nahezu 40 kleine, überwiegend afro-tropisch verbreitete Finkenvögel vereint, die bis vor Kurzem in den Gattungen *Serinus* oder *Carduelis* untergebracht waren. In Äthiopien gibt es allein 13 Vertreter dieser Gattung. Ihre Areale sind zum Teil winzig und auf ein enges Habitatspektrum begrenzt. Der Ankobergirlitz (*Crithagra ankoberensis*) wurde erst 1979 wissenschaftlich beschrieben und ist als Brutvogel nur von einigen wenigen Gebirgszügen in Nordäthiopien bekannt. Diese Art und der sehr ähnliche Jemengirlitz (*Crithagra menachensis*) haben vermutlich einen gemeinsamen Vorfahren. Während *ankoberensis* der Konkurrenz etlicher anderer Girlitzarten ausgesetzt war und sich auf abgelegene, hochalpine Habitate spezialisierte, konnte sich sein Vetter auf der arabischen Halbinsel in der montanen und submontanen Zone der dortigen Gebirge behaupten. Der Ankobergirlitz steht auf der Roten Liste gefährdeter Arten und könnte in den kommenden Jahrzehnten auch die verbliebenen Siedlungsgebiete infolge der Klimaerwärmung verlieren.

Dasselbe Schicksal mag einen weiteren Endemiten der hochmontanen und alpinen Zone ereilen, den Hochlandfrankolin (*Scleroptila psilolaema*), während die Aussichten für den ebenfalls endemischen Harwoodfrankolin (*Pternistis harwoodi*) und den nahezu endemischen Erckelfrankolin (*Pternistis erckelii*) etwas besser sind. Die letzteren beiden Arten bewohnen eher montane, trockenere Habitate Nordäthiopiens, die trotz zunehmender anthropogener Nutzung wohl auch in Zukunft bestehen bleiben. Dass sich das winzige Areal des Harwoodfrankolin dabei weitgehend auf die Seitentäler des Abbay beschränkt, die als äußerste Ausläufer des Sudan-Guinea Savanna Biomes gelten, ist dabei höchst bemerkenswert und bislang ohne Erklärung.

Auch fünfzig Jahre nach dem Erscheinen von Moreaus Klassiker sind viele Fragen zur Biogeografie der äthiopischen Vogelfauna offen und harren einer gründlichen Untersuchung. DNA-Sequenzierungen haben seit den 1990er-Jahren zu einschneidenden phylogenetischen Erkenntnissen und taxonomischen Veränderungen geführt, auch bei einer Reihe von Vogelarten am Horn von Afrika. Um jedoch Areale und regionale Verbreitungen zu erklären und gegebenenfalls Schutzerfordernisse abzuleiten, sind weitergehende genetische und ökologische Studien auf der Ebene von Unterarten und Populationen erforderlich. Hier steht die Forschung erst ganz am Anfang.

Bartgeier (*Gypaetus barbatus*) sind in der Lage, große Teile von Aas, einschließlich langer Knochen und Gliedmaßen, am Stück zu verzehren. Die rostrote Färbung der Unterseite geht auf eisenoxidhaltigen Schlamm zurück, den die Vögel gezielt aufsuchen, um darin zu baden.

II Der Westen
Frühe Reisende

In 20 Jahren wirst du die Dinge, die du nicht gemacht hast, mehr bereuen, als die Dinge, die du gemacht hast. Mach die Leinen los und verlasse den sicheren Hafen. Fang den Wind in deinen Segeln ein. Erforsche. Träume. Entdecke.
Mark Twain

Theodor von Heuglin (1824–1876)

Die Veröffentlichung von Rüppells *Systematischer Übersicht* lag fast drei Jahrzehnte zurück, als Theodor von Heuglin 1874 die letzten Zeilen zu seinem zweibändigen Lebenswerk *Ornithologie Nordostafrikas* verfasste. Die Region war innerhalb kurzer Zeit in den Fokus der Welt gerückt, vor allem durch den Suezkanal, dessen Einweihung nach über zehnjähriger Bauzeit und gegen heftigen britischen Widerstand schließlich 1869 erfolgte. Wenig später, 1871, wurde Verdis Oper *Aida* in Kairo uraufgeführt. Ismail Pascha, Vizekönig der weitgehend autonomen osmanischen Provinz Ägypten, zahlte dem Komponisten die unerhörte Summe von 150.000 Goldfranken, um den Glanz des neuen Khedivial-Opernhauses angemessen zur Geltung zu bringen. Interessant ist die Handlung der Oper: Die äthiopische Königstochter Aida verstrickt sich in die Ränkespiele der Mächtigen und wählt am Ende den Freitod. Im wahren zeitgenössischem Leben war es allerdings nicht Aida, sondern Äthiopiens Kaiser Téwodros II., der die internationalen Machtverhältnisse und Befindlichkeiten falsch einschätzte und sich 1868 in der Festung Magdala eine Kugel in den Kopf schoss. Zuvor hatte er die Elite des britischen Empire mit der Festsetzung von Europäern provoziert, die daraufhin eine militärisch weitgehend sinnlose „Strafexpedition" in das abgelegene abessinische Hochland entsandte.

Von den herannahenden Ereignissen in Afrika konnte der junge Theodor von Heuglin freilich nichts wissen, als er um 1850 seine bisherige berufliche Karriere aufgab, um sich fortan als Forschungsreisender in den Dienst der Wissenschaft zu stellen. Zwar hatte der württembergische Pfarrerssohn frühzeitig Pläne für eine Afrika-Expedition geschmiedet, musste aber dem Rat seines Vaters folgend zunächst eine Ausbildung im Hütten- und Bergwesen absolvieren. Erst nach dessen Tod hängte er den Ingenieurberuf an den Nagel, nahm Kontakt zur Akademie der Wissenschaften in Wien auf und startete im Dezember 1852 im Gefolge des österreichischen Konsuls in Khartum seine erste große Reise nach Abessinien. Mit seinen späteren Veröffentlichungen reihte er sich in die kleine Schar selbstständiger Forscher ein, die Mitte des 19. Jahrhunderts einer erstarrten, auf Europa fixierten Vogelkunde neue Impulse gaben.

Die Herausgabe der *Systematischen Übersicht der Vögel Nord-Ost-Afrikas* zeigt, wie zielgerichtet und ambitioniert Heuglin seine Laufbahn startete. Das Werk wurde bereits im

Linke Seite: Siedleragamen (*Agama agama*) leben in kleinen Kolonien, die von einzelnen dominanten Männchen kontrolliert werden. Zum Revierverhalten der Tiere gehören auffällige schaukelnde Kopfbewegungen.

Anders als die meisten ihrer eierlegenden Verwandten sind Zweistreifenchamäleons (*Trioceros bitaeniatus*) vivipar. Die Weibchen bringen bis zu 25 voll entwickelte Junge zur Welt.

Sommer 1855 der Wiener Akademie vorgelegt, nur zwei Jahre nach Abschluss seiner ersten Reise. Die Rüppell'sche Liste erfuhr dabei eine gründliche Revision und Erweiterung. Auch schreckte er nicht davor zurück, die Aussagen seines berühmten Vorgängers infrage zu stellen. Schon auf der ersten Seite des Buches, im Kapitel über den Bartgeier (*Gypaetus barbatus*), bemerkte er: „Er lebt hauptsächlich von Überresten von Schlachtvieh, nimmt aber auch im Nothfalle mit Aas vorlieb. Dass der Bartgeier Ziegen und Schafe angreife – wie Rüppell sagt – kann ich nicht bestätigen". Zum Mauerläufer (*Tichodroma muraria*) stellte er fest: „Nach Rüppell in Ägypten und Abyssinien. Von mir nie beobachtet". Und tatsächlich kommt der in Europa und Asien verbreitete Mauerläufer in keinem der beiden Gebiete vor. Seine zoogeografischen Beobachtungen gehen bereits in seinen frühen Werken ins Detail. Die 1857 publizierte Reisebeschreibung enthält eine Liste der Säugetiere und Vögel von Simien, die Erste ihrer Art. Auch bemerkte er, dass die Fauna der Hochlagen jener der europäischen Alpen ähnelt, wobei etwa der Walia-Steinbock (*Capra walie*) den Alpensteinbock (*Capra ibex*) vertritt und er die Alpenkrähe (*Pyrrhocorax pyrrhocorax*), zu Recht, für „ganz identisch mit unserem *Pyrrhocorax*" hält. Anders als Rüppell nahm Heuglin bei seiner ersten Reise die Landroute, die vom Sudan kommend über die Grenzregion Galabat zum Tana-See und nach Gondar führte. Scharfsinnig erkannte er, dass entlang dieser Strecke bestimmte Arten durch nahe Verwandte ersetzt werden, etwa der Gelbschnabelmadenhacker (*Buphagus africanus*) durch den Rotschnabelmadenhacker (*B. erythrorynchus*). Heute wissen wir, dass das von ihm bereiste Gebiet die Übergangszone zwischen zwei biogeografischen Biomen ist, dem der Sudan-Guinea-Savannen und dem der Afro-tropischen Hochländer. Auch ordnete Heuglin immer wieder einzelne Regionen bestimmten Ökotypen zu, etwa Kolla oder Dega, um deren Charakter zu beschreiben. Die *Ornithologie Nordostafrikas* darf als Synopse von Heuglins Afrikaforschung betrachtet werden, die ihn innerhalb von zwei Jahrzehnten mehrfach in die Region führte. Bemerkenswert ist die tabellarische Übersicht der Arten im ersten Band des Werkes. Heuglin wies jede Art bestimmten Arealmustern zu, etwa „In N. O. Afrika und zugleich in Europa und Asien nistende Arten" oder „In N. O. Afrika und N. Afrika beobachtete Arten". Endemiten, wie der Erzrabe (*Corvus crassirostris*) oder der Mönchspirol (*Oriolus monacha*), sind mit der Bemerkung „ausschliesslich unserem Beobachtungsgebiet eigen" gekennzeichnet. Er war der Erste, der eine solche Analyse der Avifauna Nordost-Afrikas präsentierte.

Theodor von Heuglin entdeckte und benannte zahlreiche neue Vogeltaxa. Über zwanzig von ihm eingeführte Artnamen sind gemäß der heutigen Nomenklaturregeln noch gültig. Dazu zählen neben eindrucksvollen und unverkennbaren Arten, wie die Hartlaubtrappe (*Lissotis hartlaubii*) oder der Bindenrennvogel (*Rhinoptilus cinctus*), auch eine Reihe unscheinbarer *Cisticola*-Arten, wie der Rostflügel-Zistensänger (*Cisticola cantans*) oder der Blasskopf-Zistensänger (*C. brunnescens*). Diese kleinen Sänger sind selbst mit heutigen Bestimmungshilfen nicht leicht auseinanderzuhalten. Dass er deren spezifische Merkmale treffsicher erkannt hat, spricht für Heuglins Sachverstand und analytische Gründlichkeit. Auch für mehrere afrikanische Säugetierarten lieferte er erstmals wissenschaftliche Beschreibungen, z. B. die Flecken-Bulldoggfledermaus (*Chaerephon bivittatus*) oder die weit verbreitete Kastanienbraune Klettermaus (*Dendromus mystacalis*). Viele der von ihm gesammelten Tiere, darunter zahlreiche Typusexemplare, befinden sich heute im Staatlichen Museum für Naturkunde Stuttgart.

Ohne Zweifel hat Heuglin ein abenteuerliches und außerordentlich produktives Leben geführt. Und doch vermerkt er im Vorwort seines ersten Reiseberichtes, einen immerwährenden Konflikt voraussehend: „Andere Männer, in einer selbständigeren Stellung und mit besseren Mitteln ausgerüstet, hätten unendlich mehr leisten können". Tatsächlich muss er die Beschränkungen und Kompromisse, die ihm bei all seinen Reisen auferlegt wurden, als quälend empfunden haben. So wurde seine zweite Expedition in den Jahren 1857/58 von Erzherzog Ferdinand von Österreich finanziert, mit einem offenbar militärstrategischen Hintergrund. Sie führte durch das Rote Meer entlang der Somaliküste, wo der zum Konsul ernannte Heuglin schließlich schwer verletzt wurde und die Reise ein vorzeitiges Ende fand. Seine dritte Reise (1861/62) sollte eigentlich der Auffindung des verschollenen Afrikaforschers Eduard Vogel dienen. Heuglin wurde zum Leiter des Unternehmens ernannt und sah sich unvermittelt im Brennpunkt der Öffentlichkeit. Als er sich weigerte, die Expedition von Abessinien aus nach Wadai im heutigen Äquatorialafrika zu führen, wo man Vogel vermutete, wurde ihm unter heftigen Anschuldigungen die Aufgabe entzogen. Auch auf der folgenden Reise (1863/64) unterlag er äußeren Zwängen. Wohl die Gelegenheit nutzend, schloss er sich der betuchten Reisegesellschaft von Alexandrine Tinné an, einer reichen Niederländerin, die mit Mutter, Tante und Gefolge im Süden des Sudan unterwegs war. „Mehr als 500 Träger schleppten für die große Nilfahrt Pelze und Abendkleider, Reifröcke und Porzellangeschirr, eiserne Bettgestelle, Silberbesteck und ein Klavier durch den Sand" heißt es dazu in einer späteren Schilderung. Ein Naturforscher hätte sicher anders reisen wollen, auch zu damaliger Zeit. Heuglin konnte weder am Posten eines Konsuls noch an der Leitung der Suchexpediton zur Auffindung Vogels oder an der Begleitung der „Tinné'schen Expedition" ernsthaft interessiert sein. Er nahm all diese Herausforderungen letztlich an, um in Ermangelung eigener Mittel und ohne feste wissenschaftliche Anstellung seine aufwendigen Reisen und Forschungen finanzieren zu können.

Zu Lebzeiten wurde Heuglin eine Reihe hoher Ehrungen zuteil, darunter die Erhebung in den persönlichen Adelsstand durch den König von Württemberg. Nach seinem Tode 1876 stellt der Autor eines kurzen Nachrufes in den *Geographischen Mittheilungen* allerdings nüchtern fest: „Er hat keine der größten geographischen Aufgaben gelöst, die seine Zeitgenossen in Spannung erhielten, noch auf einer seiner Reisen ein sehr hervorragendes Ziel erreicht", um dann gönnerhaft anzufügen: „aber er hat zu genauer Kenntniß kleinerer oder sonst als minder anziehend vernachlässigter Gebiete Bedeutendes geleistet und wird vorzüglich von den Thiergeographen mit Dankbarkeit genannt." Richtig ist, dass es nicht zu den Stärken Heuglins gehörte, sich und seine Unternehmungen in Szene zu setzen. Henry Mortan Stanley mit seinem Bestseller *How I found Livingstone* (1872) oder der legendäre Richard Francis

Burton mit seinen exzentrischen Schilderungen und den Verlautbarungen zu den Quellen des Nils hatten den Zeitgeist wesentlich besser getroffen. Verglichen damit war Heuglins Schreibstil gänzlich undramatisch. Das Ableben von Konsul Reitz, mit dem er 1858/59 viele Monate im Sudan und in Abessinien unterwegs war, nimmt in seinem 459-seitigen Buch magere sieben Zeilen ein. Und auch eigene Gebrechen und Befindlichkeiten werden höchstens dann erwähnt, wenn sie den Reiseablauf beeinflussen. Mit der folgenden Schilderung einer tragisch-komischen Beziehung zwischen einem Heuschreckenteesa (*Butastur rufipennis*) und einem Dschelada (*Theropithecus gelada*) geht der verschlossene Junggeselle schon fast über sich hinaus: „Ein alt-eingefangenes Männchen, das ich in Chartum erhielt, wurde sehr bald zahm, setzte sich zur Fütterung auf meinen Arm oder Schulter, flog bald ab und zu und lebte in einem wahrhaft rührenden Freundschaftsverhältniss mit einem jungen Erdpavian (*Theropitheens gelada*, Rüpp.), dessen Neckereien und Quälereien der Falke durchaus nicht zu vergelten trachtete. War zur Essenszeit, welche der Tschelada nie versäumte, sein Freund abwesend, so suchte er ihn und erschien dann, den Bussard im Arm haltend oder an den Flügeln zerrend, im Zimmer; alltäglich musterte Meister Mako mehrmals das Gefieder des Vogels, Federchen um Federchen, um Jagd auf Ungeziefer zu machen und missbrauchte da gelegentlich seinen Gefährten in höchst unzüchtiger Weise, der ihm trotzdem stundenlang nicht von der Seite wiech."

Vielleicht ist seine unprätentiöse Art einer der Gründe dafür, dass bis heute keine umfassende Biografie Heuglins erschienen ist. Dabei hat bereits Erwin Stresemann in seinem 1952 erschienenen Buch *Die Entwicklung der Ornithologie* die historische Bedeutung des Forschers ins rechte Licht gerückt. Er zählte ihn zu den „besten Köpfen", die es nicht mehr reizen konnte, „eine sehr unergiebige Nachlese auf dem schon ganz abgeernteten Felde der europäischen Ornithologie zu halten – sie wechselten zur unerschöpflichen exotischen Vogelkunde hinüber und überließen Amateuren und Eiersammlern, nach Einzelheiten zu suchen …". Der Pfarrerssohn Theodor Heuglin aus dem Örtchen Hirschlanden verließ den sicheren Hafen, setzte die Segel, erforschte und entdeckte. Und ganz gewiss träumte er auch.

Kleinere Flüsse führen nur wenige Monate im Jahr Wasser und trocknen beim Ausbleiben von Niederschlägen aus. Rinder nutzen die letzten verbliebenen Lachen als Tränke.

Menschen und Landschaft

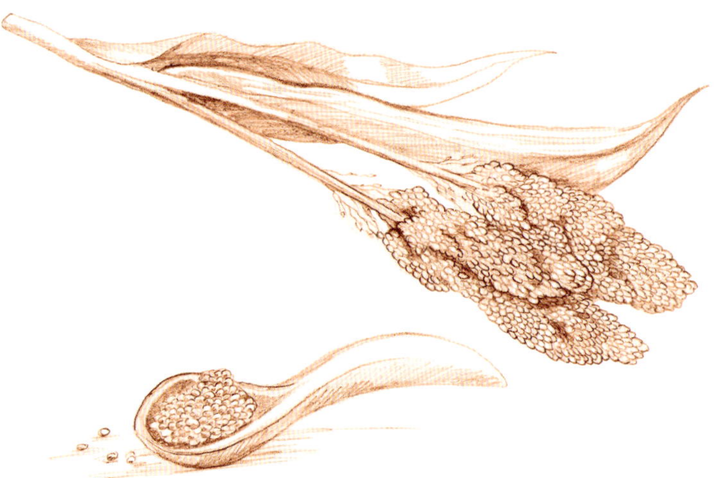

Sorghum (*Sorghum bicolor*)

Wer Hirse mahlt, sollte über Regenwolken und Wind Bescheid wissen.
Afrikanisches Sprichwort

Die Polizeistation von Guba liegt am Ende der Hauptstraße. Die Arrestzellen für weibliche Häftlinge sind in der Baracke links hinter dem Eingang untergebracht. Es geht leger zu. Inhaftierte junge Frauen in bunten Kleidern gehen ein und aus. Einige Uniformierte mit Kalashnikovs sitzen auf rostigen Stühlen im Schatten der Bäume. Ein hagerer Beamter in roten Turnschuhen, roter Hose und rotem T-Shirt redet auf sie ein und zieht sich dann in eine der Bürostuben zurück. Es ist Mittagszeit, und wir warten auf unsere Pässe, die man am Abend vorher bei einer Razzia im Hotel konfisziert hatte. Zu diesem Zeitpunkt war uns noch nicht klar, dass wir ein Sicherheitsrisiko für den nahe gelegenen „Grand Ethiopian Renaissance Dam" darstellten. Bis zur gigantischen Baustelle an der Grenze zum Sudan sind es etwa 20 Kilometer. Nach Fertigstellung des Damms und nach vollständiger Flutung wird der maximale Rückstau eine Fläche von nahezu 1.900 km² einnehmen und damit nach dem Tana-See das zweitgrößte Gewässer Äthiopiens bilden. Wann das sein wird, ist indes ungewiss. Mit Ägypten, das sinkende Wasserstände am Unterlauf des Nils befürchtet, gibt es bislang keine tragfähige Verständigung. „Angst vor Sabotage- und Terrorakten ist einer der Gründe, warum die Region hermetisch abgeriegelt wird. Bekämpfung von Schmuggel und Korruption die anderen", sagt der in Guba stationierte Sicherheitschef bei unserer Verabschiedung und deutet mit dem Kinn auf eine beträchtliche Ansammlung von Wracks konfiszierter Autos und Lastwagen. Auch eine riesige, tonnenschwere Turbine steht im Hof. Erst als wir die Stadt verlassen, fragen wir uns: Wer schmuggelt eigentlich Turbinen und wohin?

Geologisch und klimatisch unterscheidet sich der Westen Äthiopiens grundlegend vom benachbarten Hochland. Die Landschaft ist in weiten Teilen geprägt von sanften Hügeln, zwischen denen hier und da mäandrierende Flüsse ihren Weg suchen. Der Kontrast zu den scharfen Abgründen der Simienberge oder zu den tiefen Schluchten des Jemmu und Abbay könnte kaum größer sein. Jüngere vulkanische Schichten sind vielerorts vollständig erodiert, sodass heute die Oberfläche von sehr alten, präkambrischen Gesteinen geprägt ist. Auch diese sind starker Verwitterung ausgesetzt. Dass das Terrain nicht völlig abgeflacht ist, hängt mit dessen Lage am Westhang des Afro-Arabischen Domes zusammen. Dieser wurde in den letzten 30 Millionen Jahren stetig angehoben und kompensierte so die Auswirkungen der Erosion. Vor allem das Tiefland im äußersten Südwesten (Gambela) ist großflächig von jüngeren Sedimenten bedeckt. Die dortigen Vertisol-Böden und ganzjährig hohe Temperaturen eignen sich vor allem zum Anbau von Baumwolle und Zuckerrohr, weshalb die Region seit einigen Jahren im Fokus ausländischer Investoren steht.

Ursprünglich gab es im ganzen Westen überwiegend Wälder und Grasland. Auch die Flächen, die einmal vom Stausee des Blauen Nils überflutet sein werden, waren bis vor wenigen Jahren noch bewaldet. Heute erstrecken sich zu beiden Seiten des Flusses endlose Rodungen, auf denen Buschfeuer lodern.

Rechte Seite oben: Der ungestüme Didessa River ist einer der großen Zuflüsse des Blauen Nil. Auch dieses Flusssystem soll in absehbarer Zeit reguliert werden. 2021 begann der Bau des Anger Irrigation Dam, mit einer geplanten Staukapazität von 1,3 Milliarden Kubikmetern.
Unten: Felder von Kleinbauern erstrecken sich über weite Gebiete nordwestlich des Lake Tana. Ihre einfachen Hütten, fernab von öffentlicher Infrastruktur, liegen verstreut inmitten der Kulturen.

Das südlich der Sahara gelegene Brutareal des Heuschreckenteesa (*Butastur rufipennis*) erstreckt sich in einem breiten Band vom Senegal bis Westäthiopien. Außerhalb der Fortpflanzungsperiode sammeln sich in insektenreichen Nahrungsgebieten oft 50 und mehr Tiere.

Rechte Seite oben: Halsbandsittiche (*Psittacula krameri*) sind in Teilen Europas und des Nahen Ostens sowie in anderen Regionen der Welt eingebürgert und gehören inzwischen zum gewohnten Bild vieler urbaner Bereiche. Der äußerste Westen und Norden Äthiopiens gehört zum natürlichen Areal der Art.
Unten: Der Senegalamarant (*Lagonosticta senegala*) ist eine in Afrika weit verbreitete Art. Gemeinsam mit seinem eigenen Nachwuchs zieht er oft die Jungen der Rotfußwitwe (*Vidua chalybeata*) groß, ein häufiger Brutparasit. Lokal können bis zu 40 % aller Nester betroffen sein.

Hier und da haben Bauern Sorghumfelder angelegt, die früher oder später der steigenden Flut weichen müssen. In der Region Benishangul-Gumuz, so wie in den meisten Gebieten entlang der sudanesischen Grenze, ist Sorghum oder Mohrenhirse (*Sorghum bicolor*) die wohl wichtigste Nahrungspflanze. Das wärmeliebende Getreide gedeiht auch auf marginalen Standorten und ist in der Lage, selbst längere Trockenperioden sowie Staunässe zu überstehen. Mit diesen Eigenschaften ist es an Bedingungen der afrikanischen Trockensavanne bestens angepasst. Hier erfolgte auch seine Domestikation. Archäologische Funde haben gezeigt, dass Sorghum bereits vor über 5.000 Jahren im Ostsudan kultiviert wurde. Die Kombination von Feldbau und der Weidehaltung von Vieh setzte aber vermutlich schon viel früher ein und führte in den semi-ariden Gebieten Afrikas zu einer innovativen, subsistenz-orientierten Bewirtschaftungsform, die wir heute „Agro-Pastoralismus“ nennen. Forscher haben darauf hingewiesen, dass sich in der Region des Sudan sehr früh auch eine sogenannte „Aquatische Tradition“ herausbildete, bei der vor allem die reichen Ressourcen an Flüssen und in Feuchtgebieten genutzt

wurden. Auch heute noch spielt der Fischfang in einigen traditionellen Gemeinschaften im Westen und Südwesten Äthiopiens, z. B. bei den Anuak oder Gumuz, eine wichtige Rolle.

Die sudanesisch-äthiopische Grenzregion gilt heute vielen als ein abgelegener Teil der Welt, in den sich Reisende selten verirren. Dabei blickt diese Region auf eine beeindruckende und wechselvolle Geschichte zurück. Der antike Historiker Herodot schreibt im 5. Jahrhundert vor unserer Zeit: „Wo der Süden in Richtung der untergehenden Sonne abfällt, liegt das Land Äthiopien, das letzte bewohnte Land in dieser Richtung. Dort wird Gold in großer Menge gewonnen, riesige Elefanten gibt es im Überfluss, mit wilden Bäumen aller Art und Ebenholz …". Man nimmt an, dass sich diese Angabe auf das Land Kush im heutigen Sudan bezieht, da er Meroe als dessen Hauptstadt bezeichnet. Es existierte bis ca. 350 u. Z. und zerfiel dann in mehrere christliche Königreiche, von denen Alodia das südlichste war. Über dessen Geschichte ist wenig bekannt. Zu Beginn des 16. Jahrhunderts übernahmen die Funji die Herrschaft, die bis 1821 dauern sollte. Als James Bruce 1771 von Gondar aus nach Europa zurückreiste, wählte er allen Ratschlägen zum Trotz die Route über das Reich der Funji. Das islamische Sultanat von Sennar, wie es auch genannt wurde, befand sich zu dieser Zeit bereits im Zerfall. Der Schotte wurde von der lokalen Obrigkeit wenig zuvorkommend aufgenommen und erreichte nach fast einjähriger Reise ausgeraubt, erschöpft und mittellos das ägyptische Assuan. Zum Leidwesen der Wissenschaft musste er sich seiner Sammlung von Mineralien und Vogelbälgen unterwegs entledigen. Oft wird in heutigen Schilderungen der von Bruce bereiste Teil Afrikas als „damals unbekannt" bezeichnet. Dass diese Einschätzung trügt, zeigen schon allein zwei eher beiläufige Anmerkungen in Bruce' Aufzeichnungen: Bei seiner Ankunft in Assuan stellte er einen Scheck aus, der noch vor seiner Rückreise bei seiner Bank in London eingelöst wurde. Und auch ein Schuldschein über 300 Pfund, die er sich von einem Griechen in Abessinien geliehen hatte, erreichte England. Äthiopien, Ägypten und Sennar waren, entgegen europäischer Wahrnehmung, gut vernetzt und besaßen prosperierende Gemeinden von Griechen, Armeniern und Portugiesen. Im frühen 19. Jahrhundert rückte das Osmanische Reich mit der Einnahme von Sennar schließlich bis an die Grenzen Äthiopiens vor. Spätestens jetzt konnten Reisen nach Abessinien nicht mehr als völlig verwegene Abenteuer gelten.

Große Teile des Westens wurden erst ab ca. 1890, infolge von Eroberungen durch Menelik II., in das äthiopische Kaiserreich integriert. Bei der Etablierung formaler Staatsgrenzen wurden die Verteilung oder gar die Interessen lokaler Ethnien nicht berücksichtigt. Angehörige vieler indigener Bevölkerungsgruppen leben heute sowohl in Äthiopien als auch im benachbarten Sudan bzw. Südsudan. Wie viele Völker dies tatsächlich sind, ist selbst unter Experten umstritten. Zudem kann innerhalb einer Gruppe die sprachliche und ethnische Zugehörigkeit durchaus verschieden sein, was die Sache zumindest für Außenstehende weiter kompliziert. So sehen sich etwa Sprecher von Komo auch ethnisch als Komo und werden im Allgemeinen auch von anderen so identifiziert. Sprecher von Gwama hingegen sehen sich selbst ethnisch entweder als Komo oder als Mao und werden von der Regierung gemeinhin den Komo zugerechnet. Die etwa 20 im Westen Äthiopiens gesprochenen Sprachen lassen sich verschiedenen Gruppen zuordnen. Neben dem semitischen Amharisch und dem kuschitischen West-Zentral-Oromo sind in der Region vor allem nilosaharanische Sprachen weit verbreitet. Zu deren Sprechern gehören unter anderem die Nuer, Anuak, Berta und Gumuz. Omotische Sprachen werden von einer Anzahl kleinerer Ethnien gesprochen, z. B. den Borna, Hozo und Seze. Das Anfillo bzw. Mao gilt als aussterbende Sprache, die jüngeren Menschen schon nicht mehr geläufig ist. Hozo und Seze mit wenigen Tausend Sprechern könnten bald folgen.

Der Staudamm am Blauen Nil ist nur eines der zentral gesteuerten Großprojekte, die das Leben der Menschen im Westen und Süden Äthiopiens verändern werden oder dies schon getan haben. Seit den 1960er-Jahren sind Umsiedlungsprogramme initiiert worden, um die Auswirkungen von Bevölkerungswachstum, Umweltzerstörung, Landzersplitterung und Ernährungsunsicherheit im Nördlichen Hochland zu mindern. Anlässlich der Hungersnot 1984/85 erklärte die damalige sozialistische Regierung ihre Absicht, innerhalb eines Jahres 1,5 Millionen Menschen aus dem Norden in den Südwesten umzusiedeln. In der Verfassung von 1987 wurden Zwangsmaßnahmen dieser Art durch den Artikel 10 legitimiert: „Um günstige Entwicklungsbedingungen zu schaffen, sorgt der Staat für ein Besiedlungsmuster, das der Verteilung der nationalen Ressourcen entspricht". Wenig überraschend kam es in den neuen Siedlungsgebieten zu erheblichen Spannungen zwischen den Siedlern und der indigenen Bevölkerung. Zu den ökologischen Folgen gehört neben der massiven Zerstörung von Waldressourcen vor allem die Degradation empfindlicher Böden, deren traditionelle und nachhaltige Nutzung vielerorts auf Wanderfeldbau und eine geringe Siedlungsdichte aus-

Dotterweber (*Ploceus vitellinus*) am Nest. Diese Art bildet keine großen Kolonien, so wie viele andere Webervögel. Vielmehr bauen und kontrollieren einzelne Männchen kleine Gruppen von Nestern, in denen die Weibchen brüten.

Folgende Doppelseite: Landschaft bei Injibara im Westen Äthiopiens. Einst ausgedehnte Savannen und Trockenwälder werden ersetzt durch Sorghumfelder.

gelegt war. In der Region Benishangul-Gumuz gibt es noch heute einen Landkreis (Pawe Special Woreda), dessen Bevölkerung nahezu vollständig auf Zuwanderer zurückgeht. Umsiedlungen erfolgen bis heute, wenngleich auf freiwilliger Basis und in Zuständigkeit der Regionalverwaltungen. So wurden in den frühen 2000er-Jahren Oromo aus Haraghe in Gebiete am Dadessa-Fluss umgesiedelt, die traditionell von den Gumuz beansprucht werden. Fast drei Viertel des dortigen Waldes (54.200 ha) wurden 2004 in Vorbereitung der Maßnahme gerodet. Von der verbleibenden Waldfläche wurden zwischen 2004 und 2016 nahezu 60 % von den Umsiedlern abgeholzt. BBC-News berichtete am 8. März 2019: „Der Kampf zwischen rivalisierenden ethnischen Gruppen in Westäthiopien hat zur Vertreibung von 70.000 Menschen geführt. Laut lokalen Medien wurden mehr als 40 Menschen getötet." Diese Meldung bezieht sich auf Ereignisse, die ihren Ausgang in den neuen Siedlungsgebieten entlang der Grenze zwischen Oromia und Benishangul-Gumuz nahmen. Ökologische Hintergründe, die einen erheblichen Teil dieses „ethnischen" Konfliktes erklären könnten, wie Umsiedlungen, Waldvernichtung und der erbitterte Kampf um natürliche Ressourcen, bleiben unerwähnt.

Biodiversität

Weißnacken-Moorantilope (*Kobus megaceros*)

Schulbildung ist ein Spaziergang durch den Zoo, außerschulische Bildung ist ein Streifzug durch die Savanne.
Stephen W. Hart

„Ich fürchte, das Schiff brennt", stellte der Kapitän der Brigg Helen am 6. August 1852 nüchtern fest. Der Zweimaster war unterwegs von Kuba nach London, als im Laderaum Feuer ausbrach. Passagiere und Besatzung brachten sich auf einem Rettungsboot in Sicherheit und wurden nach zehntägiger Odyssee auf dem Atlantik von einem anderen Schiff gesichtet und an Bord genommen. Unter den Geretteten war der 29-jährige Alfred Russel Wallace. Der junge Forscher hatte die zurückliegenden vier Jahre mit der Sammlung von Vögeln und Insekten in Südamerika zugebracht. Fast alle seine Aufzeichnungen sowie sämtliche Präparate an Bord, darunter „hunderte neue und schöne Arten", fielen den Flammen zum Opfer. Was wie das Ende einer vom Schicksal zerschlagenen Karriere klingt, war indes erst der Vorspann einer enorm produktiven wissenschaftlichen Laufbahn. Nur zwei Jahre nach dem Schiffsunglück startete Wallace zu seiner ausgedehnten Reise ins Malayische Archipel. Die dort gewonnenen Erkenntnisse machten ihn zum Mitbegründer des Darwinismus und zu einem der Väter der modernen Biogeografie.

Wallace unterteilte die Erdoberfläche in sechs zoogeografische Regionen. Diese Klassifizierung, die er auf Basis der Verbreitung von Wirbeltieren und Insekten entwickelte, hat bis heute weitestgehend Bestand, wenngleich später mit Ozeanien und der Antarktis weitere Regionen hinzukamen. 2012 führte ein Team von Wissenschaftlern, ausgestattet mit den neuesten Erkenntnissen, ein „update" dieser Regionen durch. Das in der Zeitschrift *Science* veröffentlichte Ergebnis kommt dem traditionellen Ansatz erstaunlich nahe. Was die äthiopische bzw. afro-tropische Region betrifft, so hat sich deren Grenze kaum geändert. Sie umfasst nahezu den gesamten afrikanischen Kontinent, vom Südrand der Sahara bis zum Kap der Guten Hoffnung. Will man diese Region weiter aufgliedern, so gibt es zwei verschiedene Ansätze: 1. eine Gliederung nach Artenzusammensetzung, so wie es Wallace auf globaler Ebene getan hat, oder 2. eine Gliederung nach Biomen, die vor allem die Vegetationsstruktur in Abhängigkeit von Temperatur und Niederschlag abbildet.

In der Praxis werden diese beiden Schemata oft kombiniert, was sich am Beispiel der Savannen gut erläutern lässt. Die Savanne stellt ein Biom dar, das durch ein Mosaik von Grasland und lockerem bis spärlichem Baumbestand gekennzeichnet ist. Die mittleren Jahresniederschläge liegen um 1.000 mm, die Jahrestemperaturen zwischen 18 und 30 °C – Bedingungen, die in weiten Teilen der afro-tropischen Region zwischen dem nördlichen und südlichen Wendekreis gegeben sind. Es sind diese Gebiete, bevölkert von Elefanten, Giraffen, Nashörnern, Büffeln und Löwen, die unser Bild von Afrika prägen. Wenn Zoologen und Botaniker unter dem Blickwinkel verschiedener Artengruppen nun weiter in dieses Biom hineinzoomen, kommen sie zu unterschiedlichen, aber doch recht ähnlichen Teilgebieten. Eines dieser Gebiete ist die Sudan-Guinea-Savanne, manchmal nur Sudan-Savanne genannt, die sich südlich der

Rechte Seite oben: Der Baro River in der Region Gambela zählt zu den bedeutendsten Flüssen im Südwesten des Landes. Er entwässert über den Sobat in den Weißen Nil und stellt während der Regenzeit etwa 10 % des gesamten Nilwassers bereit.
Unten: Die Halsband-Brachschwalbe (*Glareola nuchalis*) bewohnt naturnahe, reißende Flussabschnitte, in denen wasserumspülte Felsen sichere Ansitzwarten und Brutmöglichkeiten bieten.

Der Gambela National Park gehört zu den bedeutendsten Schutzgebieten Äthiopiens. Internationale Agrarkonzerne erhielten in den letzten Jahren großzügige Konzessionen für die Anlage von Baumwollpflanzungen und anderen Plantagen in der Region. Die Auswirkungen auf die Pflanzen- und Tierwelt sind enorm.

Rechte Seite: Buschfeuer sind ein natürliches Phänomen. Oft bereiten Feuer aber auch Rodungen und die nachfolgende Anlage von Ackerflächen vor. Der NASA zufolge brennen in Afrika mehr Feuer als an jedem anderen Ort der Welt. Die Brände auf dem Kontinent machen 70 % der Brandflächen weltweit aus.

Sahelzone in einem breiten Band von der Atlantikküste bis in die westlichen Tallagen des äthiopischen Hochlandes zieht.

Im Vergleich zu den isolierten Gebirgen Afrikas oder der Kapregion beherbergt die Sudan-Guinea-Savanne relativ wenige Endemiten. Viele Arten kommen nicht nur hier, sondern auch in den Savannen weiter östlich und südlich vor. Auch die Artendichte ist geringer als etwa in den Regenwäldern des Kongo. Es wundert deshalb nicht, dass Naturschützer und Biologen diese Region etwas aus dem Auge verloren haben. Lediglich der World Wildlife Fund führt sie in der Liste „Global 200“, einem Verzeichnis von Ökoregionen mit weltweit herausragender und repräsentativer Bedeutung. Ihr Zustand wird als kritisch eingestuft. Zwar gibt es eine Reihe von Schutzgebieten, von denen viele aber praktisch nur auf dem Papier existieren. Die erforderlichen Schutzmaßnahmen werden weder durchgesetzt noch überwacht, was dem WWF zufolge auch für den Gambela National Park in Westäthiopien gilt. Das ehemals 5.700 km² große Schutzgebiet wurde jüngst auf 4.350 km² verkleinert und seine Grenzen verschoben, um Platz für internationale Agrarunternehmen wie Saudi Star zu schaffen. Zuvor hatte die äthiopische Naturschutzbehörde (EWCA) festgestellt, dass im Umfeld Hunderttausende Hektar Land an Investoren ohne jegliche Verträglichkeitsprüfung vergeben wurden.

Infolge schwerer Zugänglichkeit, vor allem durch saisonale Überflutungen, haben im äußersten Südwesten Äthiopiens eine Reihe von Großsäugerarten überlebt. Während die Giraffe (*Giraffa camelopardalis*) in fast allen Gebieten des Landes ausgerottet wurde, wird der Bestand in Gambela noch auf über 100 Tiere geschätzt. Alljährlich zu Beginn und zum Ende der Regenzeit kommt es hier zu einem beeindruckenden Naturschauspiel. Die Wanderungen der Weißohr-Moorantilope (*Kobus leucotis*) und des Tiang (*Damaliscus tiang*), an denen in Äthiopien und dem angrenzenden Südsudan über eine Millionen Tiere beteiligt sind, spielen sich jedoch weitgehend außerhalb der Reichweite von Besuchern ab. Die seltene und stark gefährdete Weißnacken-Moorantilope (*Kobus megaceros*) ist an aquatische Lebensräume angepasst und kommt nur im Südsudan und Äthiopien vor, wobei der Bestand im Gambela National Park durch Ausweitung der Landwirtschaft und anhaltende Bejagung bereits stark dezimiert ist. Gambela ist eines von acht Gebieten Äthiopiens, in denen es nach derzeitigem Wissen noch Löwen (*Panthera leo*) gibt. Allerdings ist der Kenntnisstand zur Häufigkeit und Verbreitung noch immer lückenhaft. Erst kürzlich wurde eine bis dahin unbekannte Population im Alatish National Park entdeckt.

Bei einem genaueren Blick auf das Säugetierinventar Westäthiopiens fällt auf, dass es hier am östlichsten Rand der Sudan-Guinea-Savanne eine ganze Reihe von Taxa gibt, die nirgends sonst anzutreffen sind. Grünmeerkatzen der Gattung *Chlorocebus* bewohnen Savannen und lichte Wälder in weiten Teilen Afrikas, wobei die Äthiopien-Grünmeerkatze (*C. aethiops*) nur im Westen Äthiopiens und den angrenzenden Gebieten in Eritrea, Sudan und Südsudan vorkommt. Die hier lebenden Husarenaffen zeigen ebenfalls Merkmale, die sie von allen anderen Vertretern ihrer Gattung unterscheiden. Der von Heuglin entdeckte Meerkatzen-Verwandte wurde 1862 durch den sächsischen Naturwissenschaftler Ludwig Reichenbach als Graumähniger Patas (*Erythrocebus poliophaeus*) beschrieben, später jedoch mit der Art *Erythrocebus patas* synonymisiert. Erst eine Evaluierung im Jahr 2018 bestätigte seinen Status als eigenständige Spezies, als deren englische Bezeichnung Heuglin's Patas Monkey vorgeschlagen wurde. Die wohl gefährdetste Säugetierart der Region ist die Tora-Kuhantilope (*Alcelaphus tora*), deren weltweiter Bestand auf weniger als 250 Tiere geschätzt wird.

Beim Endemismus der Fische des Gebietes zeigt sich ein lokal sehr differenziertes Bild. So haben jüngste Untersuchungen gezeigt, dass drei von zehn nachgewiesenen Arten aus dem Einzugsgebiet des Tacazze endemisch waren. Das Flusssystem des Baro ist mit 51 Fischarten zwar wesentlich vielfältiger, beherbergt aber keine Endemiten. Vermutlich war die Baro-Niederung über den Weißen Nil auch in der Vergangenheit stets mit west- und zentralafrikanischen Flusssystemen verbunden, sodass deren Fischfauna aus weit verbreiteten Formen besteht. Zu den Lurchen und Kriechtieren gibt es bislang nur wenige Daten aus den westlichsten Landesteilen, sodass verlässliche Aussagen zu deren Biogeografie derzeit kaum möglich sind.

Was die Diversität der afrikanischen Pflanzenwelt betrifft, so stehen Forscher vor einem Rätsel. Die Artenvielfalt vieler Florengebiete des Kontinents, wie z. B. der Sudan-Guinea-Savanne, ist im Vergleich zu anderen äquatornahen Regionen der Welt (Südamerika und Südasien) stark verarmt. Eine Erklärung dafür könnte die Ausbreitung von sogenannten C4-Gräsern sein, die sich durch eine höhere Photosyntheserate, insbesondere bei Wassermangel, auszeichnen. Ab dem späten Miozän, also vor etwa 7 Millionen Jahren, kam es infolge zunehmender Brände in den nunmehr ausgedehnten trockenen Grasländern zu einer regelrechten Auslöschungsorgie. Nur in den von Bränden verschonten Gebieten (Fynbos und Karoo im Süden des Kontinents sowie in Teilen des heutigen Regenwaldes) konnten sich Überreste einer einst artenreichen afrikanischen Flora halten. Auch hier gibt es Gräser, die allerdings dem C3-Typ angehören und infolge ihrer geringeren Dichte keine großräumigen und wiederkehrenden Brände verursachen, wie dies bei Savannen-Systemen mit einer Dominanz von C4-Gräsern der Fall ist.

Allerdings sind auch bei Pflanzen in den Habitaten der Sudan-Guinea-Savanne weitere Entdeckungen möglich. So wurden erst kürzlich aus Benishangul-Gumuz drei bisher unbekannte Arten beschrieben, die der Gattung *Chlorophytum* aus der Unterfamilie der Agavengewächse angehören. Ohne Zweifel würden gezielte Streifzüge durch den Westen Äthiopiens, besser noch systematische Untersuchungen, zu weiteren spannenden Funden und Artbeschreibungen führen, sowohl auf botanischem als auch auf zoologischem Gebiet.

Die Feuerwalzen treiben Kleinsäuger und andere Beutetiere aus ihren Verstecken und locken somit oft zahlreiche Greifvögel an, wie hier Schwarzmilane (*Milvus migrans*).

Vogelwelt

Krokodilwächter (*Pluvianus aegyptius*)

Das Lebendige hat die Gabe, sich nach den vielfältigsten Bedingungen äußerer Einflüsse zu bequemen und doch eine gewisse errungene entschiedene Selbständigkeit zu wahren.
Johann Wolfgang von Goethe

Thomas R. Howell traf im Januar 1977 in Äthiopien ein, Werner Lamberz im Februar. Sie hätten sich am Flughafen in Addis Ababa also fast begegnen können: der eine Ornithologe aus den USA, der andere Chefideologe der damaligen Deutschen Demokratischen Republik (DDR). Der Kalte Krieg zwischen West und Ost lief zu dieser Zeit auf Hochtouren und wurde auch am Horn von Afrika ausgetragen. 1969 übernahmen linke Militärs die Macht in Somalia; wenig später stürzte das äthiopische Kaiserreich und der berüchtigte Qey Shibir (Äthiopischer Roter Terror) begann. Ihm fallen zwischen 1976 und 1977 Zehntausende, vielleicht auch Hunderttausende Oppositionelle zum Opfer. Äthiopien schloss die US-Militärmission und wendete sich der Sowjetunion und ihren Verbündeten zu. Im Juli 1977 begann der Ogaden-Krieg zwischen den marxistischen Bruderländern Somalia und Äthiopien, der auf äthiopischer Seite unter anderem von Kampfverbänden aus Kuba und Ausbildern aus der DDR unterstützt wurde.

In dieses Umfeld platzierte der junge und offenbar unerschrockene Howell seine Untersuchungen zu „Anpassungen von Vögeln, die in schwierigen und ungewöhnlichen Umgebungen zum Fortpflanzungserfolg beitragen". Die Arbeiten wurden vom 24. Januar bis 6. April 1977 am Fluss Baro in Gambela durchgeführt. Untersuchungsobjekt war eine Limikole mit erstaunlichem Betragen: der Krokodilwächter (*Pluvianus aegyptius*). Der Historiker Herodot, der 459 v.u.Z. Ägypten besuchte, hatte dem kleinen Regenpfeifer-Verwandten schon früh zu einer gewissen Bekanntheit verholfen. Ein Vogel names Trochilos soll sich seiner Beschreibung zufolge in den klaffenden Mäulern sonnenbadender Krokodile aufhalten und dort nach Nahrung suchen. Über die vermeintliche Symbiose von Krokodilen und Krokodilwächtern ist viel spekuliert worden, bestätigt werden konnte sie jedoch nicht.

Auch Howell gelangen keine solchen Beobachtungen. Sein Augenmerk war auf ein ganz anderes Verhalten der Vögel gerichtet – das Eingraben und Befeuchten ihrer Gelege. Wie sich herausstellte, werden die Eier, zumeist zwei oder drei, am Flussufer abgelegt und anschließend vollständig mit Sand bedeckt. Während der heißen Tageszeiten besteht die Gefahr einer Überhitzung der Eier, und auch eine einfache Beschattung des Nestes ist dann unzureichend. Die Brutvögel machen in dieser Zeit häufig Ausflüge zum nahen Wasser, wo sie ihre Bauchfedern einweichen, um anschließend rasch zum Nest zurückzukehren und die Eier und den umgebenden Sand zu befeuchten. Die resultierende Verdunstungskühlung verhindert eine Überhitzung des Geleges. Während der kühlen Nachtstunden wird der Sand entfernt und das Gelege von einem der Eltern normal bebrütet. Das Eingraben wird auch bei den späteren Küken angewandt. Die Nestflüchter drücken

Rechte Seite oben: Die Schwanzfedern männlicher Dominikanerwitwen (*Vidua macroura*) erreichen im Brutkleid eine enorme Länge. Sie sollen Weibchen bei der Balz beeindrucken. Diese zeigen sich indes sehr wählerisch: Nur 8% aller Darbietungen der Männchen führen zu einer erfolgreichen Paarung.
Unten: Höhere Lagen werden von wechselwarmen Schlangen weitgehend gemieden. Die Äthiopische Hakennase (*Scaphiophis raffreyi*) scheint zu den Ausnahmen zu gehören. Die Art wurde in Höhen zwischen 500 und 2.500 m ü.NN gefunden.

Schwarzschopfkiebitze (*Vanellus tectus*) sind taffe Bewohner trockener Habitate und legen ihre Eier in flache Mulden am Boden. Nach Überflutung eines solchen Nestes standen die Eier senkrecht im Schlamm, der wie Beton ausgehärtet war. Trotzdem schlüpften drei Junge, so der Bericht eines Forschers.

Linke Seite: Schlamm- und wasserbewohnende Schnecken sind die bevorzugte Nahrung des Mohrenklaffschnabels (*Anastomus lamelligerus*). Um an deren Inneres zu gelangen, hat er eine spezielle Technik entwickelt, bei der die scharfe Spitze seines Unterschnabels zum Einsatz kommt.

sich bei Gefahr flach auf den Boden, worauf sie von den Altvögeln mit Sand bedeckt werden.

Den harschen Bedingungen an tropischen Flussufern hat sich der Krokodilwächter perfekt angepasst oder „bequemt", wie Goethe sagen würde. Das gilt auch für eine weitere afrikanische Limikole, die Halsband-Brachschwalbe (*Glareola nuchalis*). Während die nah verwandte Rotflügel-Brachschwalbe (*Glareola pratincola*) grasbewachsene Steppen und Savannen bewohnt, siedelt sie an Felsen inmitten reißender Flussabschnitte. Die Eier werden in Mulden oder Rissen direkt auf dem Gestein abgelegt. Und auch hier befeuchten die brütenden Vögel regelmäßig ihr Bauchgefieder, um das Gelege zu kühlen. Betrachtet man die Brutphysiolgie der Halsband-Brachschwalbe und des Krokodilwächters jedoch etwas genauer, so zeigen sich erstaunliche Unterschiede. Relativ zur Körpermasse sind die Eier der Brachschwalbe größer. Dies und die durchgängige Bebrütung verkürzen die Zeit zwischen Eiablage und Schlupf um ein Drittel, von etwa 30 auf 20 Tage. Prädatoren wie der Nilwaran (*Varanus niloticus*) oder Krähen haben so deutlich weniger Gelegenheit, die Gelege auf

Die Strichelracke (*Coracias naevius*) ist ein typischer Ansitzjäger. Von erhöhter Warte aus hält sie Ausschau nach Beutetieren, wie Heuschrecken, Käfern und Skorpionen, aber auch kleinen Eidechsen, Säugern und Vögeln.

Rechte Seite oben: Die Männchen des Rotkehlspints (*Merops bulocki*) verbringen viel Zeit damit, ihre Partnerinnen zu überwachen. Sie wollen dadurch Kopulationen mit anderen Männchen verhindern. Der Erfolg ihrer Anstrengungen ist mäßig, denn oft bestehen die Bruten aus Halbgeschwistern mit unterschiedlichen Vätern.
Unten: Kapuzenweber (*Euplectes laticauda*) besiedeln offenes Grasland mit eingestreuten Stauden und kleinen Büschen. Oft finden sich mehrere Männchen in einem kleinen Areal zusammen und vollführen territoriale Schauflüge. Die langen Schwanzfedern werden dabei auffällig gespreizt.

den exponierten Felsen zu plündern. Beim Krokodilwächter ist das Gelege potenziellen Gefahren viel länger ausgesetzt. Durch das Eingraben der Eier im Sand und die häufige Abwesenheit der Altvögel ist es von Feinden allerdings auch viel schwerer zu finden. Ein von der Evolution getriebener Kompromiss liegt bei beiden Strategien auf der Hand.

In Äthiopien sind Halsband-Brachschwalbe und Krokodilwächter eher selten, und ihr Vorkommen ist auf den Westen des Landes beschränkt. Als Bewohner großer Flüsse sind sie jedoch in anderen Teilen Afrikas weit verbreitet und nicht an die Savanne gebunden. Eine Reihe anderer Vögel zeigt jedoch diese Bindung. Nach einer Analyse von BirdLife International kommen 54 Vogelarten ausschließlich in der Sudan-Guinea-Savanne vor. Als typischer Vertreter wäre der Fuchsfalke (*Falco alopex*) zu nennen, der ohne phänotypische Variabilität ein Areal besiedelt, dass sich vom Senegal bis nach Äthiopien erstreckt. Allerdings gibt es auch bei den Vögeln, ähnlich wie bei den Säugern, etliche Arten und Unterarten, die nur im äußersten Westen der Sudan-Guinea-Savanne zu finden sind. Warum es in diesem Gebiet zu Artbildungsprozessen kam, leuchtet nicht ohne Weiteres ein. Schließlich gibt es keine topografische oder klimatische Grenze, die den

Die meisten der über 30 Arten aus der Familie Vangidae (Vangawürger) leben auf Madagaskar, wo sie ganz unterschiedliche ökologische Nischen besetzen und entsprechende Anpassungen entwickelt haben. In Äthiopien wird diese Gruppe nur durch den Weißschopf-Brillenvanga (*Prionops plumatus*) vertreten.

Rechte Seite: Das Areal der Nordbüscheleule (*Ptilopsis leucotis*) erstreckt sich in einem breiten Band vom Senegal im Westen bis nach Somalia am Horn von Afrika. Die nacht- und dämmerungsaktive Art lebt in Savannen und Trockenwäldern mit spärlicher Bodenbedeckung. Zur Eiablage und Jungenaufzucht nutzt sie verlassene Nester anderer Arten, z. B. von Tauben und Greifvögeln.

heutigen Savannengürtel durchtrennt und so als ökologische und genetische Barriere zwischen Ost und West wirksam wäre. Vielleicht spielten ähnliche Prozesse wie bei den Pflanzen eine Rolle. Feuerkatastrophen und andere Umwelteinflüsse könnten savannenbewohnende Arten in die Randlagen des abessinischen Hochlandes gedrängt haben, die von den Verwüstungen weniger betroffen waren. Isoliert von anderen Populationen, entwickelten sie allmählich eigenständige Merkmale, was schließlich zur Bildung abgrenzbarer Taxa führte.

Wir kennen mindestens drei Vogelarten, für die diese Erklärung zutreffen könnte: den Larvenamarant (*Lagonosticta larvata*), den Weißkopf-Schwatzhäherling (*Turdoides leucocephala*) und den Harwoodfrankolin (*Pternistis harwoodi*). Der Larvenamarant ist ein kleiner Astrild, dessen Areal nahezu ganz auf den Westen Äthiopiens beschränkt ist. Er

bewohnt hier insbesondere die baum- und grasreiche *Combretum-Terminalia*-Savanne, deren Pflanzengemeinschaften eher eine phytogeografische Affinität zu Zentral- und Westafrika als zu Zentral- und Ostäthiopien haben. Jüngste genetische Untersuchungen haben den Schwarzbauchamarant (*Lagonosticta rara*) als Schwesternart identifiziert. Dessen Verbreitungsgebiet reicht vom Westen her bis zum Südsudan und nach Kenia, schließt Äthiopien jedoch aus. Eine ganz ähnliche Vikarianz haben wir auch beim Geschwisterpaar Weißkopf-Schwatzhäherling und Sudanschwatzhäherling (*Turdoides plebejus*), wobei Letzterer mit isolierten Vorkommen bis in die Omo- und Gambela-Region vordringt. Besonders interessant ist die Situation beim Harwoodfrankolin. Dieser Hühnervogel ist ausschließlich in der Gebirgsregion im Norden Äthiopiens anzutreffen und wurde deshalb als typischer Vertreter des Afro-tropical Highland Bioms betrachtet. Dabei wurde allerdings übersehen, dass sämtliche Vorkommen auf die Tal- und Hanglagen der nach Westen hin entwässernden Flüsse beschränkt sind. Bei dieser Art handelt es sich also um keinen ursprünglichen Gebirgsbewohner, sondern um eine Art der Sudan-Guinea-Savanne, die in den Schluchten und Seitentälern des Blauen Nils und des Tacazze bis tief ins Gebirge hineinreicht. Außerhalb dieser isolierten Lagen wird er durch den weit verbreiteten Clappertonfrankolin (*Pternistis clappertoni*) ersetzt. In der Roten Liste der IUCN wird der endemische Harwoodfrankolin als „Potenziell gefährdet" (Near-threatened) eingestuft. Problematisch ist insbesondere die Ausweitung der landwirtschaftlichen Nutzung in den vielerorts dicht besiedelten Gebieten.

Mindestens fünf weitere an die Sudan-Guinea-Savanne gebundene Vogelarten haben am äußersten östlichen Arealrand Unterarten ausgebildet: Braunbürzelammer (*Emberiza affinis*), Fuchszistensänger (*Cisticola troglodytes*), Grünrückeneremomela (*Eremomela canescens*), Weißstirn-Steinschmätzer (*Oenanthe albifrons*) und Weißscheitelrötel (*Cossypha albicapillus*). Die letztgenannte Art ist in Äthiopien mit der Subspezies *omoensis* vertreten, die ein winziges, stark isoliertes

Afrikasmaragdspinte (*Merops viridissimus*) sind keine Koloniebrüter, wie viele ihrer Verwandten. Vermutlich leben sie monogam. Verpaarte Tiere graben gemeinsam eine Niströhre in flaches oder leicht geneigtes Gelände und ziehen die Brut ohne Helfer groß.

Der Schikrasperber (*Accipiter badius*) ist ein kleiner, wendiger Greifvogel und bewohnt ein breites Spektrum baumbestandener Habitate. Er gilt als besonders ruffreudig, auch außerhalb der Balz- und Paarungsphase.

Linke Seite oben: Zu den eher bedächtigen und stillen Jägern der Savanne zählt der Sperberbussard (*Kaupifalco monogrammicus*). Er späht oft lange von erhöhten Warten nach Kleinsäugern, Reptilien oder Heuschrecken aus, ehe er sich zum Beuteflug entschließt.
Unten: Einige der in Afrika brütenden Greifvogelarten zeigen regelmäßig Zugbewegungen, unter ihnen der Salvadoribussard (*Buteo auguralis*). Im Westen Äthiopiens ist er als Brutgast von Dezember bis Mai zu beobachten und zieht sich nach der Jungenaufzucht wieder in den Norden zurück.

In Äthiopien trifft man auf die Erzflecktaube (*Turtur abyssinicus*) nur ganz im Westen, wo sie ihr Verbreitungsgebiet erreicht. In anderen Landesteilen wird sie durch zwei ähnliche, nahe verwandte Arten ersetzt.

Rechte Seite: Auch die Männchen der Langschwanzwitwe (*Vidua interjecta*) haben ein imposantes Federkleid. Die Art zählt, wie die Verwandten ihrer Gattung, zu den Brutparasiten und legt ihre Eier in Nester von Astrilden. In Äthiopien betrifft dies vermutlich den Streifenastrild (*Pytilia lineata*).

Verbreitungsgebiet im Südwesten des Landes sowie in den Grenzregionen des benachbarten Südsudan bewohnt. Die nächsten Vorkommen des Weißscheitelrötels befinden sich in Zentralafrika, in einer Entfernung von nahezu 1.500 km.

Die meisten der hier genannten Arten und Unterarten stehen nicht im Fokus von Ornithologen und Naturschützern. Sofern sie über Staatsgrenzen hinweg vorkommen, werden sie nicht in den Landeslisten der Endemiten geführt und genießen dadurch – trotz ihrer kleinen Areale – wenig Aufmerksamkeit. Zum anderen wird die Verbreitung und Gefährdung von Unterarten kaum beachtet, selbst wenn es sich um extrem isolierte Populationen mit vermutlich eigenständigen Genotypen handelt. Dabei wäre ihr Verschwinden ein bedauerlicher und irreversibler Verlust für die Biodiversität. Während wir europäische Arten in dieser Hinsicht längst näher betrachten, etwa bei den bedrohten *schinzii*-Populationen des Alpenstrandläufers (*Calidris alpina*) in Deutschland und dem Baltikum, liegt Afrika noch immer weit außerhalb des Radars. Dabei gäbe es gerade hier ein reiches Betätigungsfeld, um Taxa zu studieren und zu schützen, die durch Isolation und Anpassung ihre „entschiedene Selbstständigkeit" bis heute bewahrt haben.

Äußerst selten gelingt es, den Einfarbschlangenadler (*Circaetus cinereus*) mit frisch geschlagener Beute am Boden zu sehen. Zumeist fällt der Einzelgänger ins Auge, wenn er weit oben auf Hochspannungsmasten sitzt oder am Himmel kreist.

III Bale, Arsi und Harar
Frühe Reisende

Reisen bedeutet, zu entdecken, dass sich alle in Bezug auf andere Länder irren.
Aldous Huxley

Carlo von Erlanger (1872 – 1904)

Das Wetter in Berlin war bedeckt und regnerisch, als Otto von Bismarck am 15. November 1884 seine Gäste im Palais Schulenburg in der Wilhelmstraße begrüßte. Seiner Einladung zur sogenannten „Kongokonferenz" waren dreizehn europäische Staaten und die USA gefolgt. Glaubt man zeitgenössischen Darstellungen, so war im Sitzungssaal eine vier Meter hohe Afrikakarte aufgespannt, vor der die Delegierten diskutierten und sich beratschlagten. Am Ende der Tagung, nach über drei Monaten, war Afrika noch nicht vollständig unter den Europäern aufgeteilt, wohl aber wurden die Regeln der künftigen Inbesitznahme festgeschrieben. Was die Kolonialmächte bei ihren Eroberungen der nächsten Jahre anspornte, war die sogenannte „Effektivitätsregel", die nahezu beiläufig im hinteren Teil des Abschlussdokumentes untergebracht wurde. Dort heißt es in Artikel 35: „Die Signatarmächte der gegenwärtigen Akte anerkennen die Verpflichtung, in den von ihnen … besetzten Gebieten das Vorhandensein einer Obrigkeit zu sichern". Anders ausgedrückt: Nicht das Hissen von Flaggen an der Küste, sondern erst die „effektive" Besitznahme, etwa durch Errichtung von Militär- oder Polizeistationen im Hinterland, sollte künftige Erwerbungen in Afrika legitimieren. Damit war eine der wichtigsten Spielregeln für den kommenden „Wettlauf um Afrika" aufgestellt.

Die Berliner Konferenz lag kaum ein Jahrzehnt zurück, als Italien versuchte – ganz im Geiste der Beschlüsse –, seine Besitzungen am Roten Meer zu erweitern. 1894 drang der Tiroler General Oreste Baratieri mit etwa 18.000 Mann in das äthiopische Hochland ein, erlitt nach anfänglichen Erfolgen jedoch eine vernichtende Niederlage in der Schlacht von Adua. Das abessinische Kaiserreich blieb bis auf Weiteres von europäischen Eroberungen verschont. Deutsche Kolonialbestrebungen am Horn von Afrika waren schon zuvor weitestgehend zum Erliegen gekommen. Die Station „Hohenzollernhafen" in Südsomalia fiel 1890 nach Abschluss des Helgoland-Sansibar-Vertrages an die Briten, die das Gebiet wenig später an Italien verpachteten. 1902 scheiterte dann ein letzter deutscher Versuch, sich in der Region festzusetzen. Der von der Marine betriebene Kohlestützpunkt auf den Farasan-Inseln im Roten Meer wurde aufgegeben, nachdem das Osmanische Reich deren Abtretung verweigert hatte.

In Abessinien drängten indes konservative Kräfte in Anbetracht der latenten Bedrohung auf eine Abschottung des Landes, während Kaiser Menelik II. sich einer Öffnung gegenüber

Linke Seite oben: Kosobaum (*Hagenia abyssinica*). Traditionell wird in Äthiopien ein aus getrockneten Blüten bereiteter Sud als Mittel gegen Bandwürmer verabreicht. Im 19. Jahrhundert galt aus der Pflanze gewonnenes Pulver auch in Europa als Heilmittel gegen verschiedene Krankheiten, etwa die Syphilis.
Unten: Fast 40 Arten umfasst die Gruppe der „Afrikanischen Girlitze" (Gattung *Crithagra*), über ein Dutzend sind es in Äthiopien. Einer der häufigsten Vertreter ist der im Bergland weit verbreitete Strichelgirlitz (*C. striolatus*).

Klippenadler (*Aquila verreauxii*) sind oft paarweise unterwegs. Mit etwas Glück sind sie bei der Tandem-Jagd zu beobachten, bei der ein Vogel die Beute ablenkt und der andere zuschlägt. Zu ihren bevorzugten Beutetieren gehören Klippschliefer (*Procavia capensis*), die oft den Großteil der Nahrung ausmachen.

aufgeschlossen zeigte und eine Reihe von Modernisierungen in Gang setzte, unter anderem durch den Bau der Eisenbahn von Djibouti nach Addis Ababa und durch die Inbetriebnahme eines Telegrafennetzes. In Anbetracht der komplizierten politischen Lage zeigte sich Carlo von Erlanger durchaus überrascht, als er im August 1899 von der äthiopischen Regierung folgende Nachricht in deutscher Sprache erhielt: „Im Auftrag Seiner Majestät … habe ich die Ehre, Ihnen mitzuteilen, daß seine Majestät Ihnen die Erlaubnis erteilt, Ihre projektierte wissenschaftliche Expedition durch sein Reich durchzuführen". Unterzeichnet war das Schreiben von Alfred Ilg. Der gebürtige Schweizer Ingenieur war ein enger Berater Meneliks und langjähriger Außenminister des abessinischen Kaiserreiches.

Carlo von Erlanger war der Enkelsohn eines erfolgreichen Frankfurter Bankiers, der vom österreichischen Kaiser Franz Joseph I. in den erblichen Freiherrenstand erhoben wurde. Zeitgenossen galt er als „hoffnungsvoller, tüchtiger Ornitholog, dem es seine reichen Mittel erlaubten, rascher als andere etwas Tüchtiges zu leisten". Anders als etwa Theodor von Heuglin musste ihn eine profunde Ausbildung nicht kümmern. Zwar schrieb er sich 1891 an der Universität Lausanne ein, reiste aber bereits zwei Jahre später in die tunesische Sahara und absolvierte danach seinen Militärdienst in einem italie-

Die Blütenstände der Riesenlobelie (*Lobelia rhynchopetalum*) können über zehn Meter hoch werden. Sie sterben nach einmaliger Blüte ab und bleiben in diesem Zustand noch über längere Zeit erhalten. Heimisch ist diese afro-alpine Pflanze nur in den Simien und Bale Mountains.

nischen Husarenregiment. Auch seine nachfolgenden Aufenthalte in Cambridge und am Britischen Museum in London, wo er sich „hauptsächlich naturwissenschaftlichen Studien widmete", waren von kurzer Dauer. Umso erstaunlicher ist es, dass sich der Reisende und eifrige Sammler schon in jungen Jahren eine wissenschaftliche Reputation verschaffte. Otto Kleinschmidt, einer der führenden Vogelkenner seiner Zeit, bemerkte dazu anerkennend: „In überraschend kurzer Zeit entwickelte er, der bis dahin nur Liebhaber, noch ganz Dilettant war, sich zu einem Kenner mit weitgehendstem systematischen Scharfblick. Er emanzipierte sich schnell von unserm Einfluss …". Während der Theologe Kleinschmidt den Darwinismus offen abwies, bekannte sich Erlanger zur Abstammungslehre und deren Auswirkungen auf die Klassifikation von Arten. Er folgte darin Ernst Hartert, dessen moderne Auffassung zur Abgrenzung von Spezies und Subspezies Ende des 19. Jahrhunderts auf den erbitterten Widerstand vieler Fachkollegen stieß, auch und insbesondere in Deutschland. Erlanger benutzte in seinen Publikationen als einer der Ersten die trinäre Nomenklatur zur Benennung von Unterarten und bewies damit eine erstaunliche Souveränität gegenüber dem damaligen fachlichen Establishment.

Dass Erlangers Eltern die Neigungen und abenteuerlichen Pläne ihres Sohnes offenbar ohne Vorbehalte unterstützt

haben, ist ein weiterer bemerkenswerter Umstand. Als der 28-Jährige zu seiner großen Expedition nach Abessinien und Somalia aufbrach, wurde er von ihnen bis zur jemenitischen Küstenstadt Aden begleitet. Zu deren Wohlwollen mag beigetragen haben, dass um die Wende zum 20. Jahrhundert unter Angehörigen der privilegierten Klassen, insbesondere in Großbritannien und den USA, Safaris zu einer Status anzeigenden Reiseform avancierten. Unter den gefeierten Expeditionsführern der kommenden Jahre waren Persönlichkeiten vom Format eines Theodore Roosevelt. Das umfangreiche Afrika-Unternehmen des vormaligen US-Präsidenten und passionierten Jägers stand dabei ausdrücklich im Dienst der Wissenschaft. Seine komplette Ausbeute stellte er der Smithsonian Institution in Washington und dem American Museum of Natural History in New York zur Verfügung. Aber auch weniger Ambitionierte konnten der Großwildjagd in vollen Zügen frönen. Der Erwerb einer Jagdlizenz im britischen Ost-Afrika-Protektorat im Wert von 50 Britischen Pfund berechtigte den Käufer zum Töten von 2 Büffeln, 2 Nilpferden, 1 Eland, 22 Zebras, 6 Oryxantilopen, 4 Wasserböcken, 1 Großen Kudu, 4 Kleinen Kudus, 10 Topis, 26 Streifengnus, 229 anderen Antilopen, 84 Colobusaffen sowie einer unbegrenzten Anzahl von Löwen und Leoparden.

Umfang und Aufwand der Erlanger'schen Expedition sind aus heutiger Sicht außerordentlich und selbst gemessen an den damaligen Gepflogenheiten noch immer erstaunlich. Der Amerikaner Arthur Donaldson Smith, der Äthiopien wenige Jahre vor Erlanger bereist hatte, brachte 55 Träger sowie Pferde und Maultiere aus Aden mit. In Berbere standen dann 70 Kamele bereit, und weitere 27 Somalis wurden angeheuert. Erlangers Gefolgschaft bestand auf dem Höhepunkt seiner Reise aus 5 Europäern sowie 180 Somaliern und Abessiniern, die mit 230 Kamelen, 95 Maultieren, 25 Eseln, 12 Pferden und 60 Ochsen unterwegs waren. Die Gesellschaft war nach Erlangers Einschätzung in guter Verfassung und am Ende gab es „nur“ sieben Tote, wie er in seinem Reisebericht zufrieden feststellte: „Einer ertrank beim Flußübergang, ein anderer fiel

Die Entstehung des riesigen Bale-Massives geht auf vulkanische Aktivitäten zurück, die vor etwa 7 Millionen Jahren endeten. Noch vor 2.000 Jahren waren die Gipfellagen um den Tullu Dimtu (4.377 m ü. NN) mit einer dicken Eiskappe bedeckt. Die afro-alpine Landschaft ist Lebensraum zahlreicher Endemiten.

einem Krokodil zum Opfer, ein anderer blieb vor Erschöpfung am Wege liegen und fiel den wilden Tieren zum Opfer, einer starb an Dysenterie und drei an Malaria".

„Unausgesetzt durch saftige von Kuhherden bevölkerte Wiesen" ziehend, trifft Erlanger im Frühjahr 1900 in Harar ein, dem damals üblichen Zwischenhalt auf dem Weg nach Addis Ababa. Statt jedoch der gewohnten Handelsroute zu folgen, wurde ein weiter Umweg nach Süden gewählt, den Shabelle-Fluss und schließlich die Ausläufer der Bale Mountains querend. Für Europäer war dieses Gebiet Neuland und deshalb wissenschaftlich vielversprechend. Tatsächlich ist den Reisenden dessen Außergewöhnlichkeit entgangen. Erlanger glaubte offenbar, dass mit 3.500 m ü. NN die höchsten Lagen erreicht seien, nicht ahnend, dass unweit seiner Route das Gebirge auf nahezu 4.400 m ü. NN ansteigt und von zahlreichen endemischen Arten bewohnt wird. Unentdeckt blieb selbst das majestätische Bergnyala (*Tragelaphus buxtoni*). In Anbetracht widriger Wetterumstände war gerade auf diesem Streckenabschnitt an systematisches Beobachten und Sammeln offenbar nicht zu denken: „Die Wege waren in eine Schlammmasse umgewandelt, sodaß die Kamele fortgesetzt ausglitten und niederstürzten. Menschen und Tiere litten unter der heftigen Kälte ungemein, sodaß viele Lasttiere eingingen".

Von Addis Ababa aus folgte die Expedition dem Rift Valley bis südlich des Lake Chamo, wendete sich dann wieder nordwärts, um von dort bis zur somalischen Küste vorzudringen, wo sie im Juli 1901 eintraf. Im Gepäck befanden sich 8.000 Vogelbälge, 1.000 Säugetierpräparate, einige Hundert Lurche und Kriechtiere sowie Tausende Insekten und Herbarbelege. Erlanger hat die umfassenden ornithologischen Ergebnisse der Reise selbst aufgearbeitet und publiziert. Er beschrieb zahlreiche neue Taxa, von denen viele bis heute anerkannt sind. Dazu gehören eine Reihe von endemischen Unterarten sowie die nur in Äthiopien und Somalia vorkommende Reichenowtaube (*Streptopelia reichenowi*). Mehrere Vogelarten wurden nach ihm benannt, von denen nach jüngsten Revisionen jedoch nur noch eine seinen Namen trägt (der Kongoschnäpper, *Batis erlangeri*). Das Material zu den übrigen Arten stellte er

Der endemische Schwarzkopfgirlitz (*Serinus nigriceps*) ist ein Bewohner halboffener Habitate. Auf dem Sanetti-Plateau, aber auch anderswo, dringt er regelmäßig in höchste Lagen vor.

Auch Blauflügelgänse (*Cyanochen cyanoptera*) gibt es nur in Äthiopien. Die Vögel bewohnen montanes und alpines Grasland, meist nahe an Bächen oder Stillgewässern. Trockenlegung und Umwandlung von Feuchtgebieten sowie absehbare klimatische Veränderungen gefährden den Bestand der Art.

anderen Forschern großzügig zur Verfügung. Die Auswertung der herpetologischen Funde führte ebenfalls zur Beschreibung mehrerer neuer Spezies, u. a. des Riedfrosches *Kassina maculifer* und der Schlangenart *Lamprophis erlangeri*.

„Kein Reich Afrikas dürfte in solcher Weise berufen sein, eine derartig hervorragende Rolle zu spielen in dem Wettbewerb der abendländischen Mächte, … als das von Sagen umwobene, Jahrtausende alte Äthiopien", ein Land, das „nur des Augenblickes harrt, in dem es der Kultur erschlossen wird, um in die Reihe der Länder einzutreten, die der Kolonisation ein nach jeder Richtung geeignetes Feld bieten." Mit diesen Zeilen beginnt Carlo von Erlanger, dem imperialistischen Zeitgeist folgend, seinen Expeditionsbericht. Er irrte sich, wie so viele Reisende. Dass sich Äthiopien der Kolonisation in den folgenden Jahrzehnten erfolgreich entzog, hat der junge Aristokrat und aufstrebende Forscher jedoch nicht mehr erlebt. Der Einunddreißigjährige starb 1904 in Wien infolge eines tragischen Verkehrsunfalles. Eine Straßenbahn rammte das Automobil, in dem er als Beifahrer saß. Es muss eines der wenigen motorisierten Fahrzeuge gewesen sein, die damals auf den Wiener Straßen unterwegs waren. Unter YouTube findet sich eine historische Filmaufnahme aus jener Zeit, in der zwischen unzähligen Pferdekutschen nicht ein einziges Auto zu sehen ist.

Menschen und Landschaft

> ***Das Wort Merquana beschreibt die Euphorie nach dem Genuss von Khat, mit einem Anflug von Melancholie.***
> **Kevin Rushby**

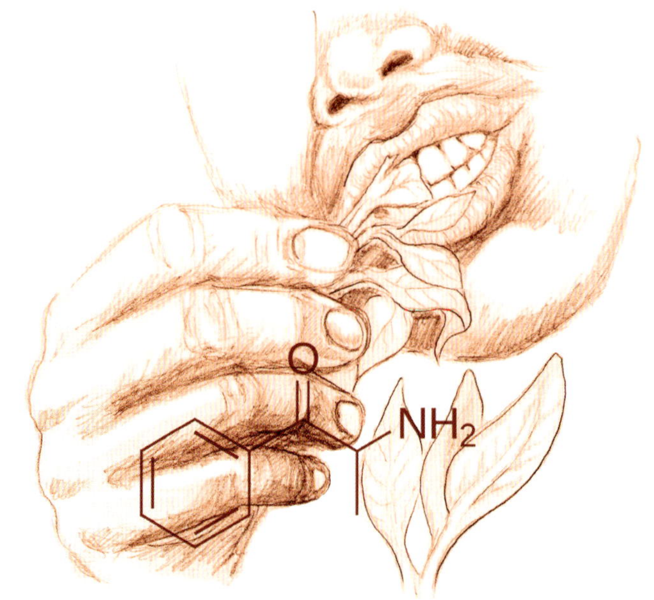

Kath (*Catha edulis*)

Das Dörfchen Rira liegt einsam inmitten der Bale Mountains auf einer Höhe von knapp 3.000 m ü. NN. Nach Nordosten hin führt eine steile, gewundene Piste durch eine ausgedehnte Heidelandschaft hinauf auf das alpine Sanetti-Plateau und weiter in das 40 km entfernte Goba. In südlicher Richtung quert diese Piste den riesigen Harenna Forest. Bis zu den ersten Siedlungen am Waldrand sind es ebenfalls 40 km. Rira mit seinen etwa 700 Haushalten ist ein scheinbar normales Dorf – das es eigentlich nicht geben dürfte, denn es befindet sich inmitten des Bale National Parks, in dem die Errichtung von Siedlungen unter Androhung von Strafe ausdrücklich verboten ist. Dennoch gibt es hier eine Schule, eine Moschee, einen Markt, ein Gesundheitszentrum und eine Polizeistation. Und wie in jeder Gemeinde der Bale-Region ist auch die tägliche und pünktliche Anlieferung von frischem Khat sichergestellt. Schon am Vormittag bringen Lastwagen die begehrte Droge, bevor sie ihre Route nach Dolo Mena fortsetzen.

Noch in den 1960er-Jahren, kurz vor der Gründung des Nationalparks, galten die Bale Mountains als quasi unbesiedelt. Dichte montane Wälder sowie harsche Bedingungen in den höchsten Lagen machten das Gebiet über Jahrtausende hinweg unattraktiv, zumindest für eine dauerhafte bäuerliche Bewirtschaftung. Anders war die Situation offenbar bei frühen Jägern und Sammlern. Ihnen bot die alpine Lage einen durchaus geeigneten Lebensraum, wie ein 2019 veröffentlichter Beitrag in der renommierten Zeitschrift *Science* zeigte. Ein internationales Forscherteam konnte nach aufwendigen Studien zeigen, dass ein in 3.500 m Höhe liegender Felsvorsprung bereits vor 47.000 bis 31.000 Jahren wiederholt von Menschen bewohnt wurde. Die Wasserversorgung war an dieser Stelle durch den Abfluss eines nahe gelegenen Gletschers gewährleistet. Reichlich wachsende Erika-Bestände lieferten ausreichend Brennmaterial, und Obsidianvorkommen für die Herstellung von Klingen lagen nur einen Tagesmarsch entfernt. Ein weiterer und wohl entscheidender Faktor für die Besiedelung war das Vorhandensein der endemischen Riesenmaulwurfsratte (*Tachyoryctes macrocephalus*), die von den prähistorischen Bewohnern in großer Zahl über offenem Feuer geröstet und verzehrt wurde. Fast 95 % der gefundenen Knochen stammen von diesem Nagetier.

Die Bale Mountains sind das Resultat eines einzigen riesigen Schildvulkans. Vor etwa 30 bis 7 Millionen Jahren, vereinzelt auch später, drangen dünnflüssige Lavamassen aus mehreren Schloten an die Oberfläche und ergossen sich über ein riesiges Areal. Die heutige Landschaft wirkt im Vergleich zu den Simien Mountains weniger grandios, was vor allem auf das stärkere Ausmaß und die nivellierende Wirkung der Vergletscherung zurückzuführen ist. Eis und Schmelzwasser erodierten große Teile des Vulkangesteins und ließen nur vereinzelte Gipfel zurück. Zu ihnen gehört der Dullu Dimtu, der mit 4.377 m ü. NN vierthöchste Berg in Äthiopien. Shabelle

Rechte Seite: Bis in raue Höhenlagen von etwa 3.500 m ü. NN werden in den Bale Mountains Feldfrüchte angebaut, etwa Gerste und Kartoffeln. Die Umfriedung einzelner Parzellen mit Bambuszäunen dient dem Schutz vor Weidetieren, soll aber auch auch das Eindringen von Riesenwaldschweinen (*Hylochoerus meinertzhageni*) verhindern.

Noch weitgehend intakter Ausschnitt des Harenna Forest. Das ausgedehnte Waldgebiet ersteckt sich über Höhenlagen zwischen etwa 1.500 und 3.500 m ü. NN und ist Lebensraum vieler endemischer Arten. Bekannt ist die Region auch wegen des wild wachsenden Kaffees, der in mittleren und niederen Lagen wächst und von Bauern kleiner Kommunen geerntet wird.

und Genale, zwei große Flusssysteme, werden vom Wasser der Bale Mountains gespeist. Wie es zu den erforderlichen orografischen Niederschlägen kommt, kann auf dem Sanetti-Plateau gut beobachtet werden. Von Osten oder Süden kommend stauen sich oft dichte Wolken an den steil aufragenden Hängen. Während sie sich hier ihrer schweren Regenlast entledigen oder von den Flechten der Baumheiden „gemolken" werden, breitet sich über der darüber liegenden Hochebene ein blauer Himmel aus. Die bodennahen, von der Sonne erwärmten Luftmassen steigen nach oben und erzeugen eine starke Thermik. Für eine Reihe von Greifvögeln, etwa Steinadler (*Aquila chrysaetos*) oder Klippenadler (*A. verreauxii*), bieten sich dadurch beste Jagdbedingungen auf den kleinsäugerreichen alpinen Matten.

Von Bale aus erstrecken sich nach Norden und Nordosten hin weitere vulkanische Gebirge: die Arsi Mountains und die Ahmar Mountains, deren Ausläufer fast Dire Dawa und Harar erreichen. Die Gebirge und Höhenzüge weiter südlich bestehen dagegen aus präkambrischen, das heißt sehr alten Gesteinen. Sie erstrecken sich von der Gegend um Adola (Kebre Mengist) bis nach Yabello und weiter über einen schmalen Höhenzug bis nach Moyale an der kenianischen Grenze. Der sogenannte Adola-Gürtel spielt in der Wirtschaft Äthiopiens eine wichtige Rolle, insbesondere wegen der Vorkommen von Gold, aber auch von Tantal, das bei der Herstellung moderner elektronischer Geräte und medizinischer Implantate zum Einsatz kommt. Es zählt zu den sogenannten „Konfliktressourcen", deren Ausbeutung und Handel unter anderem zur

Das Örtchen Rira liegt mitten im Bale Mountains National Park. Aus einer geduldeten Ansammlung von Hütten ist im Laufe der Jahre eine dauerhafte Siedlung geworden, deren Bevölkerung kontinuierlich wächst. Satellitenbilder zeigen, dass auch viele andere Teile des Schutzgebietes betroffen sind. Rodungen schreiten voran und führen zur Fragmentierung des Waldes.

Finanzierung von Krieg und Völkermord im Kongo beigetragen haben. Die Lega Dembi Goldmine bei Shakiso ist die größte Äthiopiens und wird durch den saudischen Multimilliardär Mohammed Hussein al-Amoudi betrieben. Anwohner berichteten wiederholt von schädlichen Auswirkungen der Goldgewinnung auf die Umwelt und die Gesundheit, unter anderem durch den Einsatz von Quecksilber. Aufstände, in deren Folge es Verletzte und Tote gab, führten 2018 zum einstweiligen Entzug der Betreiberlizenz.

Auch in den östlichen Hochländern, so wie fast überall in Äthiopien, bestreiten die meisten Menschen ihren Lebensunterhalt durch Landwirtschaft. Betrachtet man die sogenannten Food Crops, das heißt Agrarprodukte, die vor allem der Ernährung und Eigenversorgung dienen, gibt es beachtliche regionale Unterschiede. Sorghum wird vor allem in East und West Hararghe angebaut, Gerste und Weizen in Arsi und Bale, Ensete in der Sidama-, Gedeo- und westlichen Guji-Zone. In den trockenen Gebieten weiter im Süden spielt Mais eine zunehmende Rolle. Die Art der Landnutzung und die Bedeutung der verschiedenen Feldfrüchte unterliegt dabei einem historischen Wandel, der kulturell und ökologisch bedingt ist. Der Ethnologe Eike Haberland hat dies unter anderem für das Volk der Guji aufgezeigt. Gerste spielt in deren traditionellen Ritualen eine große Rolle, was auf die ursprüngliche Bedeutung dieses Getreides hinweist. Als Haberland in den 1950er-Jahren in Äthiopien forschte, betrieben die nördlichen Guji hauptsächlich Rinderzucht. Den Feldbau, dem etwas Verächtliches anhaftete, überließen sie den Gedeo, die vermehrt als Pächter in den angestammten Gebieten der Guji siedelten. Von ihnen wurden nahezu alle pflanzlichen Grundnahrungsmittel eingehandelt, vor allem durch den lukrativen Verkauf von Eiweißlieferanten wie Milch und Butter. Guji und Gedeo lebten offenbar über lange Zeiträume als friedliche, wenn auch nicht gleichwertige Nachbarn zusammen. Das im Grunde feudale System konnte auf Dauer freilich nicht bestehen, insbesondere vor dem Hintergrund einer wachsenden Bevölkerung und damit einhergehender Knappheit von Grund und Boden. Im dicht besiedelten Hochland unterscheiden sich Guji und Gedeo heute kaum in ihrer Wirtschaftsweise, und die meisten Bewohner führen, egal welcher Herkunft, ein materiell äußerst bescheidenes Leben. Die ohnehin angespannte Lage wurde durch anhaltende politische Veränderungen und aufkeimenden Nationalismus weiter zugespitzt. Im Frühjahr 2018 kam es schließlich zu gewaltsamen Auseinandersetzungen zwischen den beiden Ethnien, mit nahezu einer Million Vertriebener, überwiegend Gedeo. Der britische *Guardian* berichtet dazu: „Grausame Berichte über Lynchmorde, Vergewaltigungen und Enthauptungen sowie über Komplizenschaften zwischen örtlichen Beamten, Polizei und Miliz lassen es eher wie eine organisierte ethnische Säuberung erscheinen als einen gewöhnlichen Stammeskampf".

Je weiter wir den Gebirgszügen westlich des Rift Valleys von Nordosten nach Südwesten folgen, desto größer wird die ethnische und linguistische Vielfalt. In Hararghe, Arsi, Bale und Guji werden verschiedene Dialekte des Oromo gesprochen. Manche Forscher ordnen sie auch unterschiedlichen, wenngleich nahe verwandten Sprachen zu. Sie gehören alle dem kuschitischen Zweig der afro-asiatischen Sprachfamilie an, ebenso wie Sidamo und Gedeo, die beide südlich und östlich der Seen Awasa und Abaya gesprochen werden, sowie Burji und Konso südöstlich des Chamo-Sees. Koorete ist die einzige omotische Sprache auf der Westseite des Rift Valleys. Deren Sprecher leben vor allem östlich des Abaya- und Chamo-Sees.

Harar bedarf einer besonderen Erwähnung. Die Enklave im äußersten Nordosten des heutigen Oromia war jahrhundertelang ein selbstständiges und wichtiges Handelszentrum, das Äthiopien über die Häfen am Golf von Aden mit der Arabischen Halbinsel und der weiteren Welt verband. Gesprochen wurde Harari, eine semitische Sprache. Ihre Ähnlichkeit mit dem Gurage und Silte legt nahe, dass es einst einen gemeinsamen Sprach- und Siedlungsraum gab, der nach Westen hin bis über das Rift Valley hinaus reichte. Wenngleich es heute nur noch wenige monolinguistische Harari-Sprecher gibt, hat die Stadt Harar viel von ihrem einstigen Charakter erhalten. Historische Stadtmauern, Tore, verwinkelte Gassen und über 80 Moscheen vermitteln ein arabisches Flair, das innerhalb Äthiopiens nur hier anzutreffen ist. Sir Richard Francis Burton gilt als erster Europäer, der im Januar 1855 die „verbotene Stadt" besuchte. Der exzentrische Entdecker, der nach eigenen Angaben jede Sünde des Dekalogs begangen hatte, war von Harar selbst unbeeindruckt, bemerkte jedoch die laxe Sexualmoral beider Geschlechter und die außerordentliche Qualität des Khat. „Ich konnte nicht umhin, den feinen Geschmack der Pflanze im Vergleich zur gröberen Qualität derer in Jemen zu bemerken."

Die frischen Triebe und Blätter des Kath-Strauches (*Catha edulis*) sind für ihre berauschende Wirkung bekannt und werden vor allem in Südarabien und am Horn von Afrika konsumiert. Äthiopien gilt als weltweit größter Produzent und Exporteur. Die Bauern im Umland von Harar erzielen 70 % ihres Einkommens mit dem Anbau von Khat, der neben Kaffee das bedeutendste Cash Crop des Landes ist. Der wohl größte nationale Umschlagplatz ist Aweday, wenige Kilometer westlich der Stadt. Hier herrscht 24 Stunden am Tag Trubel. Der Höhepunkt der Aktivität beginnt nach Sonnenuntergang, wenn die Pflanzen sortiert, geschnitten und verpackt werden. Bis zum Morgen verlassen unzählige Trucks den Markt in zwei Richtungen: über Dire Dawa nach Djibouti, Addis Ababa und weite Teile des Inlands sowie über Jijiga nach Hargeysa, der Hauptstadt von Somaliland. Nach einer 2019 veröffentlichten Studie zum Khat-Verbrauch in Harar summieren sich die durchschnittlichen Monatsausgaben auf 1.800 Birr/Haushalt, was etwa 30 % des Gesamteinkommens entspricht. Im Mittel verbringt jeder Konsument 112,5 Stunden/Monat mit Aktivitäten rund um Khat. Hier, wie in vielen anderen Teilen des Landes, ist das gemeinsame Kauen von Khat ein essenzieller Bestandteil des sozialen Lebens.

Mit dem Wort „Merquana" wird das Gefühl bezeichnet, das sich nach dem Genuss von Khat einstellt. Es hat keine Entsprechung in der deutschen oder englischen Sprache. Euphorie mit einem Anflug von Melancholie trifft es vielleicht am besten. Wer Äthiopien und dem Lebensgefühl seiner Menschen näher kommen will, sollte Merquana seinem Wortschatz hinzufügen. Denn „mit dem Erlernen neuer Worte für Emotionen, formen wir die Mikroverdrahtung des Gehirns um und ermöglichen ihm neue Erfahrungen zu konstruieren. Jedes gelernte Wort ist ein Werkzeug für die künftige emotionale Intelligenz", so die kanadische Forscherin Lisa Feldman Barrett.

Die in Afrika lebenden Bartgeier (*Gypaetus barbatus*) bilden eine eigene Subspezies *meridionalis*. Die unteren Tarsen der Vögel sind unbefiedert, anders als bei den nahe Verwandten in Europa und Asien. Zudem fehlen bestimmte schwarze Markierungen an Wange und Scheitel, und auch Ansätze eines Brustbandes sind nicht erkennbar.

Folgende Doppelseite: Mit Moospolstern bewachsene Baumheide (*Erica arborea*) am Südhang der Bale Mountains. Mit zunehmender Höhenlage verringert sich die Wuchshöhe der Pflanze. Bei etwa 3.500 m ü. NN bildet sie dichte, oft nur noch hüfthohe Bestände von Zwergsträuchern.

Biodiversität

Bergnyala (*Tragelaphus buxtoni*)

Das Studium geographischer Barrieren ist für den Evolutionsforscher genauso wichtig wie für den Biogeographen und Ökologen.
Ernst Mayr

Ernst Mayr war 24 Jahre alt, als er im April 1928 zusammen mit 50 Trägern die Arfak-Berge in Westpapua bestieg. Seine Aufgabe war es, Vogelpräparate für Lord Lionel Walter Rothschild zu sammeln, der im britischen Tring mit seinem privaten Vermögen eine der bedeutendsten naturwissenschaftlichen Kollektionen seiner Zeit zusammengetragen hatte. Die Interessen und Ambitionen des jungen Mayr gingen über das reine Sammeln weit hinaus. Fleißig notierte er alle seine Beobachtungen, wie etwa die folgende zur Höhenverbreitung von Arten: „Bevor wir tausend Fuß geklettert waren, hatte sich das Aussehen des Waldes verändert. Auch das Vogelleben zeigte eine Veränderung. Viele Spezies, die das Konzert im Tiefland beherrschten, verschwanden und neue Stimmen waren zu hören." Ernst Mayr gilt heute als einer der Väter der modernen Evolutionstheorie und hat die Mechanismen, die zur Entstehung von Arten führen, in mehreren Büchern ausführlich erläutert. Er erkannte, dass bei der sogenannten allopatrischen Artbildung die räumliche Trennung von Populationen und der damit einhergehende Stop des genetischen Austausches die entscheidenden ersten Schritte sind. Durch anschließende Mutation und Gendrift werden die Unterschiede im Laufe der Zeit schließlich so groß, dass Inkompatibilitäten in Anatomie, Verhalten und Genetik auftreten. Wenn fruchtbare Kreuzungen nicht mehr möglich sind, ist der Prozess abgeschlossen, und wir sprechen von eigenständigen biologischen Arten. Ohne Zweifel haben Mayrs frühe Forschungen auf Papua-Neuguinea und den unzähligen kleineren Inseln Melanesiens seinen Blick auf die Wirkung von Isolation geschärft. Während die waldbewohnenden Vögel der Inseln durch das Meer getrennt waren, stellten auf dem Land Bergrücken und Täler entscheidende Barrieren dar. Der erstaunliche Reichtum an Arten und Unterarten konnte zu einem großen Teil auf Besonderheiten der Geografie und Topografie zurückgeführt werden.

Kommen wir zurück zu den Bergen der Bale- und Arsi-Region Äthiopiens. Im Jahr 1989 machten zwei Forscher eine interessante Entdeckung, als sie Untersuchungen an Pavianen am oberen Lauf des Shabelle Rivers durchführten. Unerwartet trafen sie auf eine bis dahin unbekannte Dschelada-Population. Die Art ist im Nördlichen Hochland mit zwei Unterarten (*Theropithecus g. gelada* und *T. g. obscurus*) vertreten. Vorkommen östlich des Rift Valleys wurden bis dahin jedoch infrage gestellt und einem bereits 1902 veröffentlichten Hinweis von Oscar Neumann zu einem Vorkommen in Arsi keine weitere Beachtung geschenkt. In einer aktuellen Studie konnte gezeigt werden, dass es zwischen den Unterarten auf dem Nordplateau und der Arsi-Population erhebliche genetische Unterschiede gibt. Die sogenannte Divergenz-Zeit (Zeit, die seit der Trennung des gemeinsamen Genpools vergangen ist) wird auf etwa 400.000 bis 700.00 Jahre geschätzt. Arsi-Dscheladas unterscheiden sich nicht nur genetisch, sondern auch im Aussehen und Verhalten von ihren nördlichen Verwandten, wobei Experten noch uneins sind, ob ihnen der Rang einer Unterart oder gar einer eigenständigen Art zukommt. Wie dem auch sei, der individuenarme Bestand in den Schluchten des Wabe Shebelle wird als stark bedroht angesehen, und sein Erlöschen würde das Ende einer Evolutionslinie von mehreren Hunderttausend Jahren bedeuten.

Warzenschweine (*Phacochoerus africanus*) leben in kleinen Gruppen. Alte Männchen gesellen sich nur hinzu, wenn die Weibchen paarungsbereit sind. Oft graben die Tiere mit der Schnauze und den Füßen nach Wurzeln und Knollen. Die typischen, nach oben ragenden Stoßzähne werden nur bei Auseinandersetzungen mit Artgenossen und Feinden eingesetzt.

Paarweise trifft man Bergnyalas (*Tragelaphus buxtoni*) eher selten. In der Regel bilden mehrere Weibchen zusammen mit ihrem Nachwuchs Familienverbände, während sich die geschlechtsreifen Männchen zu sogenannten bachelor groups zusammenschließen. Nur ältere Männchen neigen zum Einzelgängertum.

Während das Rift Valley bei der Trennung der im Gebirge ansässigen Dschelada-Populationen sicher eine Rolle spielte, ist die Situation beim Mantelaffen oder Guereza (*Colobus guereza*) weniger klar. Die waldbewohnende und in Äthiopien weit verbreitete Art ist nicht auf Hochlagen beschränkt. Trotzdem gehört zumindest ein Teil der Tiere östlich des Rift Valley einer eigenen endemischen Unterart (*C. g. gallarum*) an, wie jüngste genetische Untersuchungen bestätigten. Welches Ereignis diese Trennung verursacht haben könnte, kann derzeit nicht sicher rekonstruiert werden. Unklar ist auch, ob und in welchem Umfang die östliche Unterart durch Hybridisierung mit der Nominatform gefährdet ist. Ein Wissenschaftlerteam um Dietmar Zinner vom Primatenzentrum an der Universität Göttingen geht davon aus, dass *C. g. gallarum* infolge von Habitatverlusten eine der bedrohtesten Unterarten des Guereza darstellt.

Nach derzeitigem Kenntnisstand gibt es in Äthiopien 55 endemische Säugetierarten. Die große Mehrheit dieser Endemiten kommt ausschließlich in höheren Lagen vor, wobei 23 Arten an Gras- und Moorländer und 24 an montane Wälder gebunden sind. 13 Arten sind nur aus dem östlichen Hochland bekannt und acht davon, das heißt alle, zu denen ausreichend Daten für eine Evaluierung vorlagen, wurden in die Rote Liste der IUCN aufgenommen. Einer der eindrucksvollsten Vertreter ist der Bergnyala (*Tragelaphus buxtoni*). In den Bale Mountains bei Dinsho können die Tiere leicht beobachtet werden. Die lokal hohe Dichte täuscht allerdings darüber hinweg, dass die Art in den zurückliegenden Jahrzehnten enorme Arealverluste erlitten hat und der Bestand heute nur noch auf 1.500 bis 2.000 Exemplare geschätzt wird, verteilt auf wenige und verstreute Populationen. Gefährdete Spitzmäuse stehen weit weniger im Rampenlicht. Dabei ist das Bale-

Zur Kleinsäugerzönose des Hochlandes gehört die Abessinische Grasratte (*Arvicanthis abyssinicus*). Sie ist in kurzrasigen Grassteppen und Mooren westlich des Rift Valleys weit verbreitet, weniger östlich davon. Forscher vermuten, dass in Äthiopien noch eine Reihe kleiner Säuger auf ihre Entdeckung und Beschreibung warten.

Massiv ein Hotspot, was die Gattung *Crocidura* betrifft. Von den sieben hier vorkommenden Arten sind sechs äthiopische Endemiten. Die in *Schefflera-Hagenia*-Wäldern vorkommende Harenna-Weißzahnspitzmaus (*Crocidura harenna*) wurde bisher nur in wenigen Exemplaren nachgewiesen und vor dem Hintergrund anhaltender Habitatzerstörung in die Kategorie „vom Aussterben bedroht" eingestuft.

Im gleichen Lebensraum und bis hinauf in afro-alpine Habitate treffen wir auch auf *Altiphrynoides malcolmi*, eine nur zwei bis drei Zentimeter große Kröte, deren erstaunliches Fortpflanzungsverhalten an die rauen Bedingungen des Gebirges angepasst ist. Das Besondere daran ist, dass sich die Larven vollständig an Land entwickeln. Männchen und Weibchen paaren sich nicht Bauch-an-Rücken wie unsere einheimischen Lurche, sondern Bauch-an-Bauch. Erst wenn die befruchteten Eier an krautiger Vegetation abgelegt werden, trennt sich das Paar. Während das Weibchen nun seiner Wege geht, wartet das Männchen auf weitere Partnerinnen, die ihre Eier nach erfolgreicher Paarung zu denen ihrer Vorgängerinnen legen. Das Gemeinschaftsgelege ist in einer Art Schleimblase eingebettet, in der später die Kaulquappen heranreifen. Das weltweite Vorkommen dieser interessanten Art ist auf ein Gebiet von weniger als 500 km² beschränkt. Noch viel seltener und vielleicht schon ausgestorben ist die nahe Verwandte *Altiphrynoides osgoodi*, die in den Bale Mountains bis in die 1980er-Jahre als eine lokal häufige Art galt. Langzeitanalysen bestätigen den Rückgang von weiteren Lurcharten, der Herpetologen zufolge alarmierend ist und auf eine schwere Krise hindeutet. Ob dabei der Amphibien befallende Chytridpilz *Batrachochytrium dendrobatidis* eine Rolle spielt, ist ungeklärt. Als Hauptgefährdung wird auch hier der Verlust von Lebensräumen durch drastische Übernutzung genannt.

Guerezas (*Colobus guereza*) sind foliovor, fressen also vor allem Blätter, die in vergrößerten Vormägen fermentiert werden. Die Verwertung der Nahrung ist dabei effizienter, als bei Wiederkäuern der selben Körpergröße zu erwarten wäre. So sind selbst faserreiche, alte Blätter – in der Trockenzeit oft das einzige Futter – zum Verzehr geeignet.

Linke Seite: In-vitro-Studien haben gezeigt, dass Wirkstoffe aus Pflanzen der Gattung *Echinops* vielversprechend bei der Bekämpfung verschiedener Krebslinien und Mikroben sind. Viele der Arten haben kleine Areale. Das der Riesendistel (*Echinops ellenbeckii*) ist auf die Hochlagen Äthiopiens beschränkt.

Unsere Kenntnis zum Status vieler äthiopischer Wirbeltierarten weist erhebliche Lücken auf. Noch unbefriedigender ist die Situation bei den Wirbellosen. So kommt eine 2005 erschienene Studie zu den Libellenarten zum Schluss, dass selbst zu den endemischen Arten so gut wie keine Informationen jenseits der Artbeschreibung existieren. „Mehr Untersuchungen sind erforderlich, um Arealveränderungen, Habitatanforderungen und Gefährdungsursachen bewerten zu können. Noch immer haben wir für die meisten Arten nur eine Handvoll von Fundorten", so Viola Clausnitzer und Klaas-Douwe Dijkstra. Während eines kurzen Aufenthalts im März 2004 in Südäthiopien gelang es den beiden Forschern, eine bisher unbeschriebene Libellenart zu identifizieren. Wie sich herausstellte, wurde ein Exemplar dieser Spezies schon 1911 bei Harar gesammelt und befand sich unerkannt in der Sammlung des Zoologischen Forschungsmuseums Alexander Koenig in Bonn. Eine aktuelle Untersuchung zu Laufkäfern der Gattung *Trechus* aus Bale und benachbarten Erhebungen führte zur Neubeschreibung von 26 Arten. Allein für diese taxonomische Gruppe wurden 31 Arten als Endemiten der Bale Mountains eingestuft, und für einen einzigen, erdgeschichtlich jüngeren Gipfel der Arsi Mountains (Mt. Chillalo) waren es immer noch vier.

Paläobotaniker sind in der Lage, die Vegetationsgeschichte eines Gebietes anhand von Pollenablagerungen zu analysieren. Zu solchen Ablagerungen kommt es zum Beispiel in den Sedimenten stehender Gewässer, die sich dort über Tausende von Jahren anreichern können. Untersuchungen an einem fast 4.000 m hoch gelegenen See in den Bale Mountains lieferten

Der Äthiopische Wolf (*Canis simensis*) jagt vorwiegend Kleinnager und ähnelt darin eher unserem heimischen Fuchs als einem Wolf. Die Bestände sind nicht nur durch Habitatverlust und Fragmentierung des Lebensraumes bedroht. Auch die Übertragung von Tollwut durch verwilderte Hunde führte wiederholt zu schweren Bestandseinbrüchen.

Über die Biologie und Lebensweise des Strichelbrustkiebitzes (*Vanellus melanocephalus*) wissen wir sehr wenig. Er ist nur in den Gebirgen Äthiopiens anzutreffen und bewohnt dort feuchte Weiden und Moore bis in höchste Lagen.

Folgende Doppelseite:
Linke Seite oben: Seinen Tageseinstand sucht der Afrikanische Waldkauz (*Strix woodfordii*) in dichter Vegetation. Nächtliche Rufe dienen vor allem der Revierabgrenzung und sind das ganze Jahr über zu hören. Verpaarte Vögel tragen auch Duettgesänge vor. Unten: Klippspringer (*Oreotragus oreotragus*) sind zierliche Antilopen mit einer Schulterhöhe von knapp 60 cm. Einige Taxonomen betrachten die beiden in Äthiopien vorkommenden Formen, *saltatrixoides* und *somalicus*, als eigenständige Arten.
Rechte Seite oben: Die besondere Anatomie ihrer Beine verschafft der Höhlenweihe (*Polyboroides typus*) leichten Zugang zu Nestern höhlenbrütender Vögel. Sie sind sehr lang und haben ein um 190° bis 205° flexibles Tibiotarsalgelenk. Auch die Füße sind klein und schmal. Unten: Das Areal der Afrika-Waldohreule (*Asio abyssinicus*) ist auf die montanen bis subalpinen Hochlagen im Osten und Nordosten des Kontinents beschränkt. In nahrungsreichen Gebieten können sich mehrere Vögel in Tageseinständen sammeln. Oft finden sich diese in *Juniperus*-Beständen, aber auch *Eucalyptus*-Haine werden genutzt.

Taxonomen haben nicht weniger als 17 Subspezies des in Afrika und dem Nahen Osten vorkommenden Klippschliefers beschrieben. Tatsächlich könnten sich viele davon als Arten herausstellen, so etwa der endemische Bale-Klippschliefer (*Procavia capensis capillosa*).

Rechte Seite: Der Augurbussard (*Buteo augur*) ist ein opportunistischer Jäger. Von erhöhten Ansitzwarten späht er geduldig nach kleinen Beutetieren. Neben den typisch gefärbten Vögeln mit hellem Bauchgefieder (Seite 27) gibt es melanistische Individuen, die etwa 10% des Bestandes ausmachen.

ein eindrucksvolles Bild der letzten 17.000 Jahre. Klima und Bewuchs wechselten mehrfach. Unmittelbar nach dem Beginn des Holozäns (11.200 v. u. Z.) stieg die Höhengrenze des Ericaceen-Gürtels, und als Reaktion auf erhöhte Temperatur und Feuchtigkeit erstreckte sich holzige Vegetation über das Sanetti-Plateau. Verminderte Niederschläge führten ab 6.000 v. u. Z. zur Herausbildung von *Juniperus-Podocarpus*-Wäldern an den nördlichen Hängen, während sich auf den hohen Plateau-Lagen afro-alpine Pflanzengemeinschaften einstellten. Ostafrikanischer Wacholder (*Juniperus procera*) ist heute die dominante Baumart in mittleren Lagen zwischen 2.500 und 3.300 m ü. NN, zumindest potenziell. Leider ist ein Großteil dieser Wälder inzwischen gerodet. In den Arsi Mountains sind sie fast völlig verschwunden, und in den nordöstlich angrenzenden Ahmar Mountains finden wir nur einzelne bewaldete Inseln (z. B. den Din Din Forest).

Die meisten der etwa 30 Pflanzen-Endemiten des Bale-Massivs sind an hochmontane und alpine Habitate gebunden. In den Lagen ab 4.000 m ü. NN bilden sie 30 % und mehr aller vorkommenden Pflanzenarten. Sie stecken hier allerdings in einer Sackgasse, da sie bei einer künftigen Klimaerwärmung ihr Areal nicht nach oben ausweiten können, wie Johannes Kidane und seine Kollegen in einer 2019 veröffentlichten Studie betonen. Die Forscher gehen davon aus, dass viele der endemischen Spezies in naher Zukunft aussterben werden. Isolation und geografische Barrieren, die über lange Zeiträume zur Entstehung dieser Arten führten, werden ihnen nun zum Verhängnis.

Vogelwelt

Die Vielfalt der Lebensformen – so zahlreich, dass wir die meisten von ihnen noch nicht identifiziert haben – ist das größte Wunder dieses Planeten.
Edgar O. Wilson

Rougetralle (*Rougetius rougetii*)

Wie viele Vogelarten gibt es in Äthiopien? Diese Frage ist nicht ohne Weiteres zu beantworten und hängt davon ab, welche Referenz man zu Rate zieht. Der African Bird Club nennt aktuell 816 Arten, während es gemäß der *HBW and BirdLife International Illustrated Checklist of the Birds of the World* in ihrer letzten online-Version 854 Arten waren. Klassische Standardwerke, wie *Clements Checklist*, *Howard & Moore Checklist* oder *IOC World Bird List* liefern weitere abweichende Zahlen und Benennungen. Diese babylonischen Zustände mögen zunächst überraschen, sind aber vor dem Hintergrund des allen Listen zugrunde liegenden biologischen Artkonzeptes leicht erklärbar. Eine Art stellt danach eine Gruppe natürlicher Populationen dar, deren Individuen sich untereinander kreuzen können und die von anderen Gruppen reproduktiv isoliert ist. Wenn nahe Verwandte zusammen vorkommen und sich nicht kreuzen, wie etwa unser heimisches Zwillingspaar Wald- und Gartenbaumläufer (*Certhia familiaris* und *C. brachydactyla*), dann ist der Fall einfach: Wir haben es mit unterschiedlichen Arten zu tun, selbst wenn sie sich sehr ähnlich sehen. Kommen solche Arten aber in getrennten oder wenig überlappenden Gebieten vor, dann kann das Ausmaß der reproduktiven Isolation nicht durch direkte Beobachtung festgestellt werden. Hilfsweise kommen dann Kriterien wie Gesang, Morphologie, Verhalten und Genetik zur Anwendung, die indirekt Rückschlüsse über den Grad der Isolation zulassen. Experten sind sich bei der Interpretation der festgestellten Unterschiede jedoch nicht immer einig, sodass die vorliegenden Checklisten zwar sehr ähnlich, aber nicht gleich sind.

Joseph del Hoyo und Nigel Collar haben mit der erwähnten *HBW/BirdLife International Checklist* den Versuch unternommen, die Merkmalsunterschiede durch Anwendung eines feststehenden und stringenten Schemas zu quantifizieren. Beim Erreichen eines bestimmten „Scores" erhält das entsprechende Taxon den Status einer Art. Das Verfahren ist wohlbegründet, und die einzelnen Einstufungen können Schritt für Schritt nachvollzogen werden. Darin besteht der wohl entscheidende Vorteil gegenüber bisher etablierten Checklisten, die allesamt auf nicht quantifizierten Experteneinschätzungen beruhen.

Schauen wir uns einige Hochlandbewohner an, bei denen sich Änderungen im taxonomischen Status ergeben haben. Da wäre zunächst der Schwarzstirnfrankolin (*Pternistis atrifrons*), der lange als Unterart des Braunnackenfrankolins (*Pternistis castaneicollis*) betrachtet wurde. Er lebt ausschließlich in einem isolierten Höhenzug nahe der kenianischen Grenze, der mit Gipfellagen bis ca. 2.500 m ü. NN den südlichsten Ausläufer

Rechte Seite oben: Von Geschlechtsdimorphismus spricht man, wenn sich männliche und weibliche Individuen einer Art in ihren äußeren Merkmalen unterscheiden. Das zierliche Männchen des Mohrenhabichts (*Accipiter melanoleucus*), hier bei der Kopulation, bringt nur 55 % der Masse des Weibchens auf die Waage. Melanistische Vögel gibt es bei beiden Geschlechtern.
Unten: Nektarvögel sind das afrikanisch-asiatische Pendant zu den neuweltlichen Kolibris. Lange Schnäbel verschaffen ihnen Zugang zur begehrten Nahrungsquelle innerhalb von Blüten. Der Tacazzenektarvogel (*Nectarinia tacazze*) hat eine besondere Vorliebe für Lobelien und Fackellilien, verschmäht aber auch andere blühende Pflanzen und Insekten nicht.

Jüngsten genetischen Analysen zufolge sind alle in Äthiopien vorkommenden Turakos nahe verwandt und einer separaten Gattung *Menelikornis* zuzuordnen. Vom Weißohrturako, bisher *Tauraco leucotis*, wurde die Form *donaldsoni* als eigenständige Art abgetrennt. Purpurhaubenturako wäre ein passender deutscher Name.

des abessinischen Hochlandes darstellt. Entdeckt wurde das Vorkommen 1929 im Verlauf einer Expedition des Field Museums Chicago. Der damalige Fundort wird als bewaldet, neblig und mit Bäumen voller Moos beschrieben. Heute findet man in der Region kaum noch einen Flecken, auf den diese Beschreibung passt. Rodungen, Beweidung sowie Ausweitung der Landwirtschaft haben die Landschaft einschneidend verändert und den Lebensraum der Frankoline stark beeinträchtigt. Die Gesamtpopulation wird heute nur noch auf etwa 1.000 bis 2.000 Tiere geschätzt. Der Schwarzstirnfrankolin musste 2018 in die Rote-Liste der IUCN aufgenommen werden und gilt nach dem Djibouti-Frankolin (*P. ochropectus*) als einer der seltensten und gefährdetsten Hühnervögel Afrikas. Dass bisher keinerlei Schutzanstrengungen unternommen wurden, liegt auch daran, dass er als vermeintliche Subspezies einer weit verbreiteten Art gewissermaßen unter dem Radar von Naturschützern, Verbänden und Entscheidungsträgern flog. Es bleibt zu hoffen, dass sich dies nun rasch ändert und adäquate Maßnahmen zur Erhaltung der Art eingeleitet werden.

Eine Reihe weiterer taxonomischer Trennungen betreffen häufigere Arten. Es sind dennoch interessante Fälle, da es sich bei den meisten von ihnen um Endemiten handelt, deren Areal ganz oder fast ausschließlich auf Äthiopien beschränkt ist. Der Hochlandspint (*Merops lafresnayii*) ist in baumreichen Habitaten, manchmal inmitten ausgedehnter Wälder bis 3.200 m ü. NN anzutreffen, was für einen Bienenfresser

Die Roststeiß-Grasmücke (*Parophasma galinieri*) ist neueren Studien zufolge besser der Gattung *Sylvia* zuzuordnen. Auffällig ist der melodische Gesang des Waldbewohners, der gern bei Regen vorgetragen wird. Die trillernde, laute Strophe des Männchens beantwortet das Weibchen oft mit einem leisen Schnurren.

eher ungewöhnlich ist. Er unterscheidet sich in Größe, Färbung und Stimme sowohl vom Blaubrustspint (*M. variegatus*) als auch vom Bergspint (*M. oreobates*), denen er vielfach zugerechnet wird. Die Kosobaumdrossel (*Psophocichla simensis*) wurde von der Akaziendrossel (*Psophocichla litsitsirupa*) getrennt, die in mehreren Unterarten südlich des Äquators vorkommt. Die äthiopischen Vögel unterscheiden sich nicht nur in Aussehen und Stimme hinreichend von den dortigen Verwandten, sondern sind auch genotypisch sehr verschieden. Der Braunbrust-Steinschmätzer (*Oenanthe frenata*), wie der Hochlandspint und die Kosobaumdrossel vorwiegend ein Gebirgsbewohner, wurde von dem im Jemen lebenden Ockerbrust-Steinschmätzer (*O. bottae*) abgespalten und soll an dieser Stelle den Reigen der „neu" aufgestellten Taxa beenden. „Wieder hergestellt" trifft es eigentlich besser, denn alle drei wurden im 19. Jahrhundert als eigenständige Arten beschrieben und benannt; ihr Status erst später revidiert. Wie in so vielen Fällen der Wissenschaft ist der Weg zur Erkenntnis auch hier mäandrierend und mühselig.

Bei einigen Formen ist man noch immer unsicher, ob sie als Arten oder Unterarten zu gelten haben. Das ist etwa bei Weißohrturakos (*Tauraco leucotis*) der Fall, die bisher der Subspezies *donaldsoni* zugerechnet werden. Sie unterscheiden sich von Vertretern der weit verbreiteten Nominatform insbesondere durch ihre auffallend anders gefärbte Federkrone am Kopf. Sie wird als „stumpf purpur" beschrieben, wirkt aber

Von allen geometrischen Formen hat die Kugel das größte Verhältnis von Volumen zu Oberfläche. Dadurch wird wenig Wärme nach außen abgeleitet. Der Almenschmätzer (*Pinarochroa sordida*) macht sich dies zunutze und plustert sein Gefieder auf. In den alpinen Habitaten des kleinen Vogels fällt die Temperatur nicht selten unter den Gefrierpunkt.

am lebenden Vogel unter günstigem Lichteinfall geradezu leuchtend. Jüngste Untersuchungen haben gezeigt, dass die beiden Formen in den Oda Mountains und im Harenna Forest gemeinsam vorkommen, also sympatrisch sind. Auch genetische Befunde sprechen für die Anerkennung von *donaldsoni* als eigenständige Art. Für den Naturschutz ergäben sich daraus, ähnlich wie beim Schwarzstirnfrankolin, wichtige Konsequenzen. Die Turakos mit den purpurnen Hauben kommen nur in den Ahmer und Arsi Mountains sowie der nördlichen Bale-Region vor. All diese Gebiete haben in den zurückliegenden 100 Jahren einen großen Teil ihrer Bewaldung verloren, und eine Gefährdung der verbliebenen Turakovorkommen liegt auf der Hand.

Dass dem nahe verwandten Ruspoliturako (*Tauraco ruspolii*) stets mehr Aufmerksamkeit gewidmet wurde, liegt zweifellos an seiner Entdeckungsgeschichte. Als der in Parma geborene Prince Eugenio Ruspoli im März 1897 südöstlich des Lake Chamo von einem Elefanten getötet wurde, fand man in seinem Expeditionsgepäck einen ausgestopften Turako. Das Präparat gelangte nach Italien, wo es von Tommaso Salvadori wissenschaftlich beschrieben und nach seinem Sammler benannt wurde. Da Ruspoli keine Aufzeichnungen hinterlassen hatte, blieb die genaue Herkunft des Vogels ein Rätsel. Gelöst wurde es ausgerechnet in den Kriegsjahren 1941/42, als der britische Ornithologe Constantine Walter Benson als Politoffizier in Südäthiopien eingesetzt war. Bei seiner Abordnung aus Njassa-

Die Weißringtaube (*Columba albitorques*) ist ein typischer Hochlandbewohner und in Lagen unterhalb von 2.000 m ü. NN nur selten anzutreffen. Sie bewohnt zumeist offenes Kulturland und brütet in Höhlungen an steilen Klippen und Felsvorsprüngen. Wo sie in Städte eingewandert ist, z. B. in Addis Ababa, nistet sie auch an Gebäuden.

land (Malawi), wo er im Kolonialdienst tätig war, versäumte er es nicht, seinen langjährigen Präparator und Vogeljäger mit an die Front zu bringen. Man sagt, dass die Sammelwaffen so oft abgefeuert wurden, dass die Italiener einen Angriff unterließen, da sie eine große Streitmacht vermuteten. Benson ließ 2.400 Vogelbälge anfertigen, beschrieb mehrere neue Vogeltaxa und verortete das Areal des Ruspoliturakos in Südäthiopien, durch die Feststellung mehrerer Tiere bei Arero. Die Kombination von soldatischer Pflichterfüllung und Vogelkunde war im Vereinigten Königreich offenbar wohlgelitten. Bensons Bericht erschien 1942 im Bulletin des British Ornithologists' Club, das in beeindruckender Regelmäßigkeit auch während des gesamten Zweiten Weltkrieges herausgebracht wurde.

Die Liste der äthiopischen Vogelarten könnte sich in den kommenden Jahren noch verlängern, denn einige Spezies harren möglicherweise noch immer ihrer wissenschaftlichen Erstbeschreibung. So gibt es etliche Beobachtungen einer mysteriösen Schwalbe, die der in Südafrika verbreiteten Klippenschwalbe (*Petrochelidon spilodera*) ähnelt. Leider ist es bisher nicht gelungen, eines dieser Tiere zu fangen und näher zu untersuchen. Etwas weiter sind wir im Falle einer Uferschwalbe, der Till Töpfer und einer der Autoren (K. G.) seit Jahren auf der Spur sind. Im Mai 2013 sahen und fotografierten wir in den Bale Mountains bei Rira zum ersten Mal einen Vogel, der zu keiner in den Feldführern dargestellten Art passen wollte. Am ehesten kam eine helle Unterart der

Wüstenschwalbe (*Ptyonoprogne o. obsoleta*) infrage, deren gelegentliches Vorkommen in Äthiopien vermutet wurde. Zweifel blieben jedoch. Erst im Oktober 2018 trafen wir in Guassa (nordöstlich von Addis Ababa) erneut auf Vögel, die dem Exemplar bei Rira vollständig glichen. Diesmal gelang der Fang eines Exemplares, und dessen Zugehörigkeit zur Gattung *Riparia* (Uferschwalben) konnte ohne Zweifel festgestellt werden. Die Brutröhre eines einzelnen Paares fand sich in einer Wegböschung auf knapp 3.400 m ü. NN, inmitten alpiner Matten. Im Frühjahr und Herbst 2019 führten gezielte Nachsuchen zu weiteren Funden in hohen Lagen der Bale und Arsi Mountains, aber auch im Rift Valley. Die Vögel unterscheiden sich deutlich von der weit verbreiteten und stellenweise häufigen Braunkehl-Uferschwalbe (*Riparia paludicola*). Im Gegensatz zu dieser haben die von uns beobachteten Tiere eine stets helle Kehle, wirken eher grau als braun und haben eine dunkle Stirnmaske. Die vorliegenden und gut dokumentieren Befunde legen nahe, dass es sich um eine neue, bisher unbekannte Art handelt. Die Abklärung der genetischen Verwandtschaft und das Sammeln eines sogenannten Typusexemplars wären die nächsten Schritte hin zu einer möglichen Erstbeschreibung.

Nach dem Zoologen und Evolutionsforscher Edgar O. Wilson ist die Vielfalt der Lebensformen das größte Wunder dieses Planeten. Von ihm stammt auch das Zitat „There is no better high than discovery“: Nichts übertrifft den Rausch der Entdeckung.

Savannenadler (*Aquila rapax*) gehören zu den regelmäßigen Besuchern des über 4.000 m ü. NN gelegenen Sanetti-Plateaus. Des Öfteren können hier vier große *Aquila*-Arten gleichzeitig beobachtet werden. Neben dem Savannenadler kommen auch Klippenadler (*A. verreauxii*) und Steinadler (*A. chrysaetos*), beide Brutvögel, sowie der Steppenadler (*A. nipalensis*) vor, ein palearktischer Wintergast.

Folgende Doppelseite:
Epiphytenreicher Baumbestand in tieferer Lage des Harenna Forest. Epiphyten haben keine mit dem Boden verbundene Wurzeln und müssen daher Wasser aus anderen Quellen beziehen, wie Regen, Tau oder Nebel. Auswaschungen und Zersetzungen der von ihnen bewohnten Stämme und Zweige liefern ausreichend Nährstoffe. Ein Wuchsort fernab vom Boden bietet außerdem mehr Licht und besseren Schutz vor einer Reihe von Pflanzenfressern.

IV Kaffa
Frühe Reisende

Erinnere dich der Vergessenen – eine Welt geht dir auf.
Marie von Ebner-Eschenbach

Oscar Neumann (1867–1946)

Der Mönchspirol erhielt im Jahr 1789 von dem Göttinger Gelehrten Johann Friedrich Gmelin erstmals einen sogenannten binären Namen: *Turdus monachus*. Nach den heute gültigen zoologischen Nomenklaturregeln gilt er somit als Autor der Erstbeschreibung. Die Art wurde später den Pirolen zugeordnet und der Gattungsname demzufolge in *Oriolus* geändert. Bei einem vollständigen Zitat werden Autor und das Jahr Benennung dem Artnamen beigefügt. Und wo der Gattungsname von dem der Erstbeschreibung abweicht, so wie in unserem Falle, werden Autor und Jahr zudem in Klammern gesetzt. In den gängigen taxonomischen Listen ist der Mönchspirol nunmehr, allen Regeln folgend, als *Oriolus monacha* (Gmelin, 1789) katalogisiert.

So weit ist alles gut nachvollziehbar und unspektakulär, wäre da nicht folgende Frage: Wie kommt es, dass eine in Äthiopien und Eritrea endemische Vogelart Ende des 18. Jahrhunderts ausgerechnet von einem Deutschen in einem kleinen Universitätsstädtchen am Rande des Harzes benannt und damit in die Wissenschaft eingeführt wurde? Der Werdegang ist vermutlich folgender: Der schottische Reisende James Bruce, von dem schon die Rede war, verließ 1771 Abessinien. Im Gepäck hatte er neben einigen naturkundlichen Präparaten auch zahlreiche Aquarelle des Italieners Luigi Balugani, darunter eine sehr schöne farbige Darstellung des Mönchspirols. Bei seiner Durchreise in Frankreich traf er den berühmten Naturforscher Georges-Louis Leclerc de Buffon, der die Art 1774 in seinem Werk *Histoire naturelle* als „Le Moloxita ou religieuse d'Abyssine“ (Moloxita oder Abessinische Nonne) verzeichnete, ganz offenbar unter Verwendung des von Bruce mitgebrachten Materials. Allerdings entsprach der vergebene Name nicht den Vorgaben der Linné'schen Nomenklatur, die Buffon entschieden ablehnte. So kam es, dass der Mönchspirol heute untrennbar mit Gmelin verbunden ist, der ihm am heimischen Schreibtisch sitzend und unter Verwendung des Buffon'schen Eintrags einen binären, wissenschaftlichen Namen zugewiesen hatte. Vergessen sind zumindest in diesem Zusammenhang Bruce, Buffon und vor allem Balugani. Er hatte Bruce auf seiner mehrjährigen Abessinien-Reise als Sekretär begleitet und eine bedeutsame Sammlung von Zeichnungen angelegt, ehe er offenbar kurz vor dessen Rückreise in Gondar verstarb. In seinem fünfbändigen Reisebericht wird er von Bruce ganze zwei Mal namentlich erwähnt. Dabei war er es, der den Mönchspirol und viele andere äthiopische Arten erstmals akribisch darstellte und damit dauerhafte Belege ihrer Existenz lieferte.

Auch von den Reisegefährten Eduard Rüppells wissen wir wenig, sieht man von Theodor Erckel ab, den er sogar mit der

Linke Seite: Die Region um Bonga im Westen Äthiopiens ist für ihre Wildkaffee-Wälder bekannt. Die wertvollen Sträucher von *Coffea arabica* wachsen zwischen zahlreichen anderen Arten im schattigen Unterwuchs.

Benennung einer Frankolin-Art (*Pternistis erckelii*) ehrte. Seine anderen Jäger und Präparatoren sind der Nachwelt nahezu unbekannt. Von Michael Hey weiß er immerhin zu berichten, dass er sich seit Ankunft in Ägypten „nur zweimal betrunken" hat. Franz Lamprecht war „von unverträglichem, jähzornigem Charakter", zeigte aber „Geschicklichkeit im Erjagen und Zubereiten der Tiere". Am wenigsten erfahren wir über Martin Bretzka. Der gebürtige Mähre war bereits während Rüppells Reise 1826/27 an seiner Seite, ebenso begleitete er ihn später in Abessinien. Als die Expedition im Mai 1833 von Gondar aus den Heimweg antrat, ließ man Bretzka wegen Erkrankung und Reiseunfähigkeit kurzerhand zurück. Er litt an schwerer Dracontiasis, einer durch den Medinawurm (*Dracunculus medinensis*) hervorgerufene Parasitose. Erst ein Jahr später gelangte er nach Kairo. Erstaunlicherweise kehrte er von dort nach Äthiopien zurück, wo er im Auftrage Rüppells weitere naturkundliche Sammlungen vornahm. Leider bleibt vage, welche Landesteile er im Einzelnen bereist hat. Auf alle Fälle scheint er sich 1837 in Ankober aufgehalten zu haben. Darauf deutet ein Brief hin, den er im Auftrag des dort residierenden Königs von Schoa an deutsche Missionare nach Adua sandte. In späteren Jahren verliert sich seine Spur.

Die Beschreibungen mehrerer neuer Tierarten gehen auf Exemplare zurück, die Martin Bretzka in Äthiopien entdeckt, gesammelt und nach Frankfurt gesendet hat und die Rüppell zu „beschreiben und abzubilden ersprießlich" fand. Darunter sind endemische Vogelarten des Hochlandes, wie die Blauflügelgans (*Cyanochen cyanoptera*) und der Strichelbrustkiebitz (*Vanellus melanocephalus*). Die Entdeckung etlicher weiterer Arten legt nahe, dass er von Ankober aus weiter nach Süden oder Osten vorgedrungen ist. Denn zu den gesammelten Spezies gehören Savannenbewohner wie Dreifarbenglanzstar (*Lamprotornis superbus*), Starweber (*Dinemellia dinemelli*) und Braungesicht-Lärmvogel (*Corythaixoides personatus*), denen er erst im Rift Valley oder der Danakil-Senke begegnet sein kann. Ebenso wie dem eigentümlichen Nacktmull (*Heterocephalus glaber*), der seinen Weg ins Museum Senckenberg fand. Bretzka dürfte überhaupt der erste Sammler gewesen sein, der diesen Landesteil bereist hat. Auf den Etiketten der von ihm präparierten und eingesandten Typusexemplare ist als Fundort lediglich „Schoa" vermerkt, sodass dieser außerordentliche Umstand einfach unbeachtet blieb. Dank der spärlichen Erwähnungen durch Rüppell wissen wir immerhin seinen Namen.

Kein ganz Unbekannter ist dagegen Oscar Neumann, über dessen Leben und Werk wir zumindest einen Wikipedia-Eintrag finden. Und im Gegensatz zu den oben Erwähnten hat sein Name auch Eingang in Ludwig Gebhardts biografisches Sammelwerk *Die Ornithologen Mitteleuropas* gefunden. Dennoch wird er selten genannt, wenn es um die frühen Erforscher Abessiniens geht. Zu Unrecht, wie ein genauerer Blick zeigt. Als Carlo von Erlanger ihm anbot, sich seiner Expedition am Horn von Afrika anzuschließen, sagte er unter der Bedingung zu, dass auch Südäthiopien bereist würde. Offenbar hatte er frühzeitig eine abenteuerliche Route ins Auge gefasst, die von Somalia über die Seenregion des Rift Valleys bis in den Südsudan führen sollte. Denn vor allem der letzte Teil der Strecke galt zu Beginn des 21. Jahrhunderts noch immer als terra incognita, über die es kaum verlässliche Informationen gab. Neumann hat die vogelkundlichen Ergebnisse seiner Reise 1900/01 in einem mehrteiligen Beitrag im *Journal für Ornithologie* veröffentlicht. Außerdem berichtete er vor renommierten geografischen Gesellschaften sowohl in Deutschland als auch Großbritannien über seine Erkenntnisse. Als erster Forscher erwähnte er die Existenz des Lake Langano und lieferte zudem eine Reihe Details zu den anderen Seen sowie zum Verlauf des Sagan. „In der Tat kann man sagen, dass er fünf Seen entdeckt hat", so der Präsident der Royal Geographical Society anlässlich von Neumanns Vortrag im Juni 1902 in London. Ein beachtliches Credo, wenn man bedenkt, dass sich der Autodidakt Neumann vor allem als Ornithologe und Taxonom verstand.

Über das frühe Leben von Oscar Neumann ist wenig bekannt. Er wurde als Sohn einer begüterten Familie 1867 in Berlin geboren und trat nach den Worten eines Biografen „unvermittelt in das Rampenlicht", als er im Alter von 24 Jahren zu einer fast zweijährigen Sammelreise nach Ost- und Zentralafrika aufbrach. Seine zweite Reise führte ihn ab Januar 1900, zunächst über weite Strecken an Erlangers Seite, von der somalischen Küste nach Addis Ababa und weiter bis zum Blauen Nil. Anschließend ging es nach Süden. Am Lake Abaya trennten sich die Wege der beiden Forscher endgültig. Neumann schlug nach Umgehung des Lake Chamo eine nordwestliche Route ein und betrat damit Gebiete, die zumindest aus der Sicht des Naturforschers absolutes Neuland darstellten. Das riesige Territorium von Gidole bis zu den Bergen Kaffas stand erst seit wenigen Jahren unter abessinischer Herrschaft. Zum Generalgouverneur der eroberten Provinzen und zum „Graf Abai" hatte Kaiser Menelik II. den Russen Nikolay Stepanovich Leontiev ernannt, nachdem dieser

Dem stattlichen Schopfadler (*Lophaetus occipitalis*) wird in weiten Teilen seines Verbreitungsgebietes eine nomadisierende Lebensweise nachgesagt. Nach der Regenzeit taucht er in kleinsäugerreichen Gebieten oft nur vorübergehend auf, manchmal auch brütend.

eine militärische Expedition zum Lake Rudolf angeführt hatte und an dessen Ufer die abessinische Flagge gehisst wurde.

Von den üblichen Strapazen abgesehen, war Neumanns Reise bis dahin ohne größere Probleme verlaufen. Das sollte sich ändern. Noch bevor der Expeditionstrupp den Omo erreichte, erlag ein großer Teil der Maultiere dem Rotz, einer durch Bakterien verursachten Krankheit, der vor allem Pferde und nahe Verwandte zum Opfer fallen. Für den Transport mussten nunmehr lokale Träger rekrutiert werden; Terrain und Logistik wurden zunehmend schwierig. In einigen Orten stand der Sklavenhandel in voller Blüte, und auf den Wochenmärkten wurden neben Maultieren, Schafen, Mehl und Baumwolle „auch Kinder in kleineren und größeren Partien angeboten". In der Region Kaffa traf man auf ausgedehnte,

Großer Beliebtheit erfreuen sich Tüpfelhyänen (*Crocuta crocuta*) nicht. Dennoch sind sie bei ihren nächtlichen Streifzügen selbst in Ortschaften regelmäßig zu beobachten und werden von der Bevölkerung oft mehr oder weniger geduldet.

Linke Seite oben: Zum Nisten sucht der Tarantapapagei (*Agapornis taranta*) Höhlungen aller Art auf, vorzugsweise Astlöcher oder Spechthöhlen. *Juniperus*-Wälder werden bis nahe der Baumgrenze besiedelt, aber auch Gärten und Städte meidet er nicht. Unten: Die waldbewohnende Oliventaube (*Columba arquatrix*) ist zumeist hoch oben in dichten Baumkronen zu beobachten. Zur Nahrungssuche finden sich oft kleine Gruppen an alten fruchttragenden Bäumen ein, aber auch auf Wegen und im waldnahen Offenland.

nahezu undurchdringliche Wälder. Die Mannschaft weigerte sich schließlich, weiter in den unbekannten Westen zu ziehen, wozu Neumann relativ nüchtern vermerkt: „Täglich gab es gerichtliche Verhandlungen vor den abessinischen Behörden, und der Kampf, den ich mit Überredungen, mit Drohungen, mit Geld gegen meine Leute führte, zog sich über drei Wochen hin". Tatsächlich stand die schwierigste Wegstrecke noch bevor. An manchen der nächsten Tage konnten nur drei bis vier Kilometer zurückgelegt werden, da der Weg durch den Urwald mit Äxten gebahnt werden musste. Als die Expeditionsteilnehmer das Flüsschen Pribor an der heutigen Grenze zum Südsudan erreichten, waren sie am Ende ihrer Kräfte. Der gesamte Proviant an Mehl, Getreide und Rindern war seit Wochen aufgebraucht und nur noch 18 Tragtiere waren am Leben. Neumann begann damit, alle entbehrliche Ausrüstung in den Fluss zu werfen, und ließ eine Grube für seine Bücher ausheben. Was dann folgte, könnte einem Hollywood-Film entstammen, denn einem „weißen Ungeheuer gleich, erscheint

Bequerts Grüne Schlange (*Philothamnus bequaerti*) ist eine Bewohnerin feuchter Savannen und anderer baumreicher Habitate. Sie kommt im Westen Äthiopiens vor und erreicht hier ihren östlichen Arealrand.

Rechte Seite oben: Afrika-Wollhalsstörche (*Ciconia microscelis*) sind meist als Einzelgänger unterwegs. In der Regel suchen sie in Feuchtgebieten nach Nahrung, die aus Fischen, Amphibien, Weichtieren, Insekten und anderen Tieren besteht. Gelegentlich wird auch die Savanne aufgesucht, vor allem dort, wo Brände ausgebrochen sind und somit reichlich Nahrung verfügbar ist. Unten: Der Zitrusschwalbenschwanz (*Papilio demodocus*) ist in Afrika weit verbreitet. Seine Eier legt er vor allem an Rautengewächsen ab, einschließlich Arten der Gattung *Citrus*. In Plantagen wird er deshalb als Schädling betrachtet.

ein Dampfer". Die Kunde von einem Europäer war zu einer sudanesischen Delegation vorgedrungen, die ausgerechnet jetzt zu einer Visite im äußersten Bezirk ihrer Zuständigkeit unterwegs war. „Ich bin Slatin aus Wien" soll sich sein unerwarteter Retter vorgestellt haben. Wie sich herausstellte, war es der gebürtige Österreicher Rudolf Carl Freiherr von Slatin, seinerzeit Generalinspektor des Anglo-Ägyptischen Sudans. Neumann überlebte und kehrte mit einer reichen Sammlung nach Deutschland zurück, darunter Präparate von 1.300 Vögeln, über 1.000 Säugern, 2.000 Mollusken und 30.000 Insekten. Mehrere Vogelarten und unzählige Subspezies wurden von ihm beschrieben und benannt, darunter der von ihm entdeckte Kaffabrillenvogel (*Zosterops kaffensis*), ein äthiopischer Endemit.

Oscar Neumanns weiterer Lebensweg verlief steinig. Nachdem er 1908 sein gesamtes Vermögen verlor, war er lange Jahre als Börsenmakler tätig. In den 1930er-Jahren, unter Herrschaft der Nationalsozialisten, wurde ihm diese Betätigung wegen seiner jüdischen Abstammung untersagt. 1941 gelang ihm über Kuba die Flucht in die USA, wo er kurz nach Kriegsende verstarb.

Menschen und Landschaft

Wo Kaffee serviert wird, da ist Anmut,
Freundschaft und Fröhlichkeit!
Ansari Djerzeri Hanball Abd-al-Kadir

Kaffee (*Coffea arabica*)

Im Südwesten des heutigen Äthiopien existierte vom Ende des 14. Jahrhunderts bis 1897 das Königreich Kaffa. Über die Geschichte des Landes wissen wir relativ wenig, und sein Name wäre über einen kleinen Kreis von Historikern hinaus wohl kaum bekannt, wäre da nicht der Kaffee (*Coffea arabica*). Etymologen führen die Herkunft des Wortes auf das Arabische qahwah zurück, das über kahve (türkisch), koffie (dänisch), coffee (englisch), café (französisch) zu Kaffee (deutsch) wurde. So oder ähnlich. Gesichert scheint, dass die ersten Kaffeebohnen im 14. oder 15. Jahrhundert von Äthiopien in den Jemen gelangten und das daraus gebrühte Getränk von dort aus seinen Siegeszug antrat, zunächst in der arabischen und osmanischen Welt, später auf dem gesamten Globus. Ob der erste Kaffee aber in Kaffa kultiviert und getrunken wurde oder einem anderen Teil des Hochlandes, ist ziemlich ungewiss. Von dem in Äthiopien gebräuchlichen Wort für Kaffee lässt sich diese Verbindung jedenfalls nicht ableiten. Das Getränk heißt dort Buna, und unter ganz ähnlichem Namen wurde die Kaffeebohne auch der deutschen Leserschaft einst vorgestellt. Der Augsburger Leonard Rauwolf war der erste Europäer, der 1582 über den Genuss und die Wirkungen des Getränkes berichtet hat, das aus Wasser und den Früchten eines Strauches, „genannt Bunna", zubereitet wird.

Im Jahr 2017 wurde weltweit Kaffee im Wert von 40 Milliarden Dollar exportiert. Der Anteil des Produzenten Äthiopien betrug dabei magere 2,3 %, der des Rösters Deutschland satte 7,4 %. Die Kaffeeproduktion ist für die äthiopische Wirtschaft dennoch von entscheidender Bedeutung. Der Lebensunterhalt von 15 Millionen Menschen hängt direkt oder indirekt davon ab. Kaffee wächst bevorzugt in Höhenlagen zwischen 1.200 und 2.750 m ü. NN mit Jahresniederschlagsmengen von 1.500 bis 2.500 mm und ganzjährig ausgeglichenen Temperaturen zwischen 15 und 25 °C. Im Südwesten des Landes ist diese Merkmalskombination, anders als im Norden und den meisten Gebieten im Osten, vielerorts optimal erfüllt. Zwar wird auch hier die Gebirgsregion durch altes vulkanisches Gestein geprägt, allerdings fehlen die für das nördliche Hochland und die Bale-Region typischen Schildvulkane. Das Relief wirkt eher gleichförmig, sieht man von mehr oder weniger tief eingeschnittenen Flusstälern wie dem des Didessa und des noch mächtigeren Omo ab.

Rechte Seite oben: Die Erhaltung der genetischen Vielfalt des Kaffees (*Coffea arabica*) ist von Populationen wild lebener Pflanzen in den afro-montanen Regenwäldern Äthiopiens abhängig. Konsequenter Schutz und nachhaltige Bewirtschaftung sind Voraussetzung für deren Fortbestand.
Unten: Reife Beeren des Kaffeestrauches. Kaffee bzw. Buna ist das Nationalgetränk Äthiopiens. Es gibt zahlreiche Sorten, die nach dem Pflücken vor Ort weiter verarbeitet werden. Lokal gehandelt und verkauft werden meist die noch grünen, fermentierten Bohnen, das Rösten findet zu Hause statt.

Onomatopoesie ist die sprachliche Nachahmung von außersprachlichen Schallereignissen. Der englische Name des Hagedasch (*Bostrychia hagedash*) ist Hadada Ibis und soll an seinen sehr lauten, kreischenden Ruf, ein rhytmisches ha-hahaa, erinnern.

Eine zweite Nutzpflanze darf nicht unerwähnt bleiben: Ensete (*Ensete ventricosum*). Das mehrere Meter hohe Staudengewächs gehört wie die Banane in die Familie Musaceae. Es hat ähnliche Ansprüche wie Kaffee und kommt in annähernd denselben Gebieten vor. Die Vermehrung erfolgt in der Regel durch Wurzelschösslinge, die Ernte dann nach etwa drei bis vier Jahren, meist noch vor der Blüte. Genutzt werden nämlich nicht die Früchte, sondern das stärkehaltige Rhizom und das Mark des Stammes oder, botanisch korrekt, des Pseudostammes. Es kann ähnlich wie Kartoffeln gekocht und verzehrt werden. Für die Herstellung von Kocho, einer Art Brot, muss das Mark in einem aufwendigen Prozess zunächst pulverisiert und dann über längere Zeit fermentiert werden. Die Masse kann über Monate, sogar Jahre in Erdlöchern aufbewahrt werden. Viehhaltung ist die zweite essenzielle Säule im Produktionssystem der Ensete-Bauern. Mit den Ernterückständen werden Rinder versorgt, die wiederum Dünger für die Pflanzen liefern. Es gibt mehrere Theorien, wann und von wem die Ensete-Kultur entwickelt wurde. Vermutlich war die Pflanze schon vor 5.000 oder gar 10.000 Jahren voll domestiziert, weit vor der Kultivierung des Teff. Tatsache ist, dass auch die Ensete-Kultur eine erstaunliche landwirtschaftliche Innovation ist, die ihren Ursprung im heutigen Äthiopien hat und noch immer weitgehend auf diese Region beschränkt ist.

Ensete ist Hauptnahrungsmittel für Millionen von Kleinbauern, die ganz verschiedenen Ethnien angehören. Dass für Außenstehende die Gurage als „Volk der Ensete-Kultur“

Schnell fließende, zumeist felsige und bewaldete Bäche und Flüsse bilden den Lebensraum der Langschwanzstelze (*Motacilla clara*). Zum bevorzugten Nahrungsrepertoire gehören Zuckmücken, Kriebelmücken und Tanzfliegen.

schlechthin gelten, mag zum Teil an dem gleichnamigen Buch des Anthropologen William A. Shack liegen. Im Land selbst werden sie unter anderem für ihr ausgezeichnetes Kitfo geschätzt: fein gehacktes, rohes Rindfleisch, das traditionell stets mit Frischkäse und Ensetebrot (Kocho) serviert wird. Linguisten zufolge sprechen die Gurage verschiedene Sprachen, die wie Amharisch zum semitischen Zweig der afro-asiatischen Sprachfamilie gehören. Wie bei Tier- und Pflanzenarten können auch bei Sprachen Stammbäume rekonstruiert werden, die deren Entstehung und Verwandtschaft aufzeigen. Demzufolge haben sich einige dieser Sprachen, etwa Inor und Soddo, schon vor ca. 1.400 aufgesplittet. Erstaunlicherweise sehen sich deren Sprecher allesamt als Gurage, die eine gemeinsame Kultur und ethnische Identität teilen. Andersherum liegt der Fall bei den Silt'e, deren Sprache zwar in die der Gurage eingeordnet wird, die sich deren Kultur jedoch nicht zugehörig fühlen. Die Gurage-Zone und die Silt'e-Zone sind selbstständige Verwaltungseinheiten innerhalb der „Region der südlichen Nationen, Nationalitäten und Völker". Der sperrige Begriff lässt ahnen, wie komplex die politische, ethnologische und linguistische Situation in diesem Landesteil ist. In der Tat leben hier, in einem kleinen Teil des südwestlichen Äthiopiens, etwa 45 verschiedene Ethnien dicht gedrängt beisammen. Die Sidama bildeten mit 20 % den größten Anteil an der Bevölkerung, votierten in einem Referendum im November 2019 jedoch für einen eigenen Regionalstaat. Die Wolaytta, Hadiya und Gurage dürften nunmehr mit einem Anteil von jeweils über 10 % die lange Liste der Ethnien anführen. Die

Kleinteilige, bäuerliche Landschaft am Rande des Bonga Forest. Es wird eine breite Palette von Feldfrüchten angebaut, die zu unterschiedlichen Zeiten zur Reife kommen und geerntet werden. Die einzelnen Parzellen sind oft winzig.

Sprache der Hadiya gehört, wie die der Kambata, Libido und einigen anderen Gruppen, zum kuschitischen Zweig der afroasiatischen Sprachfamilie. Was die Region für Linguisten und Anthropologen besonders interessant macht, sind die Sprecher der etwa 30 omotischen Sprachen. Sie werden heute fast ausschließlich im Südwesten Äthiopiens gesprochen und bilden nach Ansicht der meisten Forscher einen isolierten Zweig innerhalb der afro-asiatischen Familie. Wolaytta wird von etwa 2 Millionen Menschen gesprochen, andere Sprachen dieser Gruppe von wenig mehr als 1.000 Personen, etwa Dime oder Karo. Die Bezeichnung „omotisch" wurde gewählt, weil viele der hier eingeschlossenen Sprachen entlang oder unweit des Flusses Omo vorkommen, von der Wolaytta-Zone im Norden bis nahe an den Lake Turkana im Süden.

Das Einzugsgebiet der Flüsse Gibe und Omo ist mit einer Fläche von 79.000 km² zwar relativ klein, aber wegen seines hydro-elektrischen Potenzials von enormer Bedeutung. Im Jahr 2016 wurde der Gilgel Gibe III-Damm in Betrieb genommen, dessen Staumauer mit einer Höhe von 243 Meter die größte in ganz Afrika ist. Nur 2 % der überwiegend ländlichen Bevölkerung Äthiopiens verfügen derzeit über einen Stromanschluss. Dies und der wachsende Bedarf in den Städten und Industriezonen sind gute Gründe für die Erschließung nachhaltiger Energieressourcen. Dennoch geriet das Projekt von zahlreichen Seiten in die Kritik, insbesondere wegen der verheerenden Prognosen seiner ökologischen und sozialen Auswirkungen. Die Europäische Investitionsbank verweigerte eine Finanzierung, das Welterbe-Komitee der UNESCO sowie zahlreiche NGOs forderten einen Baustopp – ohne Erfolg. Nach Fertigstellung des Dammes hat sich die Saisonalität der Wassermenge am unteren Flusslauf radikal verändert. Mit dem Ausbleiben der alljährlichen Überschwemmung fehlen Nährstoffe und Sedimente, die für den Ertrag und die Bewirtschaftung der Felder, flussnahen Weiden und Fischlebensräume von entscheidender Bedeutung sind. Experten fürchten nicht nur um die traditionelle Kultur der indigenen Bevölkerung, sondern um deren Existenz.

Ich schreibe diese Zeilen über indigene Völker Äthiopiens bei einer Tasse Kaffee, während das öffentliche Leben in Deutschland wegen Ausbreitung eines aus Wuhan stammenden Virus fast zum Erliegen gekommen ist. Sind wir Bewohner einer vernetzten Welt, in der Begriffe wie lokal und global zunehmend irrelevant werden? Im Guten wie im weniger Guten? *Coffea arabica* hat einige Hundert Jahre gebraucht, ehe seine Früchte sich von Äthiopien aus global verbreiteten und die aufgebrühten Bohnen zum akzeptierten Bestandteil der menschlichen Zivilisation wurden. Dabei waren viele Hindernisse zu überwinden. Religiöse Bedenken zerstreuend, hatte der türkische Sultan Suleiman I. zusammen mit seinem Großmufti bereits 1524 eine Fatwa erlassen, die den Genuss von Kaffee im Osmanischen Reich erlaubte. Was Abessinien betrifft, so stellte Rüppell noch in den 1830er-Jahren fest, dass Kaffee dort nur von den Muslimen getrunken wurde. Tatsächlich hatte die äthiopisch-orthodoxe Kirche das heutige Nationalgetränk für Christen verboten und lockerte den Bann erst gegen Ende des 19. Jahrhunderts unter Kaiser Menelik II. Und obwohl der Kaffee im Deutschland des 18. und 19. Jahrhunderts weit verbreitet und populär war, galt er mehr oder minder als krankmachendes Laster. Im 1845 erschienenen Kanon des Zittauer Oberlehrers Carl Gottlieb Hering heißt es belehrend: „Nicht für Kinder ist der Türkentrank | schwächt die Nerven, macht dich blass und krank | Sey du kein Muselmann | der ihn nicht missen kann." Es hat alles nichts genützt. Kaffee hat sich nach fünf Jahrhunderten als Getränk der „Anmut, Freundschaft und Fröhlichkeit" durchgesetzt, trotz zeitweiser Verbote und halbherziger Appelle.

COVID-19 (Corona Virus Disease 2019) wird durch das Virus SARS-CoV-2 ausgelöst. Es handelt sich bei dieser Infektionskrankheit um eine Zoonose, die von Tier zu Mensch übertragen wird. Noch ist unklar, wer der ursprüngliche Träger des Virus war, wobei das Malaiische Schuppentier (*Manis javanica*) und die Java-Hufeisennase (*Rhinolophus affinis*) als mögliche Kandidaten gelten. Anders als *Coffea arabica* brauchte der tödliche Erreger nicht Jahrhunderte, sondern nur Wochen für seine weltweite Ausbreitung. Für Virologen wie den Amerikaner Dennis Carroll kam die jetzige Pandemie nicht überraschend. Sein Statement kann eindringlicher nicht sein: „Wir sind alle Teil desselben Ökosystems. Dies ist ein globales Problem. Wir bereiten uns entweder darauf vor und reagieren darauf im globalen Kontext, oder wir tun es nicht. Wenn unsere Vorkehrungen und Antworten länderbezogen sind, stehen wir vor ernsthaften Problemen." Ohne ein Wort ändern zu müssen, könnte man diesen Satz auch einem Anthropologen oder Naturschützer zuschreiben.

Biodiversität

Gureza (*Colobus guereza*)

Wollen wir als die Generation in Erinnerung bleiben, die die Banken gerettet hat und die Biosphäre zusammenbrechen ließ?
George Monbiot

Das Jahr 1971 war vom Kalten Krieg geprägt, auf der Erde und im Orbit. Die USA absolvierten mit Apollo 14 ihre dritte Mondlandung, während die Sowjetunion mit Salut 1 ihre erste Raumstation in Betrieb nahm. Die internationalen Proteste gegen den Vietnamkrieg erreichten ihren Höhepunkt. Der Einsatz des hoch toxischen Herbizids „Agent Orange" wurde gestoppt, nachdem ein Viertel der vietnamesischen Landesfläche entlaubt und verwüstet war. Greenpeace startete seine erste Kampagne gegen Atomtests im Pazifik, und im gleichen Jahr wurde die Stationierung von Massenvernichtungswaffen verboten, zumindest auf dem Meeresboden. Nach Jahrzehnten kaum gebremster Konfrontation zwischen den Weltmächten sowie rücksichtsloser Zerstörung der Umwelt zeichnete sich hier und da ein erstes zögerliches Innehalten ab. 1971 ist auch auch das Geburtsjahr des UNESCO-Programms „Der Mensch und die Biosphäre" (MAB).

Durch das MAB-Programm wurde ein weltumspannendes Netz von Biosphärenreservaten etabliert, zu dem inzwischen über 700 Gebiete in 124 Ländern gehören. Anders als etwa in Nationalparks, die vorrangig zum Schutz wild lebender Arten und natürlicher Lebensräume errichtet werden, geht es in diesen Schutzgebieten um die Integration von Mensch und Natur. Sie sollen Modell- und Forschungsstandorte sein, die einerseits der Erhaltung von Landschaften, Ökosystemen, Arten und genetischer Vielfalt dienen und zum anderen eine nachhaltige wirtschaftliche und soziokulturelle Entwicklung ermöglichen. In Äthiopien gibt es inzwischen fünf dieser Reservate, vier davon im Südwesten des Landes: Kaffa, Yayu, Sheka und Majang. Das ist kein Zufall, denn die dicht besiedelte Region mit ihrer überwiegend genutzten und stark fragmentierten Landschaft eignet sich in besonderer Weise für die Etablierung solcher Schutzgebiete. Den internationalen Vorgaben entsprechend ist jedes Biosphärenreservat in drei Zonen eingeteilt, für die jeweils unterschiedliche Schutz- und Entwicklungsziele gelten. Sogenannte Kernzonen sollen weitestgehend ihrer natürlichen Dynamik überlassen werden, während in den umgebenden Puffer- und Übergangszonen bestimmte Aktivitäten und eine schonende Bewirtschaftung in abgestufter Intensität möglich sind. Bei der Errichtung und dem Management der Gebiete stehen die Interessen der lokalen Bevölkerung im besonderen Fokus.

Der Naturschutzbund Deutschland (NABU) war, zusammen mit einer Reihe von deutschen und äthiopischen Partnern, an der Errichtung des Kaffa-Biosphärenreservates maßgeblich beteiligt, von der Bewerbung bis hin zur Anerkennung durch die UNESCO im Jahr 2010. Von den nachfolgenden Projekten interessieren an dieser Stelle vor allem die Ergebnisse eines „Biodiversity Assessment", das im Jahr 2014 durchgeführt wurde. Das Besondere daran: Ein Team von 30 Spezialisten aus dem In- und Ausland, unterstützt von 23 lokalen Guides, untersuchte in einer konzertierten Aktion die Artausstattung des Gebietes, von Pflanzen und Pilzen über Mollusken und Insekten bis hin zu Amphibien, Reptilien, Vögeln und Säugern. Obwohl die Feldarbeiten nur knapp zwei Wochen umfassten, lieferten sie erstaunliche Resultate.

Bevor wir einige davon näher betrachten, zunächst ein kurzer Steckbrief des Reservats. Seine Topografie wird charakterisiert durch ein komplexes System von Hochländern, tiefen

Trauerdrongos (*Dicrurus adsimilis*) verteidigen ihre Reviere mit großem Nachdruck, sowohl Artgenossen als auch Feinden gegenüber. Greifvögel, Krähen und Würger werden im Flug attackiert, auch kleine Säugetiere und Schlangen werden mutig angegriffen.

Tälern und ausgedehnten Niederungen. Die Höhenlagen reichen von 500 bis 3.300 m ü. NN. Für das Niederschlagsprofil ist der Südwest-Monsun entscheidend, der seine maximale Intensität im Juli und August erreicht. Mit mittlerem Jahresniederschlag zwischen 1.500 und 2.000 mm gehört das Gebiet zu den feuchtesten Regionen des Landes. Afro-montane Nebel- und Regenwälder, Bambuswälder sowie Gras- und Buschland bestimmen die Vegetation. Zudem gibt es zahlreiche Feuchtgebiete. Das Biosphärenreservat umfasst eine Fläche von mehr als 7.500 km^2, davon sind nahezu 50 % mit Wäldern bedeckt. Die durchschnittliche Bevölkerungsdichte beträgt 130 Einwohner/km^2, wobei die Menschen ihren Lebensunterhalt vor allem durch Subsistenzwirtschaft, den Verkauf von Kaffee und durch Nutzung natürlicher Ressourcen ihrer Umgebung bestreiten.

Viele Artengruppen wurden im Rahmen der Studie zum ersten Mal erfasst, entweder in Kaffa oder gar im gesamten Südwesten Äthiopiens. Bei den nahezu 300 festgestellten Pilzarten gab es zahlreiche Erstnachweise für Äthiopien. Mehrere Spezies waren neu für die Wissenschaft, darunter *Cerinomyces bambusicola*, die offenbar eine Indikatorart ungestörter Bambuswälder ist. Bemerkenswert ist auch die Feststellung von *Coniolepiota spongodes*, ein Champignonverwandter, von dem bis dahin nur Funde aus Japan und Thailand bekannt waren. Es wurden 400 Käferarten aus 79 Familien bzw. Unterfamilien erfasst. Auch hier gab es etliche Spezies, die bisher unbeschrieben waren, z. B. der Kurzflügler *Tachinoplesius schoelleri*. Nach Einschätzung der beteiligten Entomologen könnte das Sammlungsmaterial 40 oder mehr neue Arten enthalten. Da es bei vielen Käfergruppen jedoch an erfahrenen Spezialisten mangelt, wird die Sichtung und Auswertung der Proben wohl noch längere Zeit in Anspruch nehmen. Von den 51 Libellenarten (einschließlich Wasserjungfern) des Kaffa-Reservats gelten acht als äthiopische Endemiten und fünf von ihnen werden in der Roten Liste der IUCN geführt. Zu ihnen gehört die Äthiopische Elfe (*Pseudagrion guichardi*), die auf klare, felsige Gebirgsbäche angewiesen ist. Von den etwa 40 Amphibienarten, die aus dem Südwesten Äthiopiens bekannt sind, wurden 17 während der Studie in Kaffa nachgewiesen, darunter auch hier mehrere endemische und global gefährdete Arten, wie *Afrixalus clarkeorum* aus der Familie der Riedfrösche. Auch bei den Lurchen der Region ist mit bisher unbeschriebenen Arten zu rechnen. In den abgelegenen Bibita Mountains, etwa 150 km südöstlich unseres Gebietes, wurde erst 2018 eine zierliche neue Art entdeckt, der nur etwa zwei Zentimeter große *Phrynobatrachus bibita*. Das Kaffa-Reservat bietet Lebensraum für sechs Primatenarten. Häufig und weit verbreitet ist der Guereza (*Colobus guereza*). Die Tiere westlich des äthiopischen Rift Valleys werden der endemischen Nominatform zugerechnet. Die Diademmeerkatze (*Cercopithecus mitis*) ist mit der Subspezies *boutourlinii* vertreten, eine ebenfalls endemische Form, deren Areal auf die Wälder im Südosten Äthiopiens beschränkt ist. Besonderes Aufsehen erweckte die Beobachtung von Löwen (*Panthera leo*), deren Vorkommen in Kaffa im Jahr 2012 erstmals durch fotografische Aufnahmen belegt werden konnte. Vermutlich ist diese im Regenwald lebende Population sehr klein und stark gefährdet.

Mit der vom NABU vorgelegten Studie haben wir eine Übersicht zur lokalen Biodiversität, die es in dieser interdisziplinären Form für kaum ein Gebiet des Landes gibt. Es wäre wünschenswert, wenn auch in den anderen Biosphärenreservaten sowie in den Nationalparks des Landes eine systematische und breit angelegte Inventarisierung erfolgen würde. Diese Erfassungen sollten letztlich hin zu einem langfristigen Monitoring führen. Da die Überwachung aller relevanten Arten angesichts knapper finanzieller und personeller Ressourcen kaum möglich ist, könnten wiederkehrende Erhebungen auf ein Set von Indikatorarten beschränkt werden. Für Kaffa haben die Spezialisten 29 solcher Arten identifiziert und Vorschläge für die Implementierung eines Monitoring-Systems unterbreitet.

Kommen wir noch einmal zum Kaffee. So wie viele unserer Kulturpflanzen ist *Coffea arabica* eine sogenannte allopolyploide Art. Die Artbildung erfolgte durch Hybridisierung von Individuen zweier verschiedener Arten, nämlich *Coffea canephora* und *Coffea eugenioides*. Das heißt, alle heute weltweit vorkommenden *Coffea arabica* – ob wild lebend oder angebaut – stammen von einer einzigen Pflanze ab. Wann genau dieses Speziationsereignis stattgefunden hat, lässt sich schwer sagen. Forscher geben eine breite Spanne von etwa 10.000 bis 665.000 Jahren vor unserer Zeit an. Im Gegensatz zu vielen anderen tropischen Gehölzen wird der Arabica-Kaffee nicht durch Stecklinge, sondern durch Samen vermehrt. Durch die vorherrschende Selbstbestäubung kommt es dabei zu einem hohen Maß von Inzucht. Hinzu kommt, dass die meisten kultivierten Kaffeepflanzen dieser Welt auf nur zwei Abstammungslinien zurückzuführen sind. Die Sorte „Typica" entstand aus Samen, die 1670 vom Jemen nach Indien und später über Indonesien nach Amerika gelangten. Die Sorte „Bourbon" geht auf wenige Samen zurück, die 1715 vom Jemen

Ein adulter Kronenadler (*Stephanoaetus coronatus*) wacht in der Nähe des Brutplatzes. Das Brust- und Bauchgefieder ist bei Altvögeln dunkel gefärbt.

Folgende Doppelseite: Braunflügel-Mausvögel (*Colius striatus*) sind meist in kleinen Gruppen unterwegs. Die nur etwa 50 Gramm schweren Tiere ernähren sich fast ausschließlich von Blättern, Früchten und Blüten – für Vögel ihrer Größe ungewöhnlich.

Die Grünen Meerkatzen Afrikas wurden lange Zeit einer Art zugerechnet. Heute unterscheiden die meisten Taxonomen sechs Spezies, von denen drei in Äthiopien vorkommen. Die Bezeichnung Äthiopien-Grünmeerkatze (*Chlorocebus aethiops*) bleibt nunmehr den Tieren im Westteil des Landes vorbehalten.

Der Tropfengrünastrild (*Mandingoa nitidula*) ist ein heimlicher Bewohner im Unterholz montaner Wälder und Forsten und wird wahrscheinlich oft übersehen. Am ehesten ist er auf kleinen Lichtungen und entlang von Pfaden aufzuspüren.

kommend Bourbon Island (heute Réunion) erreichten und von dort aus Amerika und Ostafrika. Die genetische Vielfalt dieser Abkömmlinge ist außerordentlich gering, sodass sie gegen Dürre, Krankheiten, extreme Temperaturen und andere Auswirkungen des anstehenden Klimawandels kaum gewappnet sind. Bei kaum einer anderen der im Weltmaßstab bedeutenden Kulturpflanzen ist die Situation so prekär.

Die größte Hoffnung, die genetische Vielfalt und damit Resistenz des Kaffees zu erhöhen, liegt in den Wäldern Südäthiopiens, wo Forscher etwa 95 % der genetischen Ressourcen von *Coffea arabica* vermuten. Äthiopische Kaffeesorten können in zwei Gruppen eingeteilt werden: JARC-Sorten und regionale Landrassen. JARC-Sorten wurden vom Jimma Agricultural Research Center entwickelt, um die Resistenz gegen Schädlinge zu erhöhen und bessere Erträge zu erzielen. Es gibt ungefähr 40 solcher Sorten. Die Zahl der wild wachsenden und in Gärten angebauten Landrassen ist nicht bekannt, aber es könnte nach Meinung von Experten über 10.000 davon geben. Die Aussichten, dieses enorme Potenzial nutzen zu können, sind allerdings nicht ermutigend. Prognosen des Kew Royal Botanical Gardens zufolge wird bis zum Ende dieses Jahrhunderts das derzeitige Kaffee-Areal Äthiopiens erheblich abnehmen. Grund sind steigende Temperaturen und abnehmende Niederschläge, die sich nicht nur auf die Erträge des Kaffees, sondern auch auf den Zustand und die Verbreitung der Bergwälder auswirken werden. Voraussichtlich wird die Bale-Region noch sehr viel stärker betroffen sein als der Südwesten des Landes, der somit zum letzten genetischen Refugium für den Rohstoff Kaffee wird. Vor diesem Hintergrund bleibt zu hoffen, dass die Bedeutung der dortigen Biosphärenreservate auch von Ökonomen und Investoren erkannt wird und ihre Etablierung und Fortentwicklung in den Fokus der Öffentlichkeit rückt.

Vogelwelt

Es scheint wirklich, als wenn der Schöpfer manche Tierarten geschaffen hätte, um den Scharfsinn der Naturforscher daran zu üben.
Christian Ludwig Brehm

Kaffabrillenvogel (*Zosterops kaffensis*)

Ernst Hartert war auf dem Zenit seiner wissenschaftlichen Laufbahn, als er am 24. Mai 1926 das Podium des 6. Internationalen Ornithologen-Kongresses in Kopenhagen bestieg. Der gebürtige Hamburger war Jahrzehnte lang Direktor der berühmten naturkundlichen Sammlungen in Tring und gilt als einer der bedeutendsten Ornithologen seiner Zeit. In seiner Ansprache als Tagungspräsident blickte er auf die Entwicklung der Vogelkunde zurück und bemerkte: „Es ist das allerwichtigste Ergebnis der letzten Jahrzehnte, daß die Anerkennung der Bedeutung des Studiums nicht nur der Arten, sondern auch ihrer geographischen Formen unangefochtenes Allgemeingut geworden ist.“ Heute, fast einhundert Jahre später, stutzt man beim Lesen dieses Satzes. Ist das Studium der Arten oder gar Unterarten wirklich zum unangefochtenen Allgemeingut geworden? „In der Taxonomie macht sich bereits heute ein Mangel an wissenschaftlichem Nachwuchs bemerkbar. Die Zahl entsprechender Lehrstühle hat an den Universitäten deutlich abgenommen. Zusätzlich wurde die taxonomische Forschung in den vergangenen Jahren hauptsächlich auf außeruniversitäre Einrichtungen verlagert. Ausbildung und Forschung wurden so nahezu vollständig voneinander getrennt.“ Dies ist eine nüchterne und leider zutreffende Analyse aus dem Jahr 2017. Und sie stammt nicht von Taxonomen, sondern von Abgeordneten des Deutschen Bundestages, die dem Parlament einen Antrag zur Linderung der erkannten Missstände vorgelegt haben.

Im 19. Jahrhundert stand die Entdeckung und Klassifikation von Tierarten im Fokus der Wissenschaft. Die von Linné eingeführte binäre Nomenklatur, nach der jede Spezies jeweils mit einem Gattungs- und einem Artnamen bezeichnet wurde, hatte sich durchgesetzt und wurde von Ornithologen überall angewandt. Beim Zusammentragen und Sichten von Bälgen stieß man jedoch auf ein Phänomen, das mehr und mehr zu einem Problem wurde: die geografische Variation der Arten. Christian Ludwig Brehm bedachte kurzerhand jede erkennbar oder vermeintlich unterschiedliche Form mit einem binären Namen. Für ihn waren sie unveränderliche Gebilde, die „von Anbeginn aus Gottes unbegreiflicher Schöpferkraft hervorgegangen sind und auch so bleiben werden, wie sie sind“. Über das Wesen, die Abgrenzung und Benennung von Subspezies wurden heftige Debatten geführt, und die führenden Köpfe konnten bis zu Beginn des 20. Jahrhunderts keine Einigung erzielen. Ernst Hartert ist es zu verdanken, dass sich die ternäre Bezeichnung von Unterarten schließlich international durchsetzte. Und mit ihr auch eine Auffassung von Unterarten, die mit den Erkenntnissen der Evolutionslehre kompatibel war: „Mit Subspecies bezeichnen wir die geographisch getrennten Formen eines und desselben Typus, die zusammengenommen eine Species ausmachen“.

Manch interessierten Laien und auch Spezialisten mag das gesamte Thema nicht sonderlich relevant erscheinen. Vogelkundler in Europa oder Nordamerika haben Unterarten schon deshalb kaum im Blick, weil in ihren jeweiligen Beobachtungsgebieten viele Spezies entweder monotypisch sind, dass heißt keine Unterarten ausbilden, oder nur mit einer Unterart vertreten sind. Zudem haben Studien an mitochondrialer

Rechte Seite: Unter den Eulen Afrikas ist der Blassuhu (*Bubo lacteus*) der größte Vertreter. Ein typisches und überraschendes Merkmal sind die pinkfarbenen Augenlider. Seinen Tageseinstand wählt er zumeist in alten Bäumen.

Esel und andere große Säugetiere scheinen die Anwesenheit von Rotschnabelmadenhackern (*Buphagus erythrorynchus*) zu schätzen, da sie deren Zecken und anderen Ektoparasiten nachstellen. Allerdings verschmähen die Vögel auch das Blut von Wunden nicht und können so deren Heilung verzögern.

Linke Seite oben: Die Orangedrossel (*Geokichla piaggiae*) ist ein Waldbewohner. Sie sucht auf dem Boden zwischen Moos, Flechten und Laub nach Insekten, Regenwürmern und kleinen Mollusken und verlässt nur selten ihre Deckung.
Unten: Der Braunrückenrötel (*Cossypha semirufa*) ist ein eifriger Sänger, der seine klangvollen Strophen vor allem abends vorträgt. Er kann Rufe anderer Arten perfekt nachahmen, Melodien eingeschlossen, die von Menschen gepfiffen wurden.

DNA gezeigt, dass sich Unterarten in großen kontinentalen Regionen genetisch kaum unterscheiden lassen und damit – so die Schlussfolgerung – keine phylogenetischen, schützenswerten Einheiten darstellen. Wie sich später zeigte, ist eine solche Unterscheidung zum Beispiel bei vielen Inselbewohnern jedoch sehr wohl möglich. Nach den Debatten der jüngeren Zeit betrachten die meisten Wissenschaftler Unterarten als eine nach wie vor gültige und sinnvolle taxonomische Kategorie für Einheiten unterhalb des Artniveaus. Allerdings wurde auch klar, dass viele der beschriebenen Taxa, bei deren Klassifizierung keine modernen Methoden verwendet wurden, auf den Prüfstand gehören. Jede dieser Evaluierungen führt zu einem besseren Verständnis der evolutiven Prozesse und ist ein potenzieller Baustein zum Schutz der genetischen und biologischen Vielfalt.

Damit kommen wir zurück auf den Südwesten Äthiopiens. Im Vergleich zu anderen Gebieten ist die Zahl der für Äthiopien und Eritrea endemischen Vogelarten hier eher gering. Dazu gehören im Land relativ weit verbreitete Arten wie etwa Klunkeribis (*Bostrychia carunculata*), Rougetralle (*Rougetius rougetii*), Weißringtaube (*Columba albitorques*), Wellenbartvogel (*Lybius undatus*) oder Mönchspirol (*Oriolus monacha*). Auf den Südwesten beschränkt ist lediglich eine Art, der Kaffabrillenvogel (*Zosterops kaffensis*). Die meisten dieser Arten sind nicht oder nicht streng an bewaldete Habitate gebunden, obwohl gerade diese charakteristisch für weite Teile des Gebietes waren und in einigen Bereichen noch immer sind. Auf die generelle Verarmung der Waldvogelfauna Abessiniens hat bereits Moreau in den 1960er-Jahren hingewiesen und geschlussfolgert, dass „eine Katastrophe" über sie hereingebrochen sein muss. Worin diese Katastrophe bestand und wann sie sich ereignete, ist bisher ungeklärt. Eine sorgfältige Betrachtung auf Ebene der Subspezies könnte uns hier einen Schritt weiter führen. Denn anders als bei den Arten gibt es eine ganze Reihe von Unterarten, deren Vorkommen ganz oder weitgehend auf das südwestliche Äthiopien beschränkt

Markante, aufblasbare Luftsäcke an der Vorderseite und auf dem Rücken spielen eine wichtige Rolle im Sozialleben von Marabus (*Leptoptilos crumenifer*). Das Aufblasen des ventralen Sackes zeigt Dominanz gegenüber Artgenossen an, während das Aufblasen des dorsalen Sackes ein Zeichen von Ängstlichkeit ist.

Soziale Körperpflege (Allogrooming) ist bei Primaten weit verbreitet und bildet ein wichtiges Element des Zusammenlebens, auch bei Diademmeerkatzen (*Cercopithecus mitis*). Das Putzen von Partnern und anderen Gruppenmitgliedern dient nicht nur der Hygiene und der Beseitigung von Parasiten, sondern festigt auch Allianzen und Dominanzhierarchien.

Männchen des Silberwangen-Hornvogels (*Bycanistes brevis*) sind während der gesamten Aufzugsperiode für die Ernährung ihrer Jungen und ihrer Partnerinnen zuständig. Etwa 24.000 Früchte müssen sie in dieser Zeit herbeischaffen, denn das Weibchen verlässt die Nisthöhle bis zum Flüggewerden des Nachwuchses nicht.

Zwar jagt der Natalzwergfischer (*Ispidina picta*) auch über Gewässern, aber Fische gehören nicht zu seinem Nahrungsspektrum. Vielmehr hat er es auf Insekten und andere Wirbellose abgesehen, die er an der Wasseroberfläche, aber auch am Boden oder im Fluge fängt.

Linke Seite oben: Menschliche Gesellschaft stört die Zwergrötelschwalbe (*Cecropis abyssinica*) nicht. Ihre Nester finden sich häufig in oder an Gebäuden. Sie werden aus Schlammpellets errichtet und haben einen Eingangstunnel.
Unten: Die zierliche Zimttaube (*Aplopelia larvata*) besucht gern Plantagen, große bewaldete Gärten und Dickichte. Ihr angestammter Lebensraum sind jedoch immergrüne Wälder mit dichtem Unterwuchs.

Wo Feigenbäume reife Früchte tragen, ist meist die Waliataube (*Treron waalia*) nicht weit. In bewaldeten Tälern und Ufergehölzen ist sie nicht selten, sie kann aber auch in Gärten und Siedlungen angetroffen werden.

sind. Und fast alle davon sind an Wälder oder andere deckungsreiche Lebensräume gebunden.

Der Olivbauch-Nektarvogel (*Cinnyris chloropygius*) hat seinen Verbreitungsschwerpunkt im Regenwaldgürtel, der sich vor allem über die Küstenregionen Westafrikas und das Kongogebiet erstreckt. Als Oscar Neumann diese Art am 22. April 1901 in Äthiopien feststellte und die endemische Subspezies *bineschensis* beschrieb, merkte er an: „Nur dieses eine Stück der schönen Form gesammelt, welche der erste für Nordost-Afrika nachgewiesene Vertreter der *chloropygius*-Gruppe ist". Ein erneuter Nachweis in diesem Gebiet gelang erst 92 Jahre später, und bis heute gibt es nur wenige weitere Feststellungen aus einem sehr begrenzten Areal. Die nächstgelegenen Vorkommen, einer separaten Subspezies zugehörig, finden wir im Nordosten Ugandas, in einer Entfernung von über 600 Kilometern. Wann kam es zur Trennung dieser Populationen? Welche genetischen und ökologischen Unterschiede gibt es? Warum ist das Verbreitungsgebiet in Äthiopien so winzig klein? Und ist die hier vorkommende Unterart bedroht? Ähnliche Fragen wirft das Vorkommen des Gelbbrust-Feinsängers (*Apalis flavida*) auf. Er besitzt ein breites Habitatspektrum und ist von der Guinea-Savanne bis nach Südafrika verbreitet. Die in Äthiopien endemische und isolierte Unterart *abyssinica* ist jedoch vor allem im Hochland des Südwestens verbreitet und nicht in den angrenzenden trockenen Savannen. Warum ist das so? Zurzeit können wir leider keine dieser Fragen beantworten.

Was die Variabilität des Phänotyps angeht, belegt der Weißbürzel-Schwatzhäherling (*Turdoides leucopygia*) einen Spitzenplatz unter den Vogelarten am Horn von Afrika. Sein Areal ist weitgehend auf Äthiopien und Eritrea beschränkt, mit geringfügigen Ausläufern in den Sudan, Südsudan und nach

Kleine Fische, außerdem Krabben, Frösche und Wasserinsekten, stehen auf der Speisekarte des Kobalteisvogels (*Alcedo semitorquata*). Wie viele seiner Verwandten gräbt er Brutröhren in Erdwände und Uferabbrüche an Gewässern.

Somalia. In einem Bereich, dessen Ausdehnung etwa der kombinierten Fläche von Deutschland und Frankreich entspricht, ist die Art mit nicht weniger als fünf Subspezies vertreten. Die Unterschiede zwischen diesen sind markant. Während die Vögel der in Eritrea vorkommenden Nominatform komplett weißköpfig sind, haben Vertreter der südlichsten Subspecies *omoensis* ein schwarzes Kinn und sind am Oberkopf dunkel geschuppt. Die anderen Unterarten zeigen intermediäre Ausprägungen, die sich aber nicht linear, sondern stufenweise ändern. Biologen sprechen hier von einem gestuften Merkmalsgefälle (stepped cline). Solche Gefälle korrelieren manchmal mit einzelnen Umweltfaktoren wie Temperatur oder Feuchtigkeit, meist jedoch mit einem ganzen Set ökologischer Variablen. Ganz offenbar ist dies beim Weißbürzel-Schwatzhäherling der Fall. Doch um welche Variablen handelt es sich? Auch darauf haben wir noch keine Antwort.

Kommen wir abschließend zum Weißstirn-Steinschmätzer (*Oenanthe albifrons*), dessen Unterarten, oder besser gesagt die Taxonomie und Verbreitung derselben, den Scharfsinn der Naturforscher nun ernsthaft herausfordern. Die Nomenklatur der Steinschmätzer-Verwandten erfuhr in den letzten Jahren einige einschneidende Revisionen. Basierend auf genetischen Analysen wurde die hier genannte Art der Gattung *Oenanthe* zugeordnet, während der sehr ähnliche Einfarbschmätzer in der Gattung *Myrmecocichla* verblieb. Das Verbreitungsgebiet des Weißstirn-Steinschmätzers zieht sich in einem geschlossenen Band vom Senegal an der Westküste Afrikas bis in den Südsudan. Am Horn von Afrika gibt es zudem zwei kleine isolierte Populationen, die noch dazu unterschiedliche Subspezies ausgebildet haben. Die Vögel in Eritrea und dem Norden Äthiopiens gehören der Nominatform *albifrons* an, die im Südwesten Äthiopiens der Unterart *pachyrhyncha*. Das Areal von *albifrons* liegt mit einer Distanz von 800 Kilometern am weitesten abseits vom Hauptverbreitungsgebiet der Art, aber immerhin im gleichen biogeografischen Biom (Sudan-Guinea-Savanne), während sich die Fundorte von *pachyrhyncha* als einzige im Somali-Masai Biom befinden. Auch hier gibt es viele Fragen: Warum sind die Verbreitungsgebiete der genannten Subspezies so isoliert? Warum sind die Areale so klein? Haben wir es tatsächlich mit Unterarten zu tun? Sind die Populationen gefährdet?

Die globale Rote Liste der IUCN erlaubt neben der Evaluierung von Arten auch die Bewertung von Unterarten, Varietäten und selbst Subpopulationen. Für den Tiger (*Panthera tigris*) werden in dieser Liste neun Unterarten aufgeführt, inklusive der ausgestorbenen Formen. Für den weit verbreiteten Dornhai (*Squalus acanthias*) sind es sieben Subpopulationen, von denen jene im Nordost-Atlantik als besonders gefährdet gilt. An diesen Beispielen wird deutlich, dass sich einige charismatische Bewohner des Planeten bis zum Level von Unterarten und Subpopulationen besonderer Aufmerksamkeit erfreuen. Während für sie Maßnahmen zum Schutz und zur Überwachung getroffen werden, durchaus zu Recht, stehen wir bei den allermeisten Taxa noch immer achselzuckend vor unseren spärlichen Kenntnissen. Es gibt eine Menge zu tun.

Trogone gehören einer stammesgeschichtlich alten Vogelordnung an und sind mit über 40 Arten in den Tropen der Alten und Neuen Welt verbreitet. In Afrika gibt es nur drei Spezies, unter ihnen der Narinatrogon (*Apaloderma narina*). Die Tiere leben eher unauffällig und verraten ihre Anwesenheit oft nur durch ihre taubenartigen Rufe.

In einigen Ebenen des mittleren Rift Valleys finden wir noch weitläufige Savannen. Sie werden intensiv beweidet, vor allem mit Rindern. Vielerorts müssen sie dem Anbau von Mais und anderen Kulturen weichen.

V Rift Valley und Afar
Frühe Reisende

Die Eroberung der Erde, was meistens bedeutet, sie denen wegzunehmen, die einen anderen Teint oder etwas flachere Nasen haben als wir, ist keine schöne Sache, wenn man sich zu sehr damit befasst.
Joseph Conrad

Edgar Alexander Mearns (1856–1916)

Der „Wettlauf um Afrika" war um 1900 weitgehend abgeschlossen. Sieben europäische Kolonialmächte – Großbritannien, Frankreich, Deutschland, Portugal, Spanien, Belgien und Italien – hatten in einem atemberaubenden Tempo den gesamten Kontinent untereinander aufgeteilt. Verbliebene Ansprüche und Streitigkeiten wurden vertraglich geregelt, zum Beispiel durch den Marokko-Kongo-Vertrag, mit dem das Deutsche Reich sein Territorium in Kamerun arrondierte und im Gegenzug die Vorherrschaft Frankreichs über Marokko anerkannte. Als „vakant" galten am Ende nur noch drei Gebiete: Liberia, Tripolitanien und Äthiopien. Das italienische Königreich sah sich im Rennen der Mächte als Verlierer, da es sich mit Italienisch-Somaliland (1889) und Italienisch-Eritrea (1890) lediglich zwei Territorien sichern konnte. Dieser Logik folgend erklärte Rom am 29. September 1911 dem Osmanischen Reich den Krieg, der ein Jahr später mit der Überlassung Tripolitaniens, dem heutigen Libyen, an Italien endete. Da Liberia US-amerikanischen Interessen unterlag, gab es in Afrika jetzt nur noch ein unvergebenes Filetstück: Äthiopien.

Menelik II. war ein geschickter Stratege auf dem internationalen Parkett und hatte zwischen 1897 und 1908 mit allen Anrainern Verträge über die Grenzen seines Reiches geschlossen. Die isolierte und prekäre Lage seines Landes erkennend, etablierte er zudem offizielle diplomatische Beziehungen zu globalen Akteuren, wie 1903 zu den USA und 1905 zum Deutschen Reich. Von dieser Öffnungspolitik profitierten nicht nur die deutsche Forschungsreise von Erlanger und Neumann 1900/01, sondern auch zwei amerikanische Unternehmungen: die Arthur Donaldson Smith-Expedition von 1894/95 und die Childs Frick-Expedition von 1911/12.

„Die große Liebe zu Sport und Abenteuer, die den meisten der angelsächsischen Rasse innewohnt, hatte mich stets dazu veranlasst, die entlegensten Winkel der Erde aufzusuchen". Mit diesem Bekenntnis stimmt Smith die zeitgenössischen Leser seines 1897 erschienenen Reiseberichts ein. Inspiriert war der ausgebildete Arzt und passionierte Jäger offenbar von Graf Sámuel Teleki von Szék und Ludwig von Höhnel, die als erste Europäer von der Existenz eines großen Sees an der heutigen Grenze zwischen Kenia und Äthiopien berichteten. Während die beiden den Lake Turkana von Süden erreichten, wollte Smith von Nordosten her kommend und die noch unerforschten „Gallagebiete" querend die Verbindung zu Abessinien und weiter zur somalischen Küste herstellen. Anders als der nach ihm kommende Erlanger verweigerte er einen Umweg über Addis Ababa (damals noch „New Entoto") zu nehmen. Einen weiten Bogen schlagend näherte sich seine Karawane dem Rift Valley vom Südosten her und stieß unterwegs auf den Widerstand der Borana. Mit Speeren sowie Pfeil und Bogen ausgerüstet hatten sie gegen die über 70 gut bewaffneten Somali in Smiths Gefolge keine Chance. Die Schilderung im Reisebericht ist zynisch gehalten: „Das Gefecht brodelte und die Krieger fielen, einer über den anderen. Sie hielten ihre Schilde hoch, um sich zu schützen, und boten den Gewehren somit prächtige Ziele". Der weitere Weg vom Lake Abaya nach Süden führte am Chew Bahir vorbei.

In einer Ausbuchtung am Westufer des Gewässers glaubte Arthur Donaldson Smith einen separaten See zu erkennen und benannte ihn in Ermangelung einer einheimischen Bezeichnung nach sich selbst: „Lake Donaldson“. Der Turkanasee wurde nahe der Omo-Mündung am 10. Juli 1895 erreicht.

Smith, der kein ausgeprägtes naturkundliches Interesse besaß, ließ dennoch eine umfangreiche Kollektion anlegen. Am Ende der Reise hatten er und seine beiden europäischen Begleiter, Fred Gillett und der Präparator Edward Dodson, 700 Vögel gesammelt. Anhand der Präparate beschrieb Richard Bowdler Sharpe vom Britischen Museum mehrere neue Arten, darunter die Dornbusch-Nachtschwalbe (*Caprimulgus donaldsoni*), den Dornbuschweber (*Plocepasser donaldsoni*) und die Gillettlerche (*Mirafra gilletti*). Hinzu kamen 300 Reptilien, 200 Säugetiere, 200 Pflanzen und zahlreiche Insekten, die ebenfalls zu Neubeschreibungen führten. Es ist zweifellos ein Verdienst von Smith, dass er dieses wertvolle Material der Wissenschaft zugänglich machte. Was seine eigenen Schriften betrifft, so spiegeln sie den kolonialen Zeitgeist wider. Er wusste sehr wohl um den Wert, den seine detaillierten Reisekarten nicht nur in geografischer, sondern auch geopolitischer Hinsicht hatten. Mit staatsmännischem Gestus und Bezug nehmend auf die Berliner Akte von 1884 vermerkt er: „England steht es daher ebenso so frei wie Frankreich, Russland oder einer anderen Nation, seine Aufmerksamkeit auf den Erwerb des riesigen und wichtigen Gebietes zu lenken. Obwohl es nicht ratsam wäre, die Initiative zu ergreifen und einen Teil der abessinischen Besitzungen anzugreifen, die gegenwärtig unter der direkten Herrschaft des Kaisers Menelik stehen, könnten die unmittelbar angrenzenden und von unabhängigen wilden Stämmen bewohnten Gebiete besetzt werden …“.

Childs Frick war der Sohn eines wohlhabenden Industriellen aus Pittsburgh, dessen zweite Afrika-Expedition nach Äthiopien und Kenia führte. Bei der Suche nach einem erfahrenen naturkundlichen Sammler fiel seine Wahl auf Edgar A. Mearns, der bereits Theodore Roosevelt bei seiner großen Sammelreise in Ostafrika begleitet hatte. Mearns hatte lange Jahre als Militärarzt gedient. Zu seinen Aufgaben im Medical

Der Lake Abaja liegt unmittelbar nördlich des Chamo. Beide Seen trennt nur ein schmaler Höhenzug, der die „Brücke Gottes“ genannt wird. Die rötliche Färbung des Wassers geht auf den reichlichen Eintrag von Sedimenten zurück.

Die in Äthiopien und Teilen Kenias lebenden Blaukehlagamen sind weniger farbenfroh und auch kleiner als ihre Verwandten in anderen Teilen Afrikas. Neueren genetischen Studien zufolge bilden sie eine eigene Spezies, *Acanthocercus minutus*.

Department der US-Armee gehörten auch biologische Erfassungen, etwa entlang der Grenze zu Mexiko oder auf den Philippinen, deren Besitz im Zuge des Spanisch-Amerikanischen Krieges an die USA gefallen war. Als die Childs Frick-Expedition am 22. November 1911 in Djibouti startete, konnte der erste Streckenabschnitt bereits mit der Bahn zurückgelegt werden, die einige Jahre zuvor ihren Betrieb bis zur Station in Dire Dawa aufgenommen hatte. Über Addis Ababa, Ankober und die Arsi Mountains führte ihr Weg dann entlang des Rift Valleys bis an den Lake Turkana und von dort weiter bis Nairobi und, wieder per Eisenbahn, bis zur Küste nach Mombasa. Über 500 Säugetiere wurden für das Carnegie Museum Pittsburgh gesammelt und etwa 5.200 Vögel für das United States National Museum (Smithsonian Institution) in Washington.

Eine anschauliche Reisebeschreibung, vergleichbar mit den Ausführungen von Rüppell, Heuglin, Erlanger, Neumann oder Smith, gibt es für diese Expedition nicht. Edgar A. Mearns litt an Diabetes und starb 1916 im Alter von nur 60 Jahren, ehe er seinen Bericht fertigstellen konnte. Dennoch schaffte er es, in der ihm verbliebenen Zeit zahlreiche neue Taxa, vor allen Subspezies, zu beschreiben. Der von ihm entdeckte Boranzistensänger (*Cisticola bodessa*) gehört zu den noch heute anerkannten Arten. Dass schließlich das gesamte ornithologische Material einer gründlichen Analyse unterzogen wurde, ist dem beharrlichen und akribischen Wirken

Während der heißen Mittagszeit sind die meisten Savannenbewohner schweigsam, nicht so der Dreifarbenglanzstar (*Lamprotornis superbus*). Er nutzt die Stille, um seine langen und ruhigen Gesangsreihen vorzutragen. Oder er nimmt ein Bad.

von Herbert Friedmann zu verdanken. Sein Werk *Birds collected by the Childs Frick Expedition to Ethiopia and Kenya Colony* erschien in zwei Bänden, der letzte 1937, zweieinhalb Jahrzehnte nach Ende der Expedition. Anders als der Titel vermuten lässt, geht die Auswertung weit über eine Zusammenstellung der gesammelten Arten hinaus. Friedmann stellt die Funde in den Kontext bisheriger Kenntnisse und listet zudem zahlreiche Details zu Aussehen, Maßen, Mauser, Nestern, Eiern, Brutzeiten und Verbreitung auf. Bis heute ist dieses Werk eine der gehaltvollsten Zusammenstellungen, die wir über die Vögel der Region besitzen.

Ein halbes Jahrhundert liegt zwischen der Reise Eduard Rüppells und den großen amerikanischen und deutschen Expeditionen der Jahre 1893 bis 1912. Der Charakter der Reisen hatte sich verändert. Während Rüppell sich heimischen Karawanen anschloss und auf die Gastlichkeit der Bewohner zählte, zogen seine späteren Nachfolger mit gigantischem Aufwand und riesigem Gefolge durch das Land. Und auch die Motive hatten eine Wandlung erfahren. Das Humboldt'sche Ideal, die Begeisterung für die Natur und das Streben nach Erkenntnis, standen nicht mehr uneingeschränkt im Zentrum. Museen in Amerika und Europa lieferten sich inzwischen einen Wettlauf um den Aufbau der bedeutendsten Sammlungen. Und Politiker wie Monarchen sahen dem Treiben der Forscher und Entdecker längst nicht mehr andächtig zu, sondern hatten dessen praktischen Nutzen erkannt. Erfassung und Ausbeutung von

Naturressourcen war im imperialen Zeitalter ein Gebot der Stunde. „Kolonisation … heißt die Nutzbarmachung des Bodens, seiner Schätze, der Flora, der Fauna und vor allem der Menschen zugunsten der Wirtschaft der kolonisierenden Nation und diese ist dafür der Gegengabe ihrer höheren Kultur, ihrer sittlichen Begriffe, ihrer besseren Methoden verpflichtet", so Bernhard Dornburg, Staatssekretär des Deutschen Reichskolonialamts, im Jahr 1907.

Heute, ein weiteres Jahrhundert später, verwahren westliche Museen und Forschungseinrichtungen einen Großteil der naturkundlichen Objekte, die in Afrika und in anderen Kontinenten zusammengetragen wurden. Erst seit jüngster Zeit (Oktober 2014) unterliegen internationale Neuzugänge den Regelungen des sogenannten Nagoya-Protokolls. Dieser Vertrag regelt den Zugang zu genetischen Ressourcen und den gerechten Vorteilsausgleich, der sich aus ihrer Nutzung ergibt (Access and Benefit Sharing). Als Instrument gegen Biopiraterie soll er insbesondere Entwicklungsländer vor dem Diebstahl und der einseitigen Ausbeutung von biologischen Ressourcen schützen. Die Zielstellung wird weithin akzeptiert, wie die Ratifizierung des Vertrags durch bisher 124 Länder zeigt. Ob die aufwendigen Regelungen geeignet sind, auch nicht kommerzielle Grundlagenforschung und Kooperation sowie innovative Ansätze wie Bürgerwissenschaft (Citizen Science) zu fördern, muss sich allerdings noch zeigen. Sie gehören auf den Prüfstand, falls Wissenszuwachs behindert wird und das Engagement von Artenkennern und Spezialisten an bürokratischen Hürden scheitert. Am Ende sollte für alle Beteiligten nicht Zugang und Nutzen (Access and Benefit) im Vordergrund stehen, sondern der Schutz der Biodiversität.

Offene Savannen im Süden des Landes sind Lebensraum der Nördlichen Grant-Gazelle (*Nanger notatus*). Auch in einem weiträumig umzäunten Areal des Abijatta-Shalla National Park leben einige Tiere und sind dort leicht zu beobachten.

Menschen und Landschaft

Salz ist von den reinsten Eltern geboren:
der Sonne und dem Meer.
Pythagoras

Salz (NaCl)

Am 6. Januar 1912 trat Alfred Wegener an das Rednerpult, um zu den Teilnehmern der Hauptversammlung der Geologischen Vereinigung in Frankfurt am Main über die Entstehung der Ozeane und Kontinente zu sprechen. Die These, die der Einunddreißigjährige präsentierte, war unerhört. Seiner Meinung nach würde sich die Gestalt der Erdoberfläche stetig ändern, weil die Kontinente wanderten. Die Resonanz auf seinen Vortrag muss von Unverständnis bis Panik gereicht haben. Einer der anwesenden Professoren soll ob der vermeintlichen Gefahr für die geologische Zunft gestöhnt haben: „O heiliger Sankt Florian, verschon' das Haus, zünd' and're an". Und das tat der so angerufene Schutzpatron der Feuerwehrleute – zumindest für einige Zeit. Denn es sollte etwa fünfzig Jahre dauern, bis sich Wegeners Theorie der Kontinentaldrift in den Kreisen der Wissenschaft durchgesetzt hatte.

Heute sind sich Fachleute einig, dass die äußere Erdhülle aus Lithosphärenplatten besteht, die auf den darunter liegenden Bereichen des oberen Erdmantels herumwandern. Mit den Kenntnissen zur Plattentektonik lässt sich die Entstehung und Geomorphologie des Afar-Gebietes und des südlich anschließenden Rift Valleys gut erklären. Vor etwa 30 Millionen Jahren waren Afrika und die arabische Halbinsel noch eine verbundene Landmasse. Als die Afrikanische und die Arabische Platte auseinanderdrifteten, bildeten sich tiefe Risse, deren Flutung zur Entstehung des Roten Meeres und des Golfs von Aden führten. Vor 15 bis 10 Millionen Jahren begann die Teilung des afrikanischen Kontinents entlang des Ostafrikanischen Grabenbruchs, die einmal zur vollständigen Abtrennung der Somalischen Platte führen wird. Im Dreieck des tektonischen Geschehens liegt Afar, gezogen und gestaucht von allen Seiten.

Unter den zahlreichen Vulkankegeln der Region ist der Erta Ale der bekannteste, vor allem wegen des aktiven Lavasees in seinem Gipfelkrater. Der erste schriftliche Bericht vom Aufstieg zum Erta Ale, verfasst 1873, stammt von dem in Düsseldorf geborenen und später in Halle und Berlin tätigen Botaniker Johann Maria Hildebrandt. Die Gebiete um den Erta Ale liegen 50 bis 100 m unter der Meeresoberfläche, weiter nördlich bei Dallol sogar 130 m. Die sogenannte Afar-Senke wurde in der Vergangenheit mehrfach überflutet, zuletzt vor etwa 200.000, 120.000 und 80.000 Jahren. Durch den Wechsel von Zufluss und Verdunstung von Meerwasser reicherte sich eine immer mächtiger werdende Salzschicht an, deren gemessene Dicke bis zu 975 m reicht und Schätzungen zufolge sogar bis zu 3.000 m betragen könnte. Pythagoras lag völlig richtig, als er im Salz ein Kind von Sonne und Meer erkannte.

Salz galt schon im Aksumitischen Köngreich (etwa 1. bis 10. Jahrhundert) als sogenanntes „Quasi-Geld", das gegen Gold, Elfenbein und Sklaven eingetauscht wurde. Für den portugiesischen Missionar Francisco Álvares, der 1520 an den abessinischen Hof kam, war es das beste Produkt, das er im Land vorfand. Und erst gegen Mitte des 20. Jahrhunderts kam es

Rechte Seite: Noch gehören Ansammlungen von Geiern zum gewohnten Anblick im Rift Valley und anderen Teilen des Landes. Als Beseitiger von Kadavern bleiben sie meist unbehelligt und zeigen wenig Scheu. Dennoch fallen sie indirekter Verfolgung zum Opfer, z. B. durch durch den Verzehr von Giftködern, die zur Bekämpfung verwilderter Hunde ausgelegt werden.

Der Weißbrauenkuckuck (*Centropus superciliosus*) lebt in deckungsreichen Habitaten, von feuchten Gewässerufern bis in die buschreiche Savanne. Die Art ist kein Brutparasit, so wie viele andere Vertreter der Familie. Bei der Bebrütung des Geleges übernehmen die Männchen den Hauptpart.

als weit verbreitetes Währungsäquivalent aus der Mode. Der Abbau von Salz in der Afar-Senke kam dadurch nicht zum Erliegen. Um 1970 wurden jährlich etwa 17.000 Tonnen produziert, und auch heute noch ziehen Salzkarawanen von November bis März mit schwer beladenen Kamelen und Eseln von Dallol ins benachbarte Hochland. Die Arbeitsbedingungen in der schattenlosen Wüste sind hart und die Methoden archaisch. Mit einfachen Beilen werden Salzplatten aus dem Boden geschlagen und anschließend zu erstaunlich gleichförmigen Blöcken von 30 × 40 × 10 cm Größe und etwa 6 kg Gewicht geformt. 20 dieser Platten bilden eine Kamelladung. Die Trecks umfassen heute meist nur ein paar Dutzend Tiere, sollen früher jedoch aus bis zu 3.000 Kamelen, 6.000 Maultieren und zahlreichen Eseln bestanden haben.

Was Imam Muhammed Jasa dazu veranlasste, im Jahr 1577 die Hauptstadt des Adal Sultanats von Harar in die Oase bei Asaita zu verlegen, ist nicht bekannt. Der weit im Norden stattfindende Salzhandel dürfte es nicht gewesen sein, sondern eher die ertragreichen Ufer und Überschwemmungsgebiete des Awash. Der Fluss mündet südwestlich der Stadt in den abflusslosen Lake Abbe und endet dort, noch ehe er das Meer erreicht. Asaita war auch das politische Zentrum des bis 1936 weitgehend unabhängigen Sultanats von Aussa. Erst 1945, nach Ende der italienischen Besetzung, wurde die Afar-Region Teil Äthiopiens. In Reiseführern wird das heutige Asaita als abgelegenes Örtchen mit orientalischem Charme beschrieben. Was dem Besucher jedoch zuerst auffallen wird, ist eine große Ansammlung mehrgeschossiger Neubaublocks

Nahrungssuche am Lake Awasa. Während der Hammerkopf (*Scopus umbretta*) vor allem Amphibien, Krebsen und Insekten auflauert, geht der Mensch (*Homo sapiens*) dem Fang von Fischen nach.

vor den Toren der Stadt. Gebaut wurden sie für die Arbeiter einer künftig Zehntausende Hektar umfassenden Zuckerrohrplantage, mit deren Errichtung vor einigen Jahren begonnen wurde. Was die Nutzung von Land und Wasser betraf, so bestand zwischen den Interessen der sesshaften Farmer und der Pastoralisten außerhalb der Oase ein über Generationen gewachsenes, fragiles Gleichgewicht. Es ist nunmehr empfindlich gestört. Mit dem industriellen Anbau von Zuckerrohr und dem damit verbundenen Ressourcenverbrauch steigen die Spannungen, sowohl zwischen Regierungsvertretern, zugezogenen Siedlern und ansässigen Kleinbauern als auch innerhalb der Afar-Bevölkerung. „Wir werden hier mit unseren Ziegen sterben", bemerkt einer der betroffenen Hirten in einem Interview im Jahr 2016. Er, wie die meisten der nomadisierenden Viehzüchter, ist weder am pittoresken Salzhandel beteiligt noch am Zucker-Business. Sein Schicksal liegt deshalb weit außerhalb von öffentlichem Fokus und Interesse, sowohl bei Touristen als auch Investoren. Die Sprache der Afar gehört dem kuschitischen Zweig der afro-asiatischen Sprachfamilie an und ist somit mit Oromo, Somali und Sidama verwandt. Die etwa 1,5 Millionen Sprecher leben heute in Äthiopien, Djibouti und Eritrea.

Wir können Afar kaum ohne einige Anmerkungen zur Vorgeschichte des *Homo sapiens* verlassen. Anders als heute war die Region vor etwa 3,2 Millionen Jahren eine fruchtbare Savanne mit reicher Fauna und Flora. Zu dieser Zeit streifte *Australopithecus afarensis* durch die wasserreiche Ebene, wie die Entdeckung und anschließende Untersuchung von

An den meisten großen Flüssen und Seen des Landes leben Nilkrokodile (*Crocodylus niloticus*), die eine Länge von bis zu 5 Metern erreichen. Vielerorts haben sich Anwohner und Reptilien recht gut aufeinander eingestellt, so am Lake Chamo. Anders am Baro River, wo es wiederholt tödliche Angriffe auf Menschen gab.

„Lucy" zeigte. Fragmente ihres Skeletts wurden 1974 in einem Wadi in der Nähe des Awash geborgen und erregten große Aufmerksamkeit, nicht nur im Kreise der Paläontologen. Rekonstruktionen ergaben, dass sie ein flaches Gesicht hatte, sich aufrecht bipedal fortbewegen konnte und in die nahe Verwandtschaft des Menschen zu stellen war. Eine 2010 in der Zeitschrift *Nature* veröffentlichte Studie konnte sogar zeigen, dass *A. afarensis* bereits Steinwerkzeuge verwendete. Inzwischen gibt es auch eine beachtliche Zahl von Funden anderer Hominiden aus dem Afar-Gebiet, einschließlich *Ardipithecus ramidus* und *Homo erectus*. Der Nordosten Afrikas und speziell Afar wird ob dieser reichen Funde oft als Wiege der Menschheit bezeichnet. Es könnte aber auch sein, dass anderenorts die Bedingungen nur weniger vorteilhaft für die Erhaltung von fossilen Überresten waren. Sedimente ausgetrockneter Seen und Ablagerungen von Vulkanasche, in Afar reichlich vorhanden, bieten dafür zweifellos die besten Voraussetzungen und lassen in den kommenden Jahren weitere spannende Entdeckungen erwarten.

Das äthiopische Rift Valley besteht aus einem relativ schmalen Schlauch, der sich von Afar aus Richtung Südwesten erstreckt und sich südlich des Lake Chamo in eine breite Übergangszone mit zahlreichen kleineren Verwerfungen aufweitet. Zumindest aus biogeografischer Sicht können wir auch das untere Omo-Gebiet hier weiträumig einbeziehen. Die sieben Seen im mittleren Abschnitt des Rift Valleys (acht unter Ein-

Der Awash River östlich von Metahara ist ein wasserreicher Fluss, zumindest während und nach der Regenzeit. Er fließt nach Nordosten, dem Golf von Aden zu. Das Meer wird er allerdings nie erreichen, denn sein Lauf endet im abflusslosen Lake Abbe in der Danakil-Senke.

schluss des künstlich angestauten Lake Koka) haben einen sehr unterschiedlichen Charakter. So führen die den Langano speisenden Zuflüsse eisenhaltige Schwebstoffe mit sich, die dem Wasser eine trübe und braune Färbung verleihen. Der nur wenige Kilometer entfernte Lake Abijatta ist dagegen blau und klar. Da dieser See keinen Abfluss besitzt, ist er reich an Natriumkarbonat (Soda), das die eingetragenen Schwebstoffe bindet und als Koagulat zu Boden sinken lässt. Die noch dunklere blaue Färbung des benachbarten Lake Shalla ist auf winzige Kieselsäurepartikel zurückzuführen sowie auf seine enorme Tiefe, die bis 266 m reicht.

Der Abijatta-Shalla National Park ist eines der ältesten Schutzgebiete Äthiopiens und befindet sich in einem bedauernswerten Zustand. Ursprünglich waren die trockenen Savannen um die sogenannten „Gallaseen“ vor allem saisonal genutzte Weidegebiete für die in den benachbarten Gebirgen siedelnden Arsi. Heute gibt es innerhalb des Nationalparks viele permanente Siedlungen mit inzwischen mehr als 55.000 Bewohnern. Die Zahl der Rinder, Ziegen und Schafe wird auf nahezu 200.000 geschätzt. Maisanbau ist verbreitet, auch wenn die Erträge marginal sind und nur der Selbstversorgung dienen. Die Vegetationsbedeckung ist infolge Überweidung, Feldbau und Brennholzgewinnung seit den 1990er-Jahren um 50 % gesunken. Einer aktuellen Studie zufolge betrachten die Siedler das Gebiet als kommunales Eigentum, und eine Mehrheit von 85 % ist gegen die Existenz des Nationalparks. Die

Wasserfläche des Lake Abijatta ist zwischen 1973 und 2006 von 194 km² auf 95 km² geschrumpft. Die Austrocknung hat sich seitdem fortgesetzt, und ein völliges Verschwinden des Sees ist nicht auszuschließen. Eine der Ursachen sind großangelegte Bewässerungsprojekte um Ziway, durch die der Zufluss in den Lake Abijatta vermindert wird. Zu den Abnehmern des Wassers gehören nicht zuletzt gigantische Gewächshauskomplexe, in denen Schnittblumen für den Export produziert werden. Allein die niederländische Firma Afriflora Sher produziert hier jährlich 900 Millionen Rosen für den europäischen Markt – in der nach eigenen Angaben größten Rosenfarm der Welt und natürlich mit dem Siegel „fair trade". Zu den Verursachern gehört auch eine Sodafabrik an der nördlichen Grenze des Nationalparks, die seit 1985 jährlich 13 Millionen Kubikmeter Seewasser für die Produktion von kohlensaurem Natrium abpumpt.

Die Region am Unterlauf des Omo ist ein Magnet für ethnologisch interessierte Touristen. Von den über ein Dutzend hier lebenden Völkern sind die Mursi, Hamer, Banna, Karo und Dassanetch besonders bekannt. Ihre Sprachen gehören unterschiedlichen Familien an: nilo-saharanisch (Mursi), omotisch (Hamer-Banna, Karo) und afro-asiatisch (Dassanetch). Die kleine Ethnie der Karo umfasst nur etwa 1.500 Menschen, und deren Sprache gilt als gefährdet. Im Januar 2011 kündigte der damalige Premierminister Meles Zenawi an, dass 1.500 km² des Omogebietes in staatliche Zuckerrohrplantagen umgewandelt werden. Darüber hinaus ist die Verpachtung von weiteren 2.000 km² an private Investoren aus dem In- und Ausland vorgesehen. Ein großer Teil dieser Flächen liegt im Omo National Park und in den Siedlungsgebieten der indigenen Bevölkerung. Für Abay Tsehaye ist das kein Problem: „Diese Gebiete sind kaum besiedelt … Und wenn man ein paar Leute vertreiben muss, dann siedelt man sie um und gibt ihnen bewässertes Land und Infrastruktur", so der Generaldirektor der Ethiopian Sugar Corporation und ehemaliger Minister in der Zeitschrift *Foreign Affairs* im Mai/Juni 2012.

Am Lake Ziway bringen Fischer täglich ihre Fänge an Land. Ein Gruppe von Mädchen hat das Zerlegen der Fische übernommen. Die sie umgebenden Marabus (*Leptoptilos crumenifer*) warten geduldig auf ihren Anteil.

Biodiversität

Wir benötigen mehr Raum, und der einzige Ort, an den wir gehen könnten, ist der Weltraum. … Ich bin davon überzeugt, dass wir die Erde verlassen müssen.
Stephen Hawking

Afrikanischer Wildesel (*Equus africanus*)

Die heißen Quellen von Dallol im Norden der Afar-Senke werden von Fachleuten als „poly-extreme Hydrothermal-Systeme" bezeichnet. Das vom unterirdischen Magma erwärmte Wasser erreicht stellenweise Temperaturen von 90 bis 109 °C, einen pH-Wert von 0 und einen außerordentlich hohen Salz- und Schwermetallgehalt. Wo das Wasser verdunstet, bleiben verkrustete Strukturen zurück, deren bizarre gelbe und rote Farbtöne durch Schwefel und Eisen verursacht werden. 2017 reiste ein Team von Spezialisten nach Dallol, um ausgerechnet in diesen unwirtlichen Quellen nach Leben zu suchen. Und sie wurden tatsächlich fündig! Die von ihnen registrierten Mikroorganismen gehören der Ordnung Nanohaloarchaea an, haben einen Durchmesser von 50 bis 500 Nanometern und sind damit bis zu 20-mal kleiner als durchschnittliche Bakterien. Felipe Gómez, der Untersuchungsleiter, ist ein bekannter Astrobiologe. Unter anderem arbeitete er am Umweltüberwachungssystem des Marsrovers Curiosity, der im August 2012 auf unserem Nachbarplaneten landete. Ihn und seine Kollegen treibt die Frage um: Unter welchen Extremen kann sich Leben entwickeln, auf der Erde und anderswo? Was uns zum Thema „Terraforming" von Planeten und Monden bringt, mit dem sich die NASA und andere Institutionen seit den 1970er-Jahren beschäftigen. Einige Wissenschaftler sind der Meinung, dass die Besiedelung und „Erdmachung" außerirdischer Himmelskörper nicht nur möglich ist, sondern ein Gebot der Stunde, vor allem vor dem Hintergrund von Ressourcenverbrauch und unausweichlicher Umweltzerstörung auf der Erde. So faszinierend die Unternehmung anmutet, so irritierend ist die Logik dahinter: Während wir die erstaunliche Fähigkeit entwickeln, den Mars zu besiedeln, zerstören wir achselzuckend den eigenen Planeten und lassen ihn in einem unbewohnbaren Zustand zurück.

Für die vom Aussterben bedrohten Afrikanischen Wildesel (*Equus africanus*) aus Afar ist auf der Raumfähre zum Mars vermutlich kein Platz vorgesehen. Die Art war einst weit verbreitet, von Marokko und dem Atlasgebirge Algeriens über weite Teile des nördlichen Afrika bis in Gebiete des heutigen Israel und Syrien. Alle Hausesel stammen von dieser Art ab, wobei die Domestikation genetischen Studien zufolge zweimal und vermutlich schon vor 4.000 Jahren v. u. Z erfolgte. Gemäß einer Expertenschätzung des IUCN aus dem Jahr 2015 umfasst der gegenwärtige Bestand von *E. africanus* höchstens 200 adulte Tiere, von denen die meisten in Eritrea und wohl nur noch sehr wenige in der Afar-Region Äthiopiens leben. Einige Tiere werden außerdem in Ägypten, im Sudan und in Somalia vermutet, wo aus jüngerer Zeit jedoch keine gesicherten Nachweise vorliegen. Illegale Bejagung wird als Hauptgrund für die Dezimierung der Bestände genannt, insbesondere in Äthiopien und Somalia. Der Wildesel ist an extrem aride Bedingungen angepasst, wobei die Verfügbarkeit von Wasser dennoch einen limitierenden Faktor darstellt, da die Stuten und ihre Fohlen mindestens einmal am Tag zur Tränke müssen. Schutz vor direkter Verfolgung und freier Zugang zu Wasserstellen sind deshalb die entscheidenden Voraussetzungen zum Erhalt der verbliebenen Populationen. Das gilt in gleicher Weise für das nahe verwandte Grevy-Zebra (*Equus grevyi*), dessen weltweiter Bestand auf etwa 2.700 Tiere geschätzt wird, davon 200 bis 300 Tiere in zwei kleinen Gebieten Äthiopiens. Die isolierte Population im Alledeghi National Park im Süden Afars unterscheidet sich genetisch von den Tieren in Sarrite (Borana National Park) und den in Kenia lebenden. Ungewiss ist, ob die Art noch in abgelegenen Gebieten um den Chew Bahir vorkommt.

Unter den großen Geiern Äthiopiens ist der Weißrückengeier (*Gyps africanus*) der häufigste. Seine Nester errichtet er in der Regel auf Bäumen, selten auch auf Elektromasten. Oft finden sich dabei die Brutpaare in kleinen, lockeren Kolonien zusammen.

Mantelpaviane (*Papio hamadryas*) haben ein ungewöhnliches, mehrstufiges Sozialsystem etabliert. Die kleinsten Einheiten sind Harems mit jeweils einem Männchen und mehreren Weibchen. Harems schließen sich zu Clans zusammen, diese zu Banden und diese schließlich zu Gruppen, die bis zu 400 Tiere umfassen können.

Carlo von Erlanger beschrieb 1902 die Großsäuger-Fauna im äthiopischen Rift Valley noch folgendermaßen: „Gerade das Seengebiet ist die wildreichste Gegend, die ich auf meiner ganzen Reise antraf. Die grasreichen Ebenen zumal am Zuai-See sind zahlreich bewohnt von Riedböcken und Zwergantilopen. Je mehr wir längs der Seen südlich vordrangen, in desto größerer Anzahl traten die Antilopenarten auf. Die Kuhantilope und Grantgazelle beleben in großen, zu tausenden zählenden Herden die weiten Flächen …“. Ein Jahrhundert später ist von diesem Reichtum wenig geblieben. Die Verluste an naturnahen Lebensräumen waren in den letzten Jahrzehnten besonders drastisch. Im Arsi Negele District im zentralen Teil des Rift Valleys haben im Zeitraum von 1986 bis 2016 Landwirtschaftsflächen und Siedlungsgebiete um 250 % bzw. 618 % zugenommen. Andererseits sind Wälder und Gehölze um 72 % bzw. 84 % zurückgegangen. Der Bestand von *Alcelaphus swaynei*, der in Äthiopien endemischen Somalia-Kuhantilope, ist heute weitestgehend auf zwei Schutzgebiete beschränkt: das Senkelle Swayne's Hartebeest Sanctuary mit etwa 800 Tieren und den Maze National Park mit etwa 350 Tieren. Im Nechisar National Park wurden 2014 noch zwei Individuen festgestellt. In einer aktuellen Studie kommen Simon Shibru und Kollegen zu dem ernüchternden Schluss, dass das Schutzgebiet durch Siedlungen, Ackerbau und Überweidung stark

Der Swainsonsperling (*Passer swainsonii*) ist in Äthiopien allgegenwärtig, sieht man von den wirklich heißen und trockenen Regionen ab. Häufig trifft man ihn auch in Siedlungen aller Art, wo er gern an Gebäuden brütet.

beeinträchtigt ist und vor allem der nordöstliche Bereich nicht mehr als funktionaler Teil des Parkes gelten kann. Auch die Sömmerringgazelle (*Nanger soemmerringii*) hat große Teile ihres einstigen Areals am Horn von Afrika eingebüßt. Die global gefährdete Art kann in Teilen des Afar-Gebietes noch relativ oft beobachtet werden.

Von den 175 Fischarten Äthiopiens (inkl. Neozoen) sind über 40 endemisch, und mindestens vier davon kommen auch oder ausschließlich im Rift Valley einschließlich des Afar-Gebietes vor. Von 1835 bis 1995 hat sich die Zahl der in den Rift Valley-Seen nachgewiesen Fischarten um 65 % verringert. Einer Studie aus dem Jahr 2012 zufolge hat sich dieser Trend seitdem weiter fortgesetzt. Vor den vom Menschen verursachten Veränderungen dominierten hier große afrikanische Barben der Gattung *Labeobarbus* die Fischgemeinschaften und waren daher die wichtigsten Arten für die lokale Fischerei. In den letzten Jahrzehnten wurde die Zusammensetzung der Populationen, vor allem im Lake Ziway und im Lake Awasa, durch Überfischung und die Einbringung invasiver Arten stark verändert. Der kommerzielle Fischfang am Ziway wird von nur drei Spezies dominiert: Der Nilbuntbarsch (*Oreochromis niloticus*), englisch Nile Tilapia, ist mit nahezu 30 % die am häufigsten gefangene Fischart, gefolgt von eingeführten Karpfen (*Cyprinus carpio*) und Karauschen (*Carrassius*

Auch der Kappengeier (*Necrosyrtes monachus*) gilt inzwischen als eine global vom Aussterben bedrohte Art. Noch bis vor wenigen Jahren gehörte er zum gewöhnlichen Erscheinungsbild in vielen Städten und Dörfern Äthiopiens, einschließlich der Hauptstadt Addis Ababa.

Heiße Quellen am Ostufer des Lake Langano. Im Rift Valley und der Afar-Region gibt es zahlreiche geothermale Systeme. Sie könnten in Zukunft eine wichtige Rolle bei der Erzeugung klimafreundlicher Energie spielen. Das Potenzial im Land beträgt vorläufigen Schätzungen zufolge über 10.000 Megawatt.

Oben: Löwen (*Panthera leo*) bekommt man in Äthiopien selten zu Gesicht. Wo sich kleine Populationen halten konnten, leben die Tiere heimlich und zurückgezogen. Dieses Foto entstand 2019 im südlichen Teil der Afar-Region.
Unten: Zu den potenziellen Beutetieren der Afar-Löwen gehört die Sömmeringgazelle (*Nanger soemmerringii*). Im Awash National Park, vor allem aber in der nördlich davon gelegenen Alledeghi Plain kann sie leicht beobachtet werden.

Die anspruchslose Pantherkröte (*Amietophrynus regularis*) lebt in feuchten und trockenen Savannen, aber auch auf Feldern, an Waldrändern und in anderen offenen Habitaten. Die Amphibienfauna Äthiopiens umfasst aber auch viele Endemiten mit kleinen Arealen und sehr speziellen Habitatanforderungen.

carrasius) mit je über 20 %. Eine Barbe, die ausschließlich im Lake Ziway und dessen Zuflüssen vorkommt, *Labeobarbus ethiopicus*, ist inzwischen stark gefährdet und musste in die Rote Liste der IUCN aufgenommen werden. Der ebenfalls endemische Strahlenflosser *Garra makiensis* ist auch aus anderen Gewässern des äthiopischen Rift Valleys sowie den Einzugsgebieten des Awash und Omo bekannt und gilt bislang als ungefährdet.

Danakilia franchettii ist eine Cichlidenfischart, die im Salzsee Afrera und in den nahe gelegenen Sümpfen endemisch ist. Ein weiterer Endemit dieses Sees ist *Lebias stiassnyae*, ein erst 2001 beschriebener Killifisch. Beide Arten kommen nur dort vor, wo heiße Süßwasserquellen den See speisen, wobei die Fische offenbar Wassertemperaturen von über 40 °C tolerieren können. Wie viele solcher süßwasserbeeinflussten Zonen es gibt, ist unbekannt, ihre Zahl dürfte aber beschränkt sein. Der intensive und zunehmend industriell betriebene Salzabbau im und um den See bedroht die Existenz des Gewässers und seiner fragilen Artengemeinschaften. Eine Analyse aus dem Jahr 2020 kommt zu dem Schluss, dass Wasserverlust, Beschädigung der Ufervegetation, Verschmutzung und Landschaftszerstörung das gesamte Ökosystem im Bereich des Lake Afrera gefährden und Interventionen dringend erforderlich sind.

Der Eintrag von Sedimenten und die damit einhergehende Eutrophierung und Verlandung beeinträchtigen, neben dem Koka Reservoir, vor allem die weit im Süden gelegenen Seen Chamo und Abaya. Von 1984 bis 2015 hat der Lake Abaya über 1.500 Hektar seiner einstigen Wasserfläche verloren. Auf dem entstandenen Schwemmland wird heute Landwirtschaft betrieben. Stoffeintrag und Erwärmung von Flachwasserbereichen führen immer häufiger zu Massenvermehrungen von Cyanobakterien (Blaualgen), was die Anreicherung toxischer

Trotz ihrer weiten Verbreitung, die Teile Afrikas, des Nahen Ostens und des indischen Subkontinents umfasst, wissen wir nur wenig über die Biologie und Fortpflanzung der Ägyptischen Grabfledermaus (*Taphozous perforatus*).

Microcystine zur Folge hat. Das Wasser ist dann für Menschen sowie Haus- und Wildtiere ungenießbar. Die Succow Stiftung hat 2018 eine Studie veröffentlicht, die vor allem auf eine Rehabilitation der Einzugsgebiete der beiden Seen zielt. Verminderung der Erosion, Wiederaufforstung, Sanierung von Feuchtgebieten sowie die Einrichtung von Pufferzonen könnten die Biodiversität, Wasserqualität und Habitate des Lake Chamo verbessern und den Status quo des noch stärker bedrohten Lake Abaya zumindest erhalten.

Rasche Erfolge verspricht manchen Experten zufolge die Anpflanzung von Eukalyptus. Kaiser Menelik II. soll 1895 mit dessen gezielter Einfuhr nach Äthiopien begonnen haben. Die ersten Bäume wurden im Palastgarten in Addis Ababa und den umliegenden Bereichen der Stadt herangezogen. Um eine schnelle Verbreitung zu gewährleisten, gab man Saatgut und Setzlinge an Landbesitzer weiter und förderte den Anbau durch Gewährung von Steuererleichterungen. Eukalyptus ist heute in mehreren Arten weit verbreitet und bestimmt in vielen Regionen das Landschaftsbild. Er ist die wichtigste Brennstoffquelle für die stetig wachsende Stadt- und Landbevölkerung und auch als Bauholz unentbehrlich. Seine sozioökonomischen Vorteile sind offensichtlich. Die Bäume sind anspruchslos, wachsen schnell, erfordern nur minimale Pflege, sind widerstandsfähig gegen Umweltstress und Krankheiten und treiben nach dem Fällen wieder aus. Dem steht eine ganze Reihe negativer Auswirkungen gegenüber. Eukalyptus bindet Wasserressourcen, entzieht dem Boden wertvolle Nährstoffe, unterdrückt das Unterholz und sonstigen Bewuchs und kann dadurch Erosionen letztlich verschlimmern. Darüber hinaus bilden Anpflanzungen kaum Lebensraum oder Nahrung für einheimische Wildtiere. Experten sprechen ob dieser Widersprüchlichkeiten von einem „Eukalyptusdilemma“.

Brettwurzeln nennt man die großen, rippenartigen Wurzeln alter Bäume. Typischerweise trifft man sie bei Arten, die auf nährstoffarmen und flachgründigen Böden der Tropen wachsen. Sie verhelfen Baumriesen, z. B. bestimmten *Ficus*-Arten, zu besonderer Standhaftigkeit.

Folgende Doppelseite: Ein Flusspferd (*Hippopotamus amphibius*) verbringt den Tag im flachen Wasser des Lake Awasa. Den meisten Besuchern der stadtnahen Uferpromenade entgeht seine Anwesenheit. Nachts kommt der Grasfresser an Land, um in Ufernähe zu weiden.

Die Zurückdrängung des Eukalyptus und die Wiederherstellung natürlicher baumbestandener Habitate dürfte ein langer und mühsamer Prozess werden. Zu den indigenen Arten der offenen Landschaft gehört *Ficus vasta*, dessen Areal auf das Horn von Afrika und den Süden der arabischen Halbinsel beschränkt ist. Alte, solitäre Bäume erreichen eine Höhe von 25 Metern und unter Einschluss der weit nach außen ragenden Äste einen Durchmesser von bis zu 50 Metern. In der parkartigen Landschaft des Hawassa Zuria District konkurriert die mächtige Feige, die unter anderem das Wappen von Oromia ziert, zunehmend mit neophytischen Baumarten, deren Anteil bereits 25 % beträgt.

Vogelwelt

> ***Ein Storch unter dem Himmel weiß seine Zeit, eine Turteltaube, Kranich und Schwalbe merken ihre Zeit, wann sie wiederkommen sollen …***
> **Jeremia 8:7**

Schmutzgeier (*Neophron percnopterus*)

Die meisten Abhandlungen zur Geschichte der Ornithologie beginnen zu Recht mit Aristoteles. In seinem im 4. Jahrhundert v. u. Z. erschienenen Werk *Historia Animalium* geht er auch auf den Verbleib von Schwalben im Winter ein und vermutet deren Überdauern im Schlamm von Gewässern. Der biblische Prophet Jeremia äußerte sich freilich schon mehr als 250 Jahre zuvor über die Phänologie der Vogelwelt, jedoch ohne Spekulationen zu deren Winterschlaf. Seine Steinigung um 580 v. u. Z. steht vermutlich nicht im Zusammenhang mit seinen recht unverfänglichen naturkundlichen Feststellungen. In den nachfolgenden zwei Millennien verdichteten sich die Hinweise, dass Vögel vor Anbruch des Winters in andere Gegenden zogen, anstatt unbemerkt an Ort und Stelle auszuharren. Wo diese Überwinterungsgebiete lagen, blieb dennoch ein Rätsel. Sogenannte „Pfeilstörche" brachten schließlich Bewegung in die Sache. Der Erste wurde 1822 an der Ostseeküste bei Klütz gesichtet und erlegt. Die Herkunft des Pfeiles, den der bedauernswerte Vogel im Hals trug, verortete man tief in Afrika. Das Konzept der Vogelzugforschung durch Markierung war geboren. Die Methodik wurde bis zum Ende des Jahrhunderts vor allem durch Vogelkundler in Dänemark und Deutschland verfeinert. Schließlich setzten sich an den Beinen angebrachte und fortlaufend nummerierte Aluminiumringe durch, die 1901 an der Vogelwarte Rossitten erstmals in großem Stil zum Einsatz kamen und die fast 100 Jahre lang das Mittel der Wahl bei der Erforschung des Vogelzuges blieben. Die Beringung lieferte grundlegende Einblicke in das Migrationsgeschehen in allen Teilen der Welt, war aber ein aufwendiges und mühsames Verfahren. Vor allem in Regionen mit gering entwickelter Infrastruktur und Kommunikation waren die Wiederfundraten ausgesprochen gering. So gab es von über 57.000 bis 1978 in Äthiopien und Eritrea beringten Vögeln nur 30 Wiederfunde außerhalb der beiden Länder.

Völlig neue Möglichkeiten eröffnete die Satellitentelemetrie, die ab den 1980er-Jahren bei Vögeln zum Einsatz kam und um die Jahrtausendwende eine rasante Entwicklung nahm. Wegen der zunächst noch recht schweren Sender war deren Einsatz auf große Arten beschränkt, unter ihnen der Weißstorch (*Ciconia ciconia*). Zwar waren dessen Zugrouten und Winterquartiere durch Beringungsergebnisse recht gut bekannt, zu wichtigen Aspekten wie Tagesstrecken, Zwischenstops und genauem Zugverlauf hatte man allerdings nur vage Vorstellungen. Die punktgenaue und stetige Ortung durch Satelliten liefert dazu umfassende Einblicke. Durch eine kurze Recherche

Rechte Seite oben: Der Haubenzwergfischer (*Corythornis cristatus*) ist an vegetationsreichen Ufern von Fließ- und Stillgewässern zu Hause. Meist sitzt er im Ried auf niedrigen Warten, etwa 20 bis 50 cm über dem Wasserspiegel.
Unten: Der Schreiseeadler (*Haliaeetus vocifer*) ernährt sich überwiegend von Fischen. Wenn er seine Beute von erhöhter Warte erspäht hat, gleitet er herab, um sie mit weit vorgestreckten Fängen nahe der Wasseroberfläche zu greifen. Auch vor großen, über 4 kg schweren Exemplaren schreckt er nicht zurück.

auf der Website www.movebank.org können wir zum Beispiel die Wanderung des Weißstorches HN596 verfolgen. Markiert wurde er offenbar in Eickerhöfe, in der Aland-Elbe-Niederung im nördlichen Sachsen-Anhalt. Seine herbstliche Wanderung führte ihn über den Bosporus und Sinai zunächst in den Osten des Sudan, wo er nahe der äthiopischen Grenze einige Zeit verweilte. Die nächste Etappe führte über das äthiopische Hochland nach Afar, wo nördlich von Dire Dawa eine weitere Rast eingelegt wurde. Von dort aus folgte unser Adebar dem Verlauf des Wabe Shebelle, ehe er nahe der somalische Grenze nach Süden abschwenkte. Seine Spur verliert sich im Norden Simbabwes, von wo die letzten Koordinaten übertragen wurden. Dass Weißstörche auf ihrem Weg nach Süden den Umweg über Somalia nehmen, ist eher die Ausnahme. Die Hauptroute führt vielmehr am westlichen Rand des äthiopischen Hochlandes entlang, wie die Zugverläufe auf der erwähnten Website eindrucksvoll zeigen. Laut Verbreitungsatlas von Ash & Atkins (2009) gibt es in dieser Region jedoch kaum Feststellungen. Wie wir jetzt dank Satellitenortung wissen, liegt dies an der geringen Beobachterdichte in den abgelegenen Gebieten und spiegelt nicht die tatsächlichen Verhältnisse wider.

Neue Erkenntnisse lieferte die Satellitentelemetrie auch zum Zug- und Überwinterungsverhalten des Schmutzgeiers (*Neophron percnopterus*). Wie sich herausstellte, spielt das Afar-Deieck dabei eine besondere Rolle. Die Art tritt hier in den Wintermonaten in erstaunlich hohen Dichten auf. Auf einer Zählstrecke von 600 km wurden in mehreren Jahren jeweils über 1.000 Individuen registriert. Vögel, die während der Brutsaison im östlichen Teil Kleinasiens markiert wurden, hielten sich im Winter nahezu ausschließlich in diesem eng umgrenzten Gebiet auf. Der Zug im Herbst erfolgte in einem schmalen Korridor entlang der Ostküste des Roten Meeres. Auf dem Rückzug im Frühjahr flogen die Vögel zunächst an der Westküste entlang bis zum Sinai und erst dann weiter in ihre Heimat. Für den Schutz der global gefährdeten Art sind die Bedingungen auf den Zugwegen und vor allem im Winterquartier von großer Bedeutung. Vergiftung und Stromtod sind nur zwei Gefahren, denen die Geier im Afar-Gebiet ausgesetzt sind. Üblich ist hier, wie auch in anderen

Rosapelikane (*Pelecanus onocrotalus*) warten auf Fütterung am Fischmarkt in Awasa.

Mehr als ein Dutzend verschiedene Arten von Ziegenmelkern gibt es am Horn von Afrika. Die Kurzschleppen-Nachtschwalbe (*Caprimulgus clarus*) lebt in trockenem Buschland und erreicht in manchen Gebieten eine hohe Dichte.

Rechte Seite oben: Der Goldkuckuck (*Chrysococcyx caprius*) ist ein inner-afrikanischer Zugvogel und Brutgast in Äthiopien. Er trifft im April ein und zieht im Oktober zurück nach Süden. Die Aufzucht seiner Jungen überlässt er Wirtseltern, vor allem Webervögeln.
Unten: Anders als nahe verwandte Arten trifft man den Graumantelwürger (*Lanius excubitoroides*) oft in kleinen Gruppen an. Er ist ein sogenannter „kooperativer Brüter“, mit Fortpflanzungsgemeinschaften, die aus jeweils einem Paar und mehreren Helfern bestehen.

Extrem lange Zehen ermöglichen es dem Blaustirn-Blatthühnchen (*Actophilornis africanus*), sein Körpergewicht auf eine weite Fläche zu verteilen. Für die Fortbewegung auf schwimmender Vegetation ist das ideal, für Landgänge aber weniger nützlich.

Teilen Äthiopiens, das Ausbringen strychninhaltiger Köder, mit denen Hunde und Hyänen vergiftet werden sollen. Der Schmutzgeier und andere aasfressende Vögel werden als Kollateralschäden solcher Maßnahmen hingenommen. Stromopfer sind vor allem an nicht isolierten, niedervoltigen Leitungen zu beklagen. Auch von dieser Gefahrenquelle sind viele weitere Arten betroffen, insbesondere Greifvögel, die Strommasten als Ansitz benutzen. Vor allem langlebige Arten mit geringer Reproduktionsrate können die Verluste durch Vergiftung und andere Faktoren nicht kompensieren. Geier gelten aus diesem Grund als besonders gefährdet. Inzwischen mussten nahezu 75 % aller Geierarten in die Rote Liste der IUCN aufgenommen werden. Toxische Bestandteile in der Nahrung wurden bei 88 % dieser Arten als Hauptgefährdungsursache identifiziert. Dabei spielt Diclofenac eine besonders unrühmliche Rolle. Der veterinärmedizinische Einsatz des Entzündungshemmers führte in Indien zum Tod von etwa 80 Millionen Bengalgeiern (*Gyps bengalensis*). Während das Mittel dort inzwischen verboten ist, kommt es in Afrika weiter zum Einsatz.

Wie Kormorane, mit denen sie nahe verwandt sind, sitzen Afrika-Schlangenhalsvögel (*Anhinga rufa*) oft mit ausgebreiteten Flügeln am Gewässerrand, um ihre durchnässten Federn zu trocknen.

Der Kappengeier (*Necrosyrtes monachus*) war noch vor 10 bis 15 Jahren eine überaus häufige Erscheinung in den Städten und Dörfern Äthiopiens, einschließlich jenen des Rift Valleys. Sein Bestand hat seitdem spürbar abgenommen, wobei konkrete Zahlen leider nicht zur Verfügung stehen. Der Rückgang muss in anderen Teilen des afrikanischen Verbreitungsgebietes schon viel früher eingesetzt haben. Nach einer 2011 publizierten Studie betrugen die Bestandsverluste der letzten 40 bis 50 Jahre in einzelnen Regionen des Kontinents zwischen 45 und 77 %. Aus der senegalesischen Hauptstadt Dakar wird wenig später ein Verlust von 85 % gemeldet. Der Gefährdungsstatus des Kappengeiers kletterte in atemberaubend kurzer Zeit um mehrere Stufen, von „least concern“ (ungefährdet) im Jahr 2009 auf „critical endangered“ (vom Aussterben bedroht) im Jahr 2015. Auch bei dieser Art wird die unbeabsichtigte Vergiftung als einer der Hauptgründe für den Rückgang genannt. Anders als in Westafrika werden Geier in Äthiopien nicht als „bushmeat“ gehandelt. Dagegen dürften zunehmend strenge Vorschriften bei der Schlachtung von Haustieren und bei der Abfallentsorgung zumindest in einigen

Gebieten zur Beschleunigung des Rückganges beigetragen haben.

Kommen wir noch einmal auf die Satellitentelemetrie zurück. Die Markierung mit Sendern liefert uns nicht nur ein detailliertes Bild zum Verhalten von Zugvögeln, sondern auch zur Mobilität und Habitatnutzung nicht ziehender Arten. Viele Geier sind dafür bekannt, dass sie auf der Suche nach Nahrung große Gebiete durchstreifen. Ein anschauliches Beispiel liefert der in Äthiopien markierte Sperbergeier (*Gyps rueppelli*) mit der Bezeichnung RUVU-01. In einem Zeitraum von 18 Tagen (vom 20. Oktober bis zum 7. November 2018) hielt er sich in einem Gebiet auf, das vom Nördlichen Hochland bei Debre Birhan bis in das zentrale Rift Valley bei Sodo reicht. Die Fläche, über die sich die Fundpunkte verteilen, entspricht mit ca. 30.000 km^2 der gesamten Größe von Brandenburg. Noch eindrucksvoller ist die Mobilität des Zwergflamingos (*Phoeniconaias minor*). Von ihm wissen wir, dass er sich fast ausschließlich von mikroskopisch kleinen Blaualgen (*Spirulina*, *Oscillatoria*, *Lyngbya*) und Kieselalgen (*Navicula*, Bacillariophyceae) ernährt. Die Vermehrung dieser Arten schwankt erheblich und unregelmäßig, sodass die Vögel oft zu weiten und spontanen Wanderungen gezwungen sind. Auch dazu haben Forscher inzwischen viele Details zusammengetragen. Vom Zwergflamingo 90945A ist zum Beispiel bekannt, dass er sich zwischen Juni 2009 und Januar 2011 an zahlreichen Flachwasserseen im Nordosten Afrikas aufhielt, darunter dem Chew Bahir in Äthiopien, dem Lake Nakuru in Kenia und dem Lake Kitangiri in Tansania.

Neben nomadischen Arten gibt es auch eine ganze Reihe von innerafrikanischen Zugvögeln, zu deren Phänologie wir noch immer ausgesprochen wenig wissen. Dazu gehören einige Kuckucke, die in Äthiopien brüten, wie zum Beispiel der Jakobinerkuckuck (*Clamator jacobinus*), der Einsiedlerkuckuck (*Cuculus solitarius*) oder der Schwarzkuckuck (*Cuculus clamosus*). Der Status etlicher anderer Arten ist noch immer ungewiss. So gibt es vom Buschpieper (*Anthus caffer*) nur

Gesichtsfeldanalysen haben ergeben, dass Riesentrappen (*Ardeotis kori*) – und vielleicht Trappen generell – besonders anfällig für Kollisionen sind, da ihr nach vorn gerichtetes Sichtfeld erhebliche blinde Bereiche besitzt. Anflüge an Leitungen und Zäune sind nicht selten und können zu hohen Verlusten führen.

In geeigneten Habitaten können sich Helmperlhühner (*Numida meleagris*) in Trupps von 30, 50, manchmal auch über 100 Tieren zusammenfinden. Sie bestehen meist aus mehreren Familien mit ihren Jungvögeln.

Forscher sind sich uneins, ob der Braungesicht-Lärmvogel (*Corythaixoides personatus*) ein äthiopischer Endemit ist oder ähnliche Vögel in anderen Teilen Afrikas zur selben Art zu rechnen sind. Er bewohnt überwiegend Savannen-Habitate im Rift Valley.

wenige Nachweise im äußersten Süden Äthiopiens. Die dortigen Vögel gehören zur endemischen Unterart *australoabbyssinicus*. Ein Brutnachweis in Äthiopien steht allerdings noch aus. Dies gilt auch für die ausgesprochen seltene Friedmannlerche (*Mirafra pulpa*). Die Art wurde 1912 im Sagan River in Südäthiopien entdeckt, 1932 durch Herbert Friedmann beschrieben und blieb dann für Jahrzehnte verschollen. Später fand man sie an wenigen Stellen in Kenia und dem Norden Tansanias, wo sich die Funde in zwei Gebieten konzentrieren. In Äthiopien gibt es keine aktuellen Nachweise. In naher Zukunft wird es möglich sein, auch solch kleine Singvogelarten mit entsprechend leichten GPS-Sendern auszustatten. Die Ergebnisse werden spannend sein und viele Wissenslücken schließen.

Auch wenn manche Details noch unbekannt sind, so sind sich Forscher über die Ursachen von Wanderungsbewegungen einig. Zug wird durch einen Mangel an Ressourcen, vor allem das Fehlen von Nahrung ausgelöst. Er ist mühsam und risikoreich und kann sich auf lange Sicht nur dann durchsetzen, wenn mobile Individuen erfolgreicher als die sesshaften sind. Wie wir sehen, war das bei vielen Arten der Fall. Der Mensch ist von den Wanderungen der Tiere fasziniert – und eher irritiert, wenn es um Migranten der eigenen Spezies geht. Einsichten zum Zug der Vögel könnten helfen, persönliche Befindlichkeiten in größere Zusammenhänge zu stellen.

Singhabichte verdanken ihren Namen den lauten, melodiösen Rufen, die beide Geschlechter bei der Balz vortragen. Der Graubürzel-Singhabicht (*Melierax metabates*) ernährt sich von Eidechsen und Schlangen, verschmäht aber auch kleine Vögel, Säuger und Insekten nicht.

VI Der Osten
Frühe Reisende

Die Suche nach unbeschriebenen Vögeln war bis zum Jahre 1930 … auf der ganzen Erde so gründlich fortgesetzt worden, daß nicht mehr viele Spezies dem Eifer der Forschungsreisenden entgangen sind.
Erwin Stresemann

John Sidney Ash (1925–2014)

Das Zeitalter der ornithologischen Entdeckungen und Neubeschreibungen war im frühen 20. Jahrhundert im Großen und Ganzen zu Ende gegangen. Nach den letzten Expeditionen von Smith, Erlanger, Neumann und Mearns musste auch Äthiopien als gut erforscht gelten. Dennoch wurden ab 1938 vier endemische Vogelarten aufgespürt, die nach heutiger Anschauung gültige Taxa darstellen und sich den Sammlern bis dahin entzogen hatten. Gleich zwei der Funde gelangen in einem eng umgrenzten Gebiet im Südosten des Landes. Prince Eugenio Ruspoli war der erste Forschungsreisende, der 1897 dem Areal des Akazienhähers (*Zavattariornis stresemanni*) und der Weißschwanzschwalbe (*Hirundo megaensis*) auf dem Borana-Plateau nahe kam. Kaum 80 Kilometer nordwestlich erlag er, wie bereits erwähnt, einem tödlichem Unfall. Dem umtriebigen Arthur Donaldson Smith, der wenig später das Gebiet von Südosten kommend direkt durchquerte, hätten zumindest die auffälligen Häher nicht entgehen sollen. In seinen Aufzeichnungen gibt es dazu allerdings keinen Hinweis, und selbst wenn er sie gesehen hätte, wäre an ein Sammeln wegen der anhaltenden Spannungen und Kämpfe mit den Borana wohl nicht zu denken gewesen. Carlo von Erlanger und Oscar Neumann gelangten ebenfalls bis in die Nähe der Sagan-Niederung, der letzten Station Ruspolis, bevor sie auf getrennten Wegen nach Nordosten und Westen weiterreisten. Die Childs Frick-Expedition führte vom Sagan nach Teltele und von dort weiter nach Kenia und verpasste den Arealrand der Arten ebenfalls um 80 Kilometer. Nach Smith stießen erst 1929 Captain Harold A. White und Major John Coats wieder direkt in das Gebiet vor. Für die beiden passionierten Jäger stand allerdings das Erlegen von Großwild im Vordergrund. Die Sammlung von Vögeln erfolgte eher beiläufig, hatte aber immerhin die Entdeckung des Schwarzstirnfrankolin (*Pternistis atrifrons*) durch C. J. Albrecht und seine spätere Beschreibung durch H. B. Conover zur Folge. Was Akazienhäher und Weißschwanzschwalbe betrifft, so betreten sie erst im Verlauf der nachfolgenden Kriegsereignisse den Pantheon der Wissenschaft.

Der Balkon des Palazzo Venezia in Rom ist in leuchtend weißen Marmor gefasst. Als er ihn am 9. Mai 1936 betrat, war der italienische Diktator Benito Mussolini auf dem Höhepunkt seiner Macht. Vor 100.000 begeisterten Anhängern verkündete er die Annexion Abessiniens. Auch der später selig gesprochene Alfredo Ildefonso Kardinal Schuster, Erzbischof von Mailand und Sohn eines bayrischen Schneiders, war von der Besetzung angetan: „Wir arbeiten mit Gott zusammen in dieser nationalen und katholischen Mission des Guten – vor allem in diesem Augenblick, in dem auf den Schlachtfeldern

Linke Seite oben: Der Schabrackenschakal (*Canis mesomelas*) lebt monogam und ist streng territorial. Die Partner sind oft im Tandem unterwegs, um die Grenzen ihres Reviers mit Kot und Urin zu markieren.
Unten: Südliche Zwergmangusten (*Helogale parvula*) leben in kleinen, streng hierarchischen Gruppen. Nachwuchs produziert meist nur das dominante Paar.

Akazienhäher (*Zavattariornis stresemanni*) sind ausgesprochen gesellige Vögel. Sie suchen Nahrung stets in kleinen Trupps, füttern einander und unterstützen sich gegenseitig bei der Gefiederpflege. Auch bei der Aufzucht der Jungen können die Brutpaare auf Helfer zählen.

Äthiopiens die Fahne Italiens im Triumph das Kreuz Christi vorwärts trägt." Mussolinis Streitkräfte hatten Äthiopien im Oktober 1935 überfallen und waren unter Einsatz von Giftgas und groß angelegten Luftschlägen innerhalb weniger Monate nach Addis Ababa vorgedrungen. Dass Hitler Waffen an Haile Selassie schickte, um den Kampf der beiden Parteien anzuheizen, ist ein perfides Detail dieses Krieges. Beim Aufbau von Italienisch-Ostafrika (L'Africa Orientale Italiana), dem neben Äthiopien die bereits vorher vereinnahmten Gebiete in Eritrea und Somalia zugeschlagen wurden, verlor man keine Zeit. Zu den eingeleiteten Maßnahmen gehörte auch die naturkundliche Erforschung der neu eroberten Territorien. Eine der Expeditionen führte unter Leitung Edoardo Zavattaris in das Borana-Gebiet. Der Zoologe war vom Faschismus begeistert und einer der 180 Unterzeichner des „Manifestes der rassistischen Wissenschaftler" (Manifesto degli scienzati razzisti). Unter dem von Yabello nach Italien gebrachten Material befand sich auch ein bisher unbekannter Häher, der von dem Präparator Oreste Maestri gesammelt wurde. Der in Fachkreisen hochgeschätzte Mailänder Ornithologe Edgardo Moltoni erkannte in ihm eine neue Art und veröffentlichte 1938 die wissenschaftliche Erstbeschreibung in der deutschen Zeitschrift *Ornithologische Monatsberichte*. In Verehrung von Edoardo Zavattari und Erwin Stresemann nannte er die Art

Graubülbül (*Pycnonotus barbatus dodsoni*). Taxonomen haben jüngst vorgeschlagen, diese und drei weitere in Äthiopien vorkommende Subspezies in den Rang von Arten zu erheben.

Linke Seite: Nester des Blaunackenmausvogels (*Urocolius macrourus*) werden als unordentliche und flache Gebilde mit spärlicher Polsterung aus Gras und Wurzeln beschrieben. Die noch flugunfähigen Jungen verlassen schon mit 10–12 Tagen die scheinbar unwirtliche Stätte, kehren aber in den folgenden 10 Tagen regelmäßig zum Nest zurück.

Zavattariornis stresemanni. Nach den geltenden Nomenklaturregeln wird uns der Gattungsname *Zavattariornis* erhalten bleiben. Eine nach Zavattari benannte Straße in Rom wurde 2019 allerdings umbenannt, ein dreiviertel Jahrhundert nach Zusammenbruch des italienischen Faschismus. Sie trägt heute den Namen von Enrica Calabresi, die als Mutter der modernen italienischen Herpetologie gilt und unter anderem zu Sammlungsmaterial aus Äthiopien geforscht hat. Sie nahm sich 1944 das Leben, um einer Deportation nach Auschwitz zu entgehen.

Von Constantine Walter Benson war schon in Kapitel III die Rede. Als er 1941 im Gefolge der von Großbritannien angeführten East African Campaign in Südäthiopien eintraf, rechnete er vermutlich nicht mit der Entdeckung neuer Vogelarten. Die bis dahin unbeschriebene Weißschwanzschwalbe entging jedoch nicht seiner Aufmerksamkeit und erhielt von ihm den Namen *Hirundo megaensis*, nach der kleinen Ansiedlung Mega unweit der kenianischen Grenze. Das dort gelegene italienische Fort war nach dreitägigen Gefechten am 18. Februar 1941 von südafrikanischen Truppen eingenommen worden. Ein Jahr später veröffentlichte Benson die Beschreibung der Weißschwanzschwalbe und viele weitere seiner Funde. Die Herausgeber leiteten seinen Artikel von der äthiopischen Front nonchalant mit der Bemerkung ein: „Herr C. W. Benson schickte die folgenden Notizen zu einer kürzlichen Tour in Süd-Abessinien."

Der endemische Ankobergirlitz (*Crithagra ankoberensis*) führt uns noch einmal weg vom Somali-Masai Biom hin zum Nördlichen Hochland. 1976, als der britische Ornithologe John Ash die Art entdeckte, war das äthiopische Kaiserreich seit zwei Jahren Geschichte. Nach einem Staatsstreich, der mit Unruhen in der Garnison bei Negele Borana begann, wurde das Land von einem marxistisch-leninistischen Provisorischen Militärverwaltungsrat (DERG) regiert. Für Ash waren das keine guten Nachrichten. Sie bedeuteten, dass er das Land über kurz oder lang verlassen musste. Er war 1969 nach Äthiopien gekommen und arbeitete hier im Auftrag der Naval Medical Research Unit Three (NAMRU-3), einer Spezialabteilung der US-Marine, die sich mit Tropenkrankheiten und „der Verbesserung der öffentlichen Gesundheit und der militärmedizinischen Infrastruktur der Gast- und Partnerländer" beschäftigte. Was die Strategen auf der Höhe des Kalten Krieges wohl nicht minder umtrieb, war der mögliche Einsatz und die Verbreitung von Krankheitserregern durch den potenziellen Gegner, insbesondere die Sowjetunion und deren Verbündete. Vögel konnten Vektoren sein, wie man unter anderem von dem 1937 in Uganda entdeckten Westnil-Virus wusste, und die Anstellung eines Ornithologen bei NAMRU-3 lag somit nahe. Die Aussichten auf beträchtliche Freiheiten bei der Erforschung der äthiopischen Avifauna dürften Ash ermutigt haben, den ungewöhnlichen Posten anzunehmen. Als Vorbild kam insbesondere Harry Hoogstraal infrage, der bereits seit vielen Jahren für NAMRU-3 tätig war und in deren Auftrag eine bemerkenswerte Sammlung von fast 600 Zeckenarten aus über 160 Ländern anlegte. John Ash sammelte neun Jahre lang umfangreiche Daten zur Vogelwelt Äthiopiens, bevor er seine Arbeit in Somalia fortsetzte, wo sich das politische Klima ab Ende der 1970er-Jahre zu Gunsten der Amerikaner wendete. Er veröffentlichte 2009, gemeinsam mit John Atkins, den Verbreitungsatlas *Birds of Ethiopia and Eritrea*, eines der Standardwerke zu den Vögeln der Region.

Die vorerst letzte Neubeschreibung eines äthiopischen Vogelendemiten erfolgte 1995. Ornithologen fanden die Reste eines Ziegenmelkers in einer Fahrspur auf dem Nechisar-Plateau. Bis heute ist ein einzelner Flügel der einzige sichere Beleg für die Existenz der Nechisarnachtschwalbe (*Caprimulgus solala*). Etwa 200 Stunden nächtlicher Suche in der Region blieben ohne Erfolg, obgleich vier andere Ziegenmelkerarten mit über hundert Individuen festgestellt wurden. Chemere Zewdie gehörte zum Team, das die neue Nachtschwalbe entdeckt und beschrieben hat, und ist damit der erste Äthiopier, der an der Benennung einer Vogelart beteiligt war.

Die ornithologische Forschung in Äthiopien hat in den letzten Jahren spürbar an Fahrt aufgenommen. Junge Akademiker des Landes widmen sich zunehmend der Untersuchung einzelner Arten, wie die folgenden Beispiele zeigen. Bruktawit Abdu untersuchte im Rahmen ihrer Dissertation die Habitatnutzung der vom Aussterben bedrohten Somalispornlerche (*Heteromirafra archeri*). Die Ergebnisse waren alarmierend und zeigten auf, dass ein integriertes Managementsystem unter Einbindung staatlicher und traditioneller Institutionen für die Erhaltung der Art dringend erforderlich ist. Abadi Mehari hat sich der Erforschung endemischer Frankoline angenommen. In seinem 2019 begonnenen Forschungsstudium geht es unter anderem darum, die Auswirkungen des Klimawandels auf den Harwoodfrankolin (*Pternistis harwoodi*) und den Hochlandfrankolin (*Scleroptila psilolaema*) zu untersuchen. Beide Arten kommen nur im Norden Äthiopiens in sehr kleinen, separaten Gebieten vor. Yihenew Aynalem geht der Frage nach, wie die Landnutzung die Bestände von Helmperlhühnern (*Numida meleagris*) und anderen Arten beeinflusst und welche Rolle die Anlage großer Zuckerrohrplantagen spielt. Erfreulich ist auch, dass Studenten und Wissenschaftler der etablierten und neu gegründeten Universitäten mit der Inventarisierung von Schutzgebieten begonnen haben und diese Ergebnisse in internationalen Fachzeitschriften publizieren. Wir dürfen gespannt sein, ob die enigmatische Nechisarnachtschwalbe tatsächlich der letzte Neuzugang im Katalog der äthiopischen Vogelarten bleibt.

Rechte Seite oben: Auf der Speisekarte des Nubierspechts (*Campethera nubica*) stehen vor allem Ameisen, zudem Termiten und andere Insekten sowie Spinnen.
Unten: Wenn es um die Verwertung von Kadavern geht, müssen Kappengeier (*Necrosyrtes monachus*) oft geduldig warten. Gegen ihre größeren Vettern, etwa Weißrücken- und Sperbergeier, können sie sich nicht durchsetzen.

Menschen und Landschaft

Dromedar (*Camelus dromedarius*)

In der Verfassung Äthiopiens steht, dass äthiopische Pastoralisten ein Recht auf freies Land für Beweidung und Kultivierung haben und auch das Recht, nicht von ihrem eigenen Land vertrieben zu werden. Aber die Wirklichkeit sieht anders aus.

Liban Jadessa

8. August 2006, wir sind auf dem Weg von Yabello nach Arero. Unterwegs bittet uns ein Mann auf einem roten Honda-Motorrad um Benzin. Er trägt ein weißes Tuch um den Kopf, einen weißen Umhang, braune Plastiksandalen mit offenen Schnallen, eine Armbanduhr mit digitaler Ziffernanzeige und einen Goldring. Liban Jadessa ist Abba Gada der Borana, der höchste Würdenträger seines Volkes. Er hat das Amt sechs Jahre zuvor vom 68. Abba Gada übernommen und wird es nach weiteren zwei Jahren an seinen Nachfolger abgeben, so wie es das Gada-System vorsieht, dass das Zusammenleben der Borana seit Jahrhunderten bestimmt. Als Rinderzüchter sind sie auf ausgedehnte Weidegebiete und deren freien Zugang angewiesen. Mit der Ausweitung des Maisanbaus und zunehmender Verbuschung der Savanne wird die traditionelle pastorale Landnutzung immer schwieriger. Die Juniperuswälder in den Bergen und Höhenzügen zwischen Yabello und Moyale sind verschwunden oder schwer beeinträchtigt, nicht zuletzt infolge der rasant wachsenden Einwohnerzahlen in den Städten und Siedlungen. „In der Trockenzeit waren das Orte, wo wir in den von Bäumen beschatteten Bächen stets Wasser fanden; es gab wilde Früchte … Jetzt findest du dort keine Bäume mehr. Aus ihren Stämmen hat man Elektromasten gemacht", so Liban Jadessa.

Die traditionelle Landnutzung im Osten Äthiopiens wird nicht durch den Anbau von Feldfrüchten bestimmt, sondern durch die Haltung von Weidetieren, vor allem Rinder und Kamele. Die Domestikation des Rindes erfolgte bei mindestens zwei Gelegenheiten, erstmals vor etwa 10.000 Jahren, und führte zur Herausbildung von *Bos taurus taurus* und *Bos taurus indicus*. Letztere tragen einen Buckel, der auch ein typisches Merkmal der kleinwüchsigen Borana-Rinder ist. Genetisch sind sie allerdings nur zu 64 % *B. t. indicus*. Buckelrinder gelten als Züchtung, die besser an die Bedingungen der afrikanischen Savanne angepasst ist und sich deshalb in weiten Teilen des Kontinentes durchsetzte. Zwar werden in ägyptischen Grabmalereien aus der ersten Hälfte des 2. Jahrtausends v. u. Z. bereits Höcker tragende Rinder dargestellt, am Horn von Afrika sind sie aber vermutlich erst sehr viel später aufgetreten. Der erste Nachweis aus Äthiopien geht auf eine Bronzefigur zurück, die auf das Jahr 330 u. Z. datiert wurde. Bei dem auf Borana-Rindern fußenden Pastoralismus könnte es sich, zumindest im historischen Kontext betrachtet, um eine relativ junge Tradition handeln. Die Tiere sind robust und anspruchslos und müssen nur jeden dritten Tag zur Tränke geführt werden. In Borana befindet sich ein Netz sogenannter „singing wells", tief in den Stein geschlagener Brunnen, über deren ursprüngliche Erbauer nichts Näheres bekannt ist. Durch diese Anlagen ist die Versorgung der Tiere besser als anderswo gesichert. Interessant ist auch die Tatsache, dass sich die pastorale Rinderhaltung vor allem auf dem relativ kühlen, ca. 1.500 Meter hoch gelegenen Borana-Plateau durchgesetzt hat.

Rechte Seite oben: Drei Fledermausarten dicht beisammen in der Höhle von Sof Omar: Afrikanische Dreizahnblattnase (*Triaenops afar*), Dreifarb-Mausohr (*Myotis tricolor*) und Ostafrikanische Langflügelfledermaus (*Miniopterus arenarius*).
Unten: Karminspinte (*Merops nubicus*) sind dafür bekannt, tierische Mitbewohner ihres Lebensraumes als Ansitzwarten zu nutzen. Dazu gehören unter anderem Schafe, Ziegen, Rinder, Kamele und Gazellen, gelegentlich auch Trappen, Störche und Reiher.

Weitläufige Landschaft bei Hudet. Der angrenzende Geraille National Park erstreckt sich bis zur kenianischen Grenze und ist touristisch kaum erschlossen.

Rechte Seite oben: Pantherschildkröten (*Stigmochelys pardalis*) können eine Länge von 70 cm und ein Gewicht von 40 kg erreichen. Die Weibchen legen ihre Eier in selbst gegrabene Erdgruben. Die Jungen schlüpfen ohne weitere Fürsorge, oft erst nach über einem Jahr.
Unten: Ihr Name deutet bereits auf eine Besonderheit des Körperbaus hin. Mit ihrem langen Hals kann die Südliche Giraffengazelle (*Litocranius walleri*) an Blätter und Blüten hoch hängender Zweige gelangen. Oft steht sie dabei auf den Hinterbeinen.

Kamele werden von den Borana und den im Tiefland lebenden Guchi meist nur in geringer Anzahl gehalten. Anders ist dies bei den Gabra, die innerhalb Äthiopiens vor allem im äußersten Süden, nahe der kenianischen Grenze, siedeln. Eine besonders herausragende Rolle spielt das Kamel, genauer gesagt das Dromedar (*Camelus dromedarius*), bei den Somali. Es ist so bedeutend, dass es sogar auf der Flagge des zu Äthiopien gehörenden Somali Regional State abgebildet ist. In menschlicher Obhut werden die Tiere erst seit ca. 5.000 Jahren gehalten und sind damit unter den domestizierten Weidetieren der Welt die Latecomer schlechthin. Als sogenannte Browser (Laubfresser) sind sie auf Blätter von Sträuchern und Bäumen spezialisiert, die bis zu 90 % ihrer Nahrung ausmachen. Für die nomadisch oder halbnomadisch lebenden Hirten sind sie in erster Linie Milchlieferanten. Kamelmilch übertrifft Kuhmilch in ihrem Gehalt an Eisen, Zink, Kupfer,

Im Nordosten Afrikas wird der weit verbreitete Graubürzel-Singhabicht (*Melierax metabates*), abgebildet auf Seite 192/193, durch den Weißbürzel-Singhabicht (*Melierax poliopterus*) ersetzt. Im Felde sind die beiden Arten nicht immer leicht zu unterscheiden.

Kalium, Natrium, Kalzium sowie Vitamin C, kommt damit der menschlichen Muttermilch näher und gilt als leichter verdaulich. Studien deuten darauf hin, dass der Genuss von Kamelmilch mit einer verringerten Prävalenz von Diabetes Typ I und II verbunden ist, wobei die zugrunde liegenden Wirkungsmechanismen noch nicht ausreichend verstanden sind. Das Fleisch der Kamele wird von den Somali durchaus geschätzt. Schlachtungen sind dennoch selten und weitgehend auf Festlichkeiten beschränkt, denn die Erhaltung einer möglichst großen Herde steht im Vordergrund. Wie bei den Rindern der Borana signalisiert die Zahl der Tiere dabei nicht nur den sozialen Status des Eigentümers, sondern stellt eine Art Anlagevermögen dar, das der Absicherung gegen Dürre und andere Naturkatastrophen dient, aber auch als Brautgabe oder als Kompensation von Geschädigten bei Clanfehden oder anderen Auseinandersetzungen zum Einsatz kommt.

Die Grenzen des Ogaden, benannt nach einem der zahlreichen somalischen Clans, die die Region besiedeln, sind weder politisch, ethnologisch noch geografisch genau definiert. Geologisch wird der größte Teil des Gebietes durch anstehenden Kalkstein bestimmt. Dessen Bildung reicht ins Mesozoikum zurück (ca. 252 bis 66 Millionen Jahre). Lange bevor die gigantischen vulkanischen Gebirge entstanden, waren weite Teile des heutigen Äthiopiens mit Meerwasser bedeckt. Am längsten währte diese Periode im Ogaden, sodass die Mächtigkeit des marinen Sedimentgesteins hier bis zu 3.000 m beträgt.

Im Gegensatz zu anderen Perlhühnern scheint das Geierperlhuhn (*Acryllium vulturinum*) kein Trinkwasser zu benötigen. Es besiedelt selbst die trockensten und heißesten Gebiete des Landes, etwa die Ogaden-Region.

Folgende Doppelseite: Typisches Borana-Dorf. In der Bildmitte vor den Hütten sieht man Rinderkrale, in denen das Vieh die Nacht über eingepfercht wird. Der anfallende Dung wird täglich entfernt und zu länglichen Haufen aufgetürmt. Rechts im Vordergrund ein Termitenhügel.

Dort, wo Wasser durch Fugen und Risse eindringen konnte, bildeten sich ausgedehnte Höhlen. Am bekanntesten ist die von Sof Omar, deren System von Gängen und Kavernen eine Länge von über 15 km umfasst. In Porc-Epic, einer Höhle südlich von Dire Dawa, entdeckten Forscher vor Kurzem das älteste „Kunststudio“ der Welt. Ihrer 2017 veröffentlichten Studie zufolge wurde dort Ocker über einen Zeitraum von etwa 4.500 Jahren gewonnen und verarbeitet. Die Pigmente wurden unter anderen bei der Fertigung prähistorischer Höhlenzeichnungen verwendet und kommen bis heute bei der Gesichts- und Körperbemalung einiger Ethnien zum Einsatz.

Auch an der Oberfläche hat das Wasser Spuren hinterlassen. Die vor allem aus den Bale Mountains gespeisten Flüsse haben zur Bildung tiefer Schluchten geführt, die im oberen Verlauf des Wabe Shabelle, dem „River of the Leopards“, besonders eindrucksvoll sind. Weiter im Südosten, wo sich die Täler aufweiten, können in bewässerten Plantagen Sorghum, Mais, Bohnen und Baumwolle angebaut werden. Die dortigen geologischen Bedingungen sind zudem vielversprechend für die Ablagerung von Öl und Gas und führten in den letzten Jahrzehnten zu zahlreichen Probebohrungen. Im Februar 2019 unterzeichneten Äthiopien und Dschibuti eine

Der Dawa River ist einer der größeren Flüsse, die in den hohen Gebirgen östlich des Rift Valleys entspringen. An der somalischen Grenze bei Dolo Odo vereinigt er sich mit dem Genale zum mächtigen Jubba.

Rechte Seite: Während die meisten Fledermäuse tagsüber in dunklen Fels- und Baumhöhlen ruhen, zieht sich die Gelbflügelfledermaus (*Lavia frons*) in die Deckung von Bäumen und Sträuchern zurück. Gewöhnlich trifft man sie hier paarweise an.

Absichtserklärung für den Bau einer 767 km langen Erdgaspipeline von den Gasfeldern Hilala und Calub. Den Bau soll das chinesische Konglomerat Poly-GCL übernehmen.

Es bleibt abzuwarten, ob die Öl- und Gasförderung zu einer Verbesserung der Lebensumstände der lokalen Bevölkerung führt. Die Situation ist für viele Menschen prekär, denn von den wiederkehrenden Dürreperioden am Horn von Afrika ist auch der Osten Äthiopiens betroffen. Zuletzt führte das Ausbleiben von Niederschlägen in den Jahren 2011 sowie 2018/19 zu Hunger und ernsthaften humanitären Krisen. Im August 2019 berichtete der britische *Independent*, dass in Äthiopien seit dem Frühjahr mindestens 7,8 Millionen Menschen Nahrungsmittelhilfe erhalten haben, aber weitere 700.000 Bedürftige in der Somali-Region „aus Ressourcengründen“ von der Versorgung ausgeschlossen waren. Der Trockenheit folgten heftige Überschwemmungen, die zur Zerstörung der ohnehin mangelhaften Infrastruktur führten und Zehntausende Menschen in die Flucht trieben. Die seit Jahren existierenden Flüchtlingslager an der Grenze zu Somalia sind inzwischen zu dauerhaften Siedlungen herangewachsen. Mehrere große

Camps bei Dolo Odo beherbergen jeweils über 30.000 Bewohner, deren Überleben weitgehend von Zuwendungen internationaler Hilfsorganisationen abhängt.

Anfang 2020 folgte eine weitere Katastrophe: Zwei außergewöhnlich starke Zyklone hatten im Mai und Oktober 2018 zu heftigen Niederschlägen im Süden der arabischen Halbinsel geführt. Zwischen den endlosen Sanddünen des sogenannten „Leeren Viertels" bildeten sich kurzlebige Tümpel, und wenig später war die Wüste grün von sprießender Vegetation. Für Wüstenheuschrecken (*Schistocerca gregaria*) sind das paradiesische Zustände. Es kommt zur Massenvermehrung und zu einem raschen Anwachsen der Population. Die Verhältnisse werden schließlich so beengt, dass die Tiere mit ihren Hinterbeinen zusammenstoßen. Dieser Reiz löst eine Kaskade von Stoffwechsel- und Verhaltensänderungen aus, die dazu führen, dass die Insekten in die Phase der Wanderschaft eintreten. Heuschrecken fliegen mit dem Wind und können auf diese Weise pro Tag 100 bis 200 Kilometer zurücklegen. Große Schwärme umfassen bis zu 100 Milliarden Tiere, was bei etwa zwei Gramm pro Individuum einer Masse von 200.000 Tonnen entspricht. Als die ersten Tiere im Sommer 2019 das Horn von Afrika erreichten, fanden sie wegen der vorangegangenen Regenfälle beste Bedingungen vor. Zu Beginn des darauffolgenden Jahres, nach weiteren Vermehrungszyklen, eskalierte die Situation. Die Welternährungsorganisation (FAO) geht davon aus, dass durch die Ernteausfälle allein in Äthiopien eine Million Menschen auf Nahrungsmittelhilfe angewiesen sind, 75 % davon in den Regionen Oromia und Somali.

Forscher haben prognostiziert, dass infolge der Klimaänderung extreme Wetterereignisse in der Region zunehmen werden. Die Folgen werden für viele Kleinbauern und Hirten nicht nur einschneidend, sondern existenziell sein. Was den Zugang zu freien Weidegebieten betrifft, konnte Liban Jadessa auf die in der Verfassung verbrieften Rechte der Pastoralisten verweisen. Über deren Schutz vor den Folgen der Erderwärmung sagt die äthiopische Verfassung nichts. Und auch kein anderes Regelwerk dieser Welt.

Sperbergeier (*Gyps rueppelli*), wie auch andere verwandte Arten, sitzen oft mit ausgebreiteten Schwingen am Boden. Dieses Sonnenbaden könnte dazu dienen, die Last von Ektoparasiten zu mindern. Möglicherweise dient das Verhalten auch dem Versteifen von Federn, da die großen Geier solche Haltungen nur vor dem Fliegen einnehmen und nicht in den frühen Morgenstunden.

Biodiversität

Nacktmulle sind auf den ersten Blick nicht sehr einnehmend.
Colin Tudge

Dibatag (*Ammodorcas clarkei*)

Mit britischem Understatement begann der Wissenschaftsjournalist Colin Tudge seine Rezension über die 1991 erschienene Artmonografie „The Biology of the Naked Mole-Rat". Für viele vor und nach ihm waren Nacktmulle nicht nur wenig einnehmend, sondern einfach nur hässlich. Für den in Michigan lehrenden Zoologen Richard D. Alexander schien die Ästhetik von *Heterocephalus glaber* allerdings kein Thema zu sein. Tatsächlich war ihm die Existenz dieses Tieres völlig unbekannt, als er 1974 ein detailliertes theoretisches Modell für ein eusoziales Säugetier entwickelte. Wenn es so ein Tier gäbe, dann wäre es wahrscheinlich ein Nagetier (klein und sich schnell vermehrend), würde unterirdisch und in einer extrem sicheren Umgebung leben, und es würde dort auch seine Nahrung finden, um sein Quartier nicht verlassen zu müssen. Erst ein Zuhörer in einer seiner Vorlesungen brachte ihn auf den Nacktmull, der dieser Beschreibung genau zu entsprechen schien. Was folgte, waren Tudge zufolge Tausende Publikationen, mehrere große Forschungsprojekte und wohl Millionen Stunden der Diskussion über die Lebensweise und die spezifischen Anpassungen dieser seltsamen kleinen Kreaturen.

Dass ausgerechnet der Nacktmull ein Shootingstar der Wissenschaft werden sollte, konnte Martin Bretzka nicht wissen, als er die Art vor etwa 180 Jahren im damaligen Abessinien entdeckte. Anhand seiner Funde verfasste Eduard Rüppell die wissenschaftliche Erstbeschreibung und veröffentlichte diese 1842. Die Herkunft des Typus ist mit der Angabe „Schoa" recht vage. Heute wissen wir, dass die Art in kargen Savannen und Halbwüsten am Horn von Afrika und innerhalb Äthiopiens vor allem im Somali-Masai Biom im Osten des Landes vorkommt. Das Phänomen der Eusozialität kennen Wissenschaftler vor allem bei Insekten, zum Beispiel Termiten, Ameisen und Bienen. Die Tiere leben dabei in Gemeinschaften, bei denen sich ein einzelnes Weibchen (die Königin) vermehrt, während sich eine Heerschar von Helfern mit der Jungenaufzucht und anderen Aufgaben beschäftigt, ohne eigene Nachkommen zu produzieren. Nach Ansicht der meisten Forscher sind der Nacktmull und der im Süden Afrikas lebende Damara-Graumull (*Fukomys damarensis*) die einzigen eusozialen Wirbeltiere. Was *Heterocephalus glaber* darüber hinaus so interessant macht, sind die Besonderheiten seiner Physiologie. In einer sauerstofffreien Atmosphäre können die Tiere 18 Minuten überleben, ohne Schaden zu nehmen. Wegen fehlender Neurotransmitter in den Nervenenden der Haut empfinden sie keinen Schmerz. Sie können bis zu 32 Jahre alt werden und

Rechte Seite oben: Während viele verwandte Arten weithin offene Habitate bevorzugen, schätzt die Oustalettrappe (*Lophotis gindiana*) die Deckung von Büschen und sonstiger Vegetation. Auch die Färbung des Gefieders trägt dazu bei, dass sie oft unerkannt bleibt.
Unten: Mit nur 3–5 kg Körpergewicht ist das Günther-Dikdik (*Madoqua guentheri*) eines der kleinsten Huftiere Afrikas. Es sind scheue Tiere, die zur Nahrungssuche die Dämmerung bevorzugen.

Wenn Maronensperlinge (*Passer eminibey*) mit Webervögeln in gemeinsamen Kolonien brüten, nutzen sie oft deren alte Nester. Manchmal okkupieren sie auch besetzte Nester und vertreiben deren Besitzer.

sind damit für Säugetiere ihrer Größe ausgesprochen langlebig. Besonders spannend ist die Tatsache, dass sie unter natürlichen Bedingungen keinerlei Tumore entwickeln. Die Entdeckung der zugrundeliegenden Mechanismen veranlasste die Zeitschrift *Science*, dem Nacktmull 2013 den Titel „Wirbeltier des Jahres" zu verleihen.

Das Somali-Masai Biom erstreckt sich vom Horn von Afrika bis in den Norden Tansanias und schließt Gebiete ein, die unser Bild von Afrika entscheidend prägen, wie etwa die Serengeti. Man nimmt an, dass sich diese von Savannen und Halbwüsten geprägte Zone im Laufe der letzten 2,5 Millionen Jahre mehrfach ausgedehnt und zusammengezogen hat. In Zeiten lang anhaltender Isolation konnte sich eine Fauna und Flora entwickeln, die sich von anderen Teilen des Kontinents deutlich unterscheidet. Von den ikonischen und einst weit verbreiteten Großsäugern Afrikas, etwa Elefanten und Giraffen, blieben in Äthiopien nur isolierte Restbestände erhalten. Allerdings finden wir in den Savannen und Halbwüsten des Ogadens eine Reihe von Arten, die nur hier und in den angrenzenden Gebieten Somalias vorkommen. Die grazile und langhalsige Lamagazelle oder Dibatag (*Ammodorcas clarkei*) erinnert in ihrem Habitus an die Südliche Giraffengazelle (*Litocranius walleri*), ist allerdings sehr viel seltener und heute nur aus wenigen Gebieten bekannt. Über den wirklichen Bestand wissen wir wenig, da in den zurückliegenden Jahrzehnten der größte Teil des Areals aus Sicherheitsgründen kaum bereist werden konnte. Man geht davon aus, dass die gesamte Population noch etwa 4.000 Individuen umfasst und durch Degradation der Habitate, Überweidung und Trockenheit gefährdet ist. Ähnlich ist die Situation bei der Beira (*Dorcatragus megalotis*), einer Zwergantilope, deren weltweiter Bestand auf 7.000 Tiere geschätzt wird. Das vorwiegend in Nordsomalia

Braunbauch-Flughühner (*Pterocles exustus*) bewohnen oft trockene, karge Savannen oder Halbwüsten mit vereinzelten Büschen und Bäumen. In den Morgenstunden versammeln sie sich an Wasserstellen, manchmal zu Hunderten oder gar Tausenden.

liegende Areal der Art reicht bis in die äthiopischen Marmar Mountains. Nach Aussagen lokaler Hirten wurden Beiras auch im Godire-Massiv nahe der Grenze zu Djibouti gesehen, unweit der dortigen, erst 1993 entdeckten Vorkommen. Von den an Trockenhabitate angepassten Kleinsäugern sei die langschwänzige Ammodill-Rennmaus (*Ammodillus imbellis*) erwähnt. Die Art ist der einzige Vertreter der Gattung *Ammodillus* und kommt nur am Horn von Afrika vor. Die wenigen Funde verteilen sich auf lediglich sieben Lokalitäten, und über ihre Lebensweise wissen wir sehr wenig.

Ähnlich lückenhaft sind unsere Kenntnisse zur Reptilienfauna der ariden Gebiete im Osten Äthiopiens. Von etlichen Arten gibt es kaum ein Dutzend Fundpunkte, andere sind seit ihrer Entdeckung nie wieder beobachtet worden. Letzteres trifft zu für *Platyceps somalicus*. Ein einzelnes Exemplar dieser Natter fand sich in der Sammlung von Prince Eugene Ruspoli, dem wir auch die Entdeckung des nach ihm benannten Turakos verdanken. Während der farbenprächtige Vogel Jahrzehnte später wiederentdeckt wurde, fehlt von der Schlange seit 1893 jede Spur. Der Wurmschlange *Leptotyphlops parkeri* sind Forscher nur durch kriminalistische Beharrlichkeit auf die Spur gekommen. Die Art erhielt erst 1999 ihren Namen, obwohl das Exemplar, auf das sich die Beschreibung bezieht, bereits in den 1930er-Jahren im Ogaden gesammelt wurde. Für Jahrzehnte blieb dies der einzig dokumentierte Fund. Als ein Herpetologe der Louisiana State University um das Jahr 2012 die Reptiliensammlung des dortigen Museums durchstöberte, stieß er auf eine Wurmschlange, die 1972 im Tsavo National Park in Kenia gesammelt wurde, und identifizierte sie als *L. parkeri*. Auch hier dauerte es 40 Jahre, ehe ein Spezialist Zeit für eine genauere Untersuchung fand. Immerhin haben wir jetzt Fundpunkte aus zwei Ländern, was

auf eine weitere Verbreitung der Art schließen lässt. Auch was die Familie der Geckos betrifft, muss die Ogaden-Region als Terra incognita gelten. *Hemidactyllus jubensis*, *H. ophiolepoides*, *H. curlei*, *H. albopunctatus* sind nur einige Arten, die ausschließlich hier oder in grenznahen Bereichen Somalias vorkommen. So jedenfalls nach unserem gegenwärtigen Wissen.

Zu Recht bekümmern uns die Kenntnisdefizite bei den Kleinsäugern und Reptilien. Beklagenswert schlecht ist die Datenlage allerdings bei den Insekten. Selbst so prominente Vertreter wie die Schmetterlinge sind unzureichend untersucht. Einer Studie aus dem Jahr 2019 zufolge sind aus Äthiopien 2.438 Taxa bekannt, von denen 664 als endemisch gelten. Vergleicht man die Artenlisten der einzelnen Familien mit denen aus Kenia, so werden gravierende Unterschiede deutlich. Bei einigen Gruppen, wie den Scythrididae (Ziermotten), Gelechiidae (Palpenmotten) und Thyrididae (Fensterfleckchen), umfassen sie weniger als 20 % des Nachbarlandes und gelten damit als in hohem Maße unvollständig. Die Autoren vermuten, dass es in Äthiopien etwa 10.000 Arten von Schmetterlingen gibt, viermal so viele wie heute bekannt. Sie fanden auch heraus, dass die Beschreibung von über 900 Schmetterlingsarten auf Typusexemplare zurückgeht, die im Gebiet des heutigen Äthiopien gesammelt wurden. Der an der Universität Halle (Saale) promovierte Johann Christoph Friedrich Klug war 1829 der Erste, der „Abyssinien“ in der Beschreibung einer neuen Lepidopteren-Art erwähnte (*Pontia eupompe*, jetzt *Colotis danae eupompe*). Zu den in Ostäthiopien entdeckten Arten gehören unter anderem der Bläuling *Hypolycaena ogadenensis* und die Motte *Hiccoda clarae*, beide endemisch.

Die Buschländer des Somali-Masai Biomes werden von zwei Pflanzengattungen dominiert: *Commiphora* und *Acacia* sensu lato. *Commiphora*-Arten sind xerophytische Bäume und Sträucher aus der Familie der Balsambaumgewächse (Burseraceae), zu denen auch eine Reihe von Weihrauch liefernden Arten gehören. Was den Gattungsnamen *Acacia* betrifft, so haben Botaniker auf dem Weltkongress 2011 entschieden, ihn nur noch für Vertreter der australischen Region zu verwenden. Für die typische afrikanische „Akaziensavanne“ müssten wir uns nun eigentlich eine andere Bezeichnung suchen. Da die Aufsplittung der Gattung immer noch umstritten ist, verwenden Wissenschaftler den Zusatz sensu lato: im weiten Sinne. Das gibt uns die Option, zumindest bis auf Weiteres von afrikanischen Akazien zu sprechen.

Konkurrenz erwächst den am Horn von Afrika heimischen Gehölzen durch *Prosopis juliflora*, eine in Mittel- und Südamerika heimische Leguminose. Sie wird im Deutschen auch Mesquite- oder Süßhülsenbaum genannt, wobei diese Bezeichnung auch andere Vertreter der Gattung einschließt. In Äthiopien wurde die Art Ende der 1970er-Jahre eingeführt, gefördert von der Regierung und internationalen Entwicklungsorganisationen, um degradierte Böden zu restaurieren und die angespannte Versorgung mit Brennholz zu verbessern. Der aggressive Neophyt hat sich seitdem rasant ausgebreitet, insbesondere in der Afar- und Somali-Region. Man schätzt, dass inzwischen eine Million Hektar betroffen sind. Pastoralisten bezeichnen das Gewächs als „Baum des Teufels“. Er bildet undurchdringliche Dickichte, führt zur Senkung des Grundwasserspiegels und entzieht anderen Arten, einschließlich der Weidetiere, Nahrung und Lebensraum. Der einstige Hoffnungsträger hat sich zu einem schwerwiegenden Problem entwickelt. Während sich *Prosopis* weiter ausbreitet, schrumpfen die Vorkommen des indigenen Yeheb-Busches (*Cordeauxia edulis*). Die Samen des Hülsenfrüchtlers sind eine geschätze Eiweißquelle für Mensch und Tier. Die Art war einst ausgesprochen häufig und machte in den 1930er-Jahren die Hälfte der Gehölzvegetation in Teilen Zentralsomalias und Ostäthiopiens aus. Wegen ausbleibender Regeneration durch Übernutzung sowie der Zunahme schwerwiegender Dürren wurde 2018 ihr Status in der Roten Liste der IUCN auf „gefährdet“ angehoben.

Linke Seite oben: Wenn sich Geier verschiedener Arten an einem Kadaver versammeln und um den besten Zugang streiten, setzt sich in der Regel der Ohrengeier (*Torgos tracheliotos*) durch. Raum schaffende Verfolgungen mit ausgebreiteten Flügeln gehören zu den üblichen Interaktionen.
Unten: Zu den in Geieransammlungen weniger durchsetzungsfähigen Vögeln gehört der Wollkopfgeier (*Trigonoceps occipitalis*). Er gilt als Aasfresser, stellt aber auch lebender Beute nach, etwa kleinen Säugern, Reptilien oder Amphibien.

Vogelwelt

Der Akazienhäher könnte sich in einem Prozess der „Ausquetschung" befinden, verursacht durch das langsame Vordringen natürlicher Einflüsse vom Süden und die künstlichen Einflüsse der Landwirtschaft vom Norden.
Jonathan Kingdon

Weißschwanzschwalbe (*Hirundo megaensis*)

Ausquetschung ist kein schönes Wort, umschreibt aber passend die prekäre Situation, in dem sich der schon erwähnte Akazienhäher (*Zavattariornis stresemanni*) befindet. Als Jonathan Kingdon sein Buch über die Evolution afrikanischer Tiere und Pflanzen 1989 unter dem Titel *Island Africa* (Insel Afrika) veröffentlichte, war Klimaerwärmung für die meisten Forscher noch kein relevantes Thema. Zwar hatten sich Experten bereits ein Jahrzehnt zuvor zur 1. Weltklimakonferenz getroffen, waren sich aber unsicher, ob aus dem beobachteten Anstieg der Temperaturen tatsächlich eine Bedrohung erwachsen könnte. Anders als diese hatte der Zoologe und Afrikaforscher Kingdon offenbar ein feines Gespür für die sich anbahnenden ökologischen und biogeografischen Konsequenzen. Wie anderen war ihm aufgefallen, dass sich das Areal des Akazienhähers auf einen winzig kleinen Bereich im Süden Äthiopiens beschränkte. Auch wusste er, dass die asiatischen Häher der Gattung *Podoces* zu seinen nächsten Verwandten gehörten. Während der glazialen Vereisung mussten die Randgebiete des äthiopischen Hochlands große Ähnlichkeit mit den kalten und trockenen asiatischen Steppen gehabt haben, in denen *Podoces*-Arten wie der Saxaulhäher (*Podoces panderi*) noch heute vorkommen. Abgeschnitten von vergleichbaren Lebensräumen in Europa und Asien lebten die Vorfahren des heutigen Akazienhähers auf einer glazialen Insel, die immer kleiner wurde. Für ein Relikt der Eiszeit konnten „Einflüsse von Süden" somit nichts Gutes bedeuten. Dass diese nicht natürlich waren, sondern mit der vom Menschen verursachten globalen Erwärmung zu tun hatten, war für Kingdon damals freilich noch nicht ersichtlich.

Ein Team um den britischen Ornithologen Paul Donald unternahm vor einigen Jahren eine umfassende Kartierung des Akazienhähers und sah sich die Fundpunkte genauer an. Es konnte gezeigt werden, dass das Verbreitungsgebiet durch ein Klimaareal begrenzt wird, das kühler, trockener und saisonaler ist als das der umliegenden Regionen. Fast alle Vorkommen befinden sich in einem Gebiet, in dem die mittlere Jahrestemperatur zwischen 17,5 bis 20 °C beträgt. Die Klimasensibilität der Art konnte damit erstmals anhand wissenschaftlicher Daten belegt werden. Ausgehend von diesen Ergebnissen schaffte es der Akazienhäher auf die Umschlagseite des 2014 veröffentlichten Buches *Birds and Climate Change: Impacts and Conservation Responses* und wurde damit zu einer Ikone der durch den Klimawandel gefährdeten Vogelarten. Der Dissertation von Andrew Bladon verdanken wir, dass wir heute viele Details zur Verbreitung und Ökologie der Art besser verstehen.

Rechte Seite oben: Bleu royal ist eine königliche Farbe. Und eben dieser verdankt der auffällige Königsglanzstar (*Lamprotornis regius*) seinen Namen. Der Kontrast vom tiefen Blau der Flügel zum goldgelben Bauchgefieder unterstreicht die prächtige Erscheinung des Vogels.
Unten: Was das Farbenspiel betrifft, steht der Graukopfwürger (*Malaconotus blanchoti*) dem Königsglanzstar kaum nach. Allerdings ist er ein eher heimlicher Geselle, der sich im Unterholz oder in Baumkronen gut zu verstecken weiß.

Der Halsband-Zwergfalke (*Polihierax semitorquatus*) ist kaum größer als ein Kernbeißer. Ihre Jungen ziehen die kleinen Greifvögel in leer stehenden Nestern von Webervögeln groß. Deren Bruten lassen sie meist ungestört.

Linke Seite: Kampfadler (*Polemaetus bellicosus*) ziehen es vor, in relativ ungestörten Gebieten fern von menschlicher Präsenz zu siedeln. Adulte Paare leben ganzjährig in großen Homeranges von bis zu 250 km² zusammen. Zur Brut schreiten sie nur jedes zweite Jahr.

Er und sein Team konnten unter anderem nachweisen, dass sich mit Anstieg der Temperaturen die lokalen Dichten verringern und dass die Intensität der Nahrungssuche mit zunehmender Temperatur abnimmt. Beides erfolgte in stärkerem Maße, als dies bei sympatrischen Arten mit ähnlichen Lebensraumansprüchen der Fall war. Akazienhäher bauen zudem ungewöhnlich große Nester, die exponiert im obersten Bereich von Büschen und Bäumen angelegt werden. Forscher des Museums Alexander Koenig in Bonn gingen der Frage nach, ob die Bauart der Nester zur Verminderung des thermalen Stresses der brütenden Altvögel sowie der Jungen beitragen könnte. Wie sich zeigte, blieb die Temperatur in der Nestkammer auch bei steigenden Außentemperaturen relativ kühl. Vor dem Hintergrund der zu erwartenden Klimaerwärmung sind die Prognosen zur Zukunft der Art ausgesprochen entmutigend. Modellierungen auf der Basis verschiedener Szenarien haben gezeigt, dass bis 2070 mit einem Arealverlust von 90 bis 100 % zu rechnen ist. Das Aussterben des Akazienhähers in freier Wildbahn scheint unvermeidlich, zumindest nach unserem bisherigen Kenntnisstand. Kaum besser erscheinen die Aussichten für die Weißschwanzschwalbe (*Hirundo megaensis*), deren Verbreitungsgebiet sich mit dem des endemischen Hähers nahezu deckt.

Die sich ausbreitende Landwirtschaft, von der Kingdon gesprochen hat, dürfte die angespannte, primär von den Klimaveränderungen getriebene Situation weiter verschärfen. Davon betroffen sind nicht nur das Borana-Plateau und die hier lebenden Arten, sondern weite Teile des Landes, insbesondere in den von Pastoralisten bewohnten Gebieten. Das östlich von Negele befindliche Liben Plain war bis vor wenigen Jahren ein ausgedehntes und ausschließlich als Weide genutztes Grasland. Vom Rande der Stadt ausgehend rückten die Felder immer näher an das Gebiet heran und haben es inzwischen erreicht. Die hier vorkommende Somalispornlerche (*Heteromirafra archeri*) gilt als eine der seltensten und gefährdetsten Vogelarten Afrikas. Der weltweite Bestand wird gegenwärtig auf etwa 250 adulte Vögel geschätzt und nimmt rapide ab. Neben dem Liben Plain ist die Art derzeit nur von einem weiteren Gebiet etwa 15 Kilometer östlich der Stadt Jijiga im Norden der Somali-Region bekannt. Während die dortigen Habitate durch großflächige Umwandlung in Äcker stark und wohl irreversibel beeinträchtigt sind, stellt im Liben die anhaltende Übernutzung durch Rinder, Ziegen und Schafe ein besonderes und schwer zu lösendes Problem dar. Durch die Ausweitung der Felder wird den Hirten Weideland entzogen, was zu immer höheren Viehdichten in den verbleibenden Gebieten führt. Bei den Bemühungen zum Schutz der Art, initiiert unter anderem durch eine Studie der Ethiopian Wildlife and Natural History Society, steht die Kooperation mit der lokalen Bevölkerung im Vordergrund. Durch Bereitstellung

Die Gattung *Otus* umfasst über 50 Spezies, von denen sich viele ausgesprochen ähnlich sehen. Im Felde können sie vor allem an ihren artspezifischen Lautäußerungen unterschieden werden. Der Balzruf der Afrika-Zwergohreule (*Otus senegalensis*) ist ein froschartiges Trillern („prrrup"), das in Intervallen vorgetragen wird.

Die Anwesenheit des Weißbauch-Lärmvogels (*Criniferoides leucogaster*) kann man schwerlich übersehen noch überhören. Meist suchen die geselligen, lauten Vögel Früchte, Knospen und Blüten in den Wipfeln von Bäumen und Sträuchern.

Linke Seite oben: Der vorwiegend nachtaktive Bindenrennvogel (*Rhinoptilus cinctus*) gehört zu den Brachschwalbenartigen. Wie die meisten Vertreter der Familie ist er ein Bewohner trockener, offener Habitate.
Unten: Wellenflughühner (*Pterocles lichtensteinii*) sind meist paarweise unterwegs und finden nur selten in größeren Trupps zusammen. Sie sind vor allem nachtaktiv und besuchen Wasserstellen meist nach Sonnenuntergang oder vor Sonnenaufgang.

von Guides und das Erheben einer Gebühr für das Betreten des Gebietes soll zum einen die Community finanziell unterstützt, zum anderen das Bewusstsein für die Einmaligkeit und Gefährdung des Vorkommens gestärkt werden. Es bleibt zu hoffen, dass diese Maßnahmen helfen, den Trend der letzten Jahre aufzuhalten. Eine weitere Hoffnung besteht darin, dass es womöglich weitere, bisher unentdeckte Vorkommen in unerforschten Gebieten am Horn von Afrika gibt.

Tatsächlich wissen wir auch über andere Lerchen des Somali-Masai Biomes recht wenig. Die Verbreitungsgebiete der Arten gleichen in vielen Fällen einem Flickenteppich. So sind die Vorkommen der Halsfleckenlerche (*Alaudala somalica*) auf wenige weit auseinanderliegende Arealinseln verteilt: den Norden Somalias und angrenzender Bereiche Nordostäthiopiens, die Borana- und Liben-Region im Süden Äthiopiens sowie Teile Kenias und Tansanias. Ähnlich lückenhaft ist das Areal der Maskenlerche (*Spizocorys personata*). Aus Äthiopien ist sie ebenfalls nur aus wenigen Gebieten bekannt, wobei auch in diesem Falle weitere Entdeckungen nicht auszuschließen oder sogar sehr wahrscheinlich sind. So gelang 2011 der Fund eines Vorkommens in Sarrite, einer ausgedehnten Grasebene ca. 80 Kilometer westlich von Yabello. Seither wird die Art dort regelmäßig festgestellt, sodass wir von einem etablierten Bestand ausgehen können. Zuvor gab es zwischen 1994 und 1996 lediglich fünf Beobachtungen aus ganz Äthiopien. Das Beispiel zeigt einmal mehr, dass unsere Kenntnisse zur Verbreitung vieler seltener und möglicherweise bedrohter Vogelarten am Horn von Afrika offenbar noch immer sehr lückenhaft sind, sich aber durch gezielte Nachforschungen vermutlich rasch verbessern ließen.

Vielfach sind unsere Kenntnisse auch deshalb so dürftig, weil die entsprechenden Arten in Gebieten vorkommen, die in den zurückliegenden Jahrzehnten praktisch unzugänglich waren. Das betrifft ganz Somalia und große Teile des angrenzenden Äthiopiens. Was Somalia betrifft, so verdanken wir J.S. Ash und J.E. Miskell einen hervorragenden Atlas. Zu den Daten, die vor allem aus den 1970er- und 1980er-Jahren stammen, ist seither allerdings kaum etwas hinzugekommen. Vor einem ähnlichen Dilemma stehen wir in der äthiopischen Somali-Region, die aus Sicherheitsgründen weder von Touristen noch Forschern bereist werden konnte. Die Situation hat sich in den letzten Jahren spürbar entspannt, was hoffentlich zu einer Öffnung und einem damit verbundenen Wissenszuwachs führt. Das regionale Büro für Kultur und Tourismus sieht die weitere Entwicklung optimistisch und hat inzwischen ganzseitige Anzeigen geschaltet. Die erklärte Vision ist es, „die äthiopische Somali-Region durch die Entwicklung seiner reichen Kultur und seiner natürlichen Attraktionen zu einem der Top-5-Tourismusziele Äthiopiens zu machen“. Auch wenn dieses Ziel wohl nicht wie geplant 2020 erreicht wurde, sollten Reisende vor dem Hintergrund dieser Einladung einen Besuch in Erwägung ziehen.

Das Ensemble der in der Region unerforschten Vogelarten ist umfassend. Die von Erlanger entdeckte Reichenowtaube (*Streptopelia reichenowi*) siedelt nach bisherigem Wissen nur in einigen Flusstälern im Südosten Äthiopien und dem Süden Somalias. Wegen der zunehmenden agrarischen Nutzung dieser Gebiete und wegen ihres kleinen Verbreitungsgebietes steht sie in der Vorwarnliste global gefährdeter Arten. Allerdings gibt es auch neuerlich bestätigte Vorkommen in Siedlungen weitab von flussbegleitenden Baumbeständen, etwa in Hudet und Wachile. Es wäre spannend zu untersuchen, ob die Weißringtaube inzwischen zu den urbanisierten und sich möglicherweise sogar ausbreitenden Arten gehört. Sehr wenig wissen wir auch über die Verbreitung und Ökologie des Gelbrückenwebers (*Ploceus dichrocephalus*). Auch von dieser Spezies kennen wir nur wenige verstreute Fundorte aus Äthiopien, wobei eine weitere Verbreitung nicht unwahrscheinlich ist. Einer genaueren Untersuchung harren auch die Somalitrappe (*Eupodotis humilis*) und die Kurzschnabelsylvietta (*Sylvietta philippae*), um nur zwei weitere sehr lokal vorkommende Arten zu nennen. Der Goldpieper (*Tmetothylacus tenellus*) ist zwar weiter verbreitet, wäre aber wegen seines kaum verstandenen Zugverhaltens ein spannendes Untersuchungsobjekt. Während er in Kenia und Tansania ganzjährig in unterschiedlicher Häufigkeit vorkommt, ist er in Äthiopien und in den meisten Teilen Somalias nur während der Brutzeit anzutreffen. Anders scheinen die Verhältnisse beim Shelleyglanzstar (*Lamprotornis shelleyi*) zu liegen. Zumindest Teile der in Somalia und Äthiopien brütenden Populationen ziehen außerhalb der Brutsaison nach Kenia, wo die Art überwiegend saisonal vorkommt. Warum diese Unterschiede? Was sind die auslösenden Faktoren? Mit diesen und anderen spannenden Fragen werden sich junge Forscher hoffentlich bald beschäftigen.

Der Rotbauch-Mohrenkopf (*Poicephalus rufiventris*) mag Feigen und Akaziensamen. Hier hält er eine reife Frucht geschickt mit seinem Fuß und führt sie zum Schnabel, um mundgerechte Happen davon abzubeißen.

Reiseziele

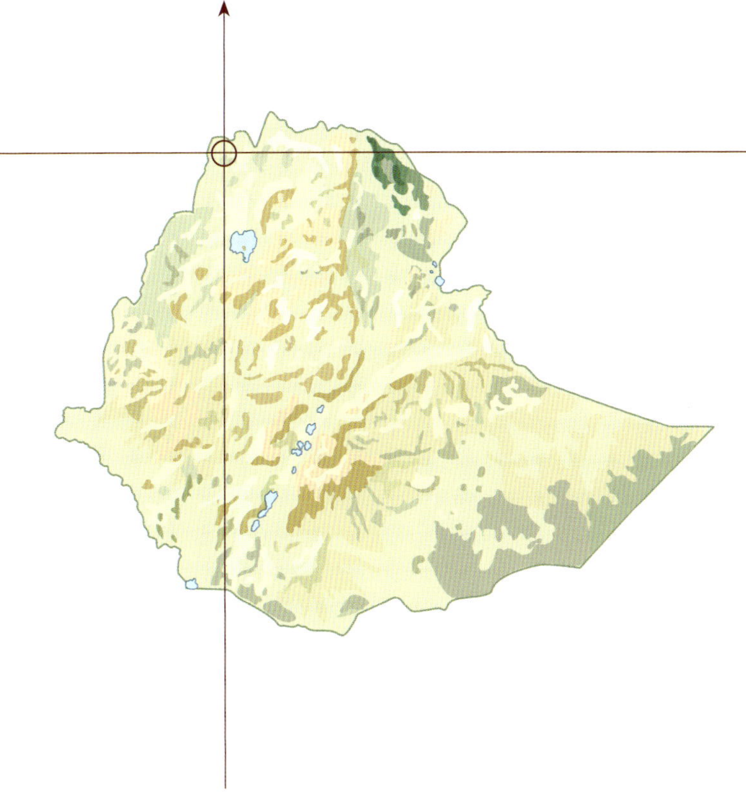

N

Humera 14°17' N 36°36' E
Sheraro 14°23' N 37°46' E

1 Kafta Sheraro

Mit etwa 2.200 km² erreicht der Kafta Sheraro National Park fast die Ausdehnung des Saarlandes. Ursprünglich mehr als doppelt so groß, wurden seine Grenzen nach einer Bestandsaufnahme im Jahr 2010 neu festgelegt. Er liegt im äußersten Nordwesten Äthiopiens und grenzt unmittelbar an Eritrea. Der Tacazze River trennt hier die Territorien der beiden Länder. Die Vegetation des Parks wird in weiten Teilen durch *Acacia-Commiphora*-Savannen bestimmt. In einigen Bereichen, wie Adigoshu und Wuhidet, gibt es wild wachsenden Äthiopischen Weihrauch (*Boswellia papyrifera*). Der Park gehört zu den wenigen Gebieten des Landes, in dem Afrikanische Elefanten (*Loxodonta africana*) mit einiger Zuverlässigkeit beobachtet werden können, zumindest in den Monaten Juni bis Oktober. Pferdeantilope (*Hippotragus equinus*) und Rotstirngazelle (*Eudorcas rufifrons*) sind weitere bemerkenswerte Großsäuger. Kafta Sheraro liegt im Übergangsbereich zwischen dem Sudan-Guinea Biom und dem Sahel Biom. Wir treffen deshalb eine Reihe von Vogelarten an, die hier ihre Verbreitungsgrenze haben und nur in wenigen anderen Bereichen Äthiopiens beobachtet werden können. Dazu zählen der Rotbauch-Glanzstar (*Lamprotornis pulcher*), der Schuppenkopfweber (*Sporopipes frontalis*) und der Weißbürzelgirlitz (*Crithagra leucopygia*). In den Wintermonaten nächtigen Tausende Jungfernkraniche (*Anthropoides virgo*) auf den Sandbänken des Tacazze. Das Büro der Nationalparkverwaltung befindet sich in der Grenzstadt Humera.

Tacazze River im Kafta Sheraro National Park. Die Elefanten (*Loxodonta africana*) des Schutzgebietes queren regelmäßig den Fluss, dessen gegenüberliegendes Ufer bereits in Eritrea liegt.

Der Jungfernkranich (*Anthropoides virgo*) brütet in Steppengebieten Asiens und überwintert in Indien und Afrika. In Kafta Sheraro wurden bis zu 21.500 Vögel festgestellt.

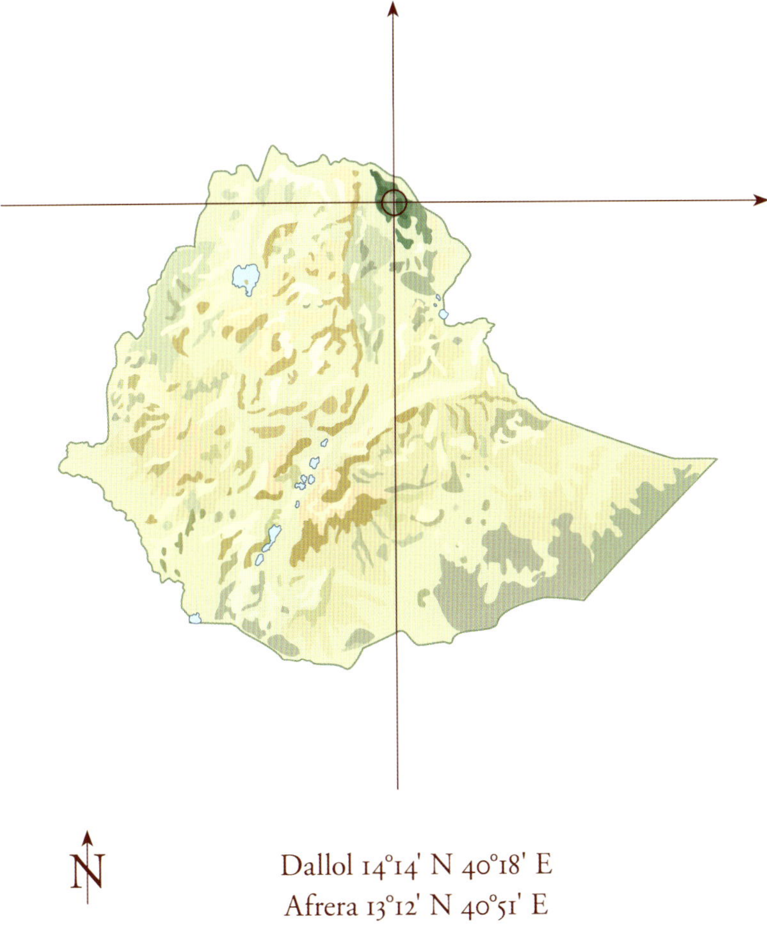

Dallol 14°14' N 40°18' E
Afrera 13°12' N 40°51' E

2 Nördliches Afar

Der Norden der Afar-Niederung beeindruckt insbesondere durch seine geologischen Attraktionen. Der Erta Ale ist weltweit einer der wenigen Vulkane mit einem permanent aktiven Lavasee. Es kommt immer wieder zu kleineren Ausbrüchen, zuletzt 2017 an der Südostflanke, etwa 7 Kilometer von der Caldera entfernt. Bei der Fahrt zum Basislager werden große Areale erstarrter Lava überquert. Von kleineren Straußenherden (*Struthio camelus*) und hier und da singenden Wüstenammern (*Emberiza striolata*) abgesehen, erscheint das Gebiet nahezu ohne Leben. Der Aufstieg erfolgt in der Regel am späten Nachmittag, der Abstieg am kommenden Morgen. Nahe der eritreischen Grenze liegt Dallol, ein hydrothermales System mit einzigartigem Charakter. Das Farbenspiel der heißen Quellen reicht von hellem Grün über sattes Gelb bis zu dunklem Orange. Die Umgebung von Dallol, einschließlich der weiten Salzebenen, gilt als eine der trockensten und heißesten Regionen der Welt. 125 Meter unter dem Meeresspiegel gelegen, ist sie auch einer der niedrigsten terrestrischen Bereiche der Erde. Touren zum Erta Ale und anderen Gebieten im Norden Afars sind nur in Begleitung von Sicherheitskräften erlaubt. Es empfiehlt sich, die Bereisung mit einer Agentur in Mekelle oder Addis Ababa zu planen.

Die heißen Quellen von Dallol zählen wegen der außerordentlichen Kombination physikalisch-chemischer Eigenschaften (niedriger pH-Wert, hohe Temperatur, Sauerstoffmangel, Salzgehalt) zu den sogenannten polyextremen Standorten auf der Erde.

Die Afar-Region ist ein bedeutendes Überwinterungsgebiet des Schmutzgeiers (*Neophron percnopterus*). Die Art ist hier in teilweise hoher Dichte präsent, meidet aber wie praktisch alle Wirbeltiere die unwirtlichen Senken von Dallol.

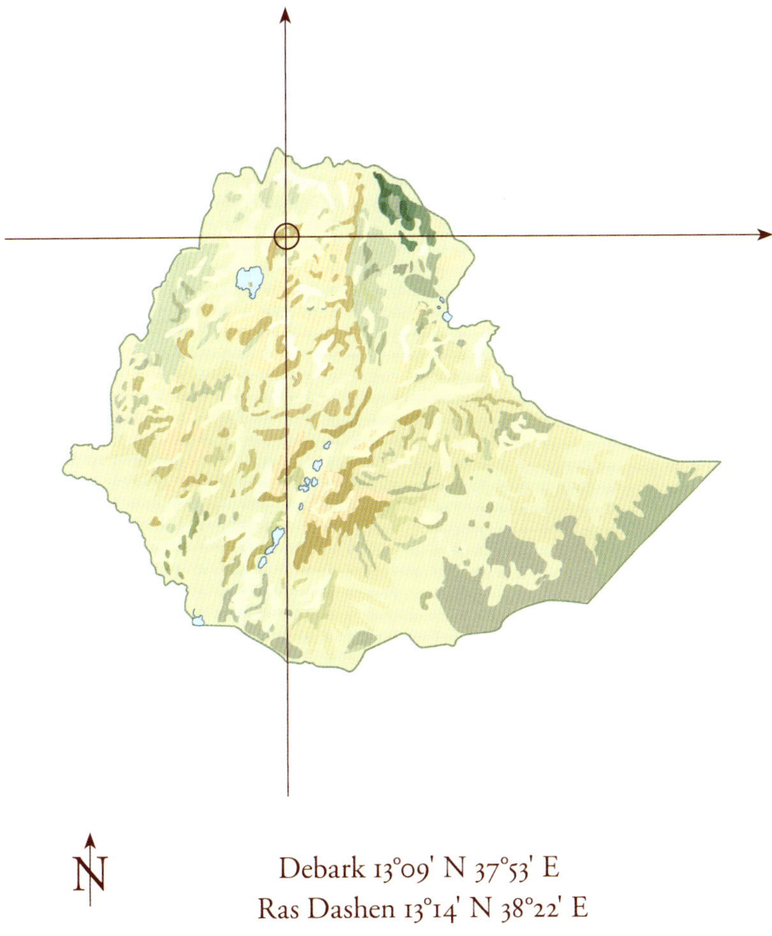

N

Debark 13°09' N 37°53' E
Ras Dashen 13°14' N 38°22' E

3 Simien Mountains

Trotz seiner Lage weitab im Nordosten Äthiopiens gehört der Simien Mountains National Park zu den bekanntesten Schutzgebieten des Landes. Die spektakuläre, von schroffen Klippen gekennzeichnete Landschaft wird des Öfteren mit dem Grand Canyon in den USA verglichen. Die afro-alpine Zone reicht bis zum Gipfel des Ras Dashen, in eine Höhe von über 4.500 m ü. NN. Ein charakteristischer Vertreter der Pflanzenwelt ist die Riesenlobelie (*Lobelia rhynchopetalum*). Reste des Baumheidegürtels (*Erica arborea*) finden sich in der darunter liegenden Zone zwischen 2.700 und 3.700 m ü. NN. Zur typischen Säugerfauna gehören Dschelada (*Theropithecus gelada*), Äthiopischer Wolf (*Canis simensis*) und Walia-Steinbock (*Capra walie*), wobei letztere Art weltweit nur in den Simien Mountains vorkommt. Der Park ist auch einer der wenigen Plätze, in dem der endemische Ankobergirlitz (*Crithagra ankoberensis*) anzutreffen ist. Bartgeier (*Gypaetus barbatus*) sind hier, wie in vielen anderen Gebieten des Nördlichen Hochlandes, nicht selten und können regelmäßig beobachtet werden. Für Übernachtungen im Gebiet stehen mehrere Camps zur Verfügung, wobei das Mitbringen von Ausrüstung und Verpflegung erforderlich ist. Die Anmeldung erfolgt in der Nationalparkverwaltung in Debark.

Felder und kleine Siedlungen reichen bis in hohe Lagen der Simien Mountains. Wo kein Ackerbau mehr möglich ist, werden die afro-alpinen Matten als Viehweide genutzt.

Walia-Steinböcken (*Capra walie*) begegnet man nicht überall im Gebiet. Sie sind in kleinen Gruppen von fünf bis zwanzig Tieren zu sehen, meist unweit steiler und felsiger Klippen.

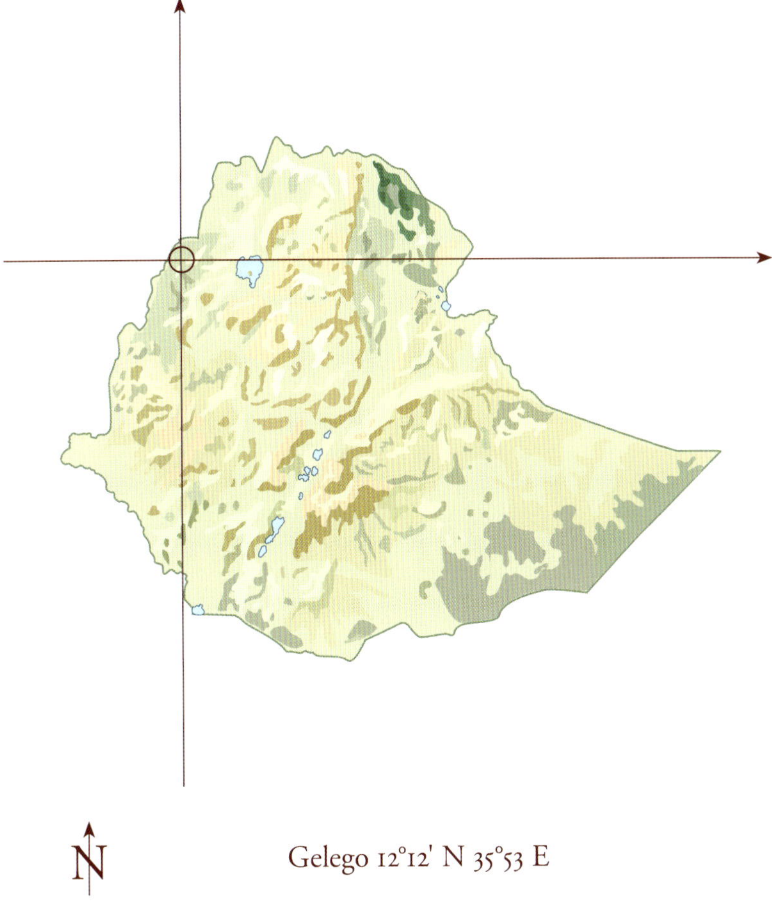

N

Gelego 12°12' N 35°53 E

4 Alatish

Der Alatish National Park wird von Touristen kaum besucht. Er liegt ganz im Westen des Landes und grenzt unmittelbar an den Sudan. Die Vegetation des Parks ist in weiten Teilen als *Combretum-Terminalia*-Laubwald klassifiziert. Daneben gibt es Galeriewälder entlang der Flüsse, Feuchtgebiete sowie Bestände des eindrucksvollen Baobabs oder Afrikanischen Affenbrotbaums (*Adansonia digitata*). Dem Schutzgebiet wird, in Verbindung mit dem benachbarten Dinder National Park im Sudan, ein großes Potenzial zugeschrieben. Unter anderem könnte es einen geeigneten Lebensraum zur Erhaltung der vom Aussterben bedrohten Tora-Kuhantilope (*Alcelaphus tora*) bieten. Die Wiederentdeckung einer Population vom Löwen (*Panthera leo*) im Jahr 2016 zeigt, wie wenig erforscht die Fauna des Gebietes ist. Für Ornithologen sind einige Arten interessant, deren Vorkommen sich im Westen Äthiopiens konzentrieren und im Park und der weiteren Umgebung leichter als anderswo beobachtet werden können, darunter der Heuschreckenteesa (*Butastur rufipennis*), der Fuchsfalke (*Falco alopex*) und der Buschsteinsperling (*Gymnoris dentata*). An geeigneten Fließgewässerabschnitten gibt es Krokodilwächter (*Pluvianus aegyptius*). Die Parkverwaltung befindet sich in Gelego.

Trockenwald im Alatish National Park. Das weitläufige Schutzgebiet ist wenig erschlossen, die Wege sind mit Fahrzeugen oft nicht passierbar. Dies verhindert dennoch nicht, dass es vielerorts zur Anlage von Feldern und Siedlungen kommt.

Der Buschsteinsperling (*Gymnoris dentata*) bewohnt die gesamte Sahelzone und erreicht in Äthiopien, Eritrea und dem Jemen seine östliche Verbreitungsgrenze.

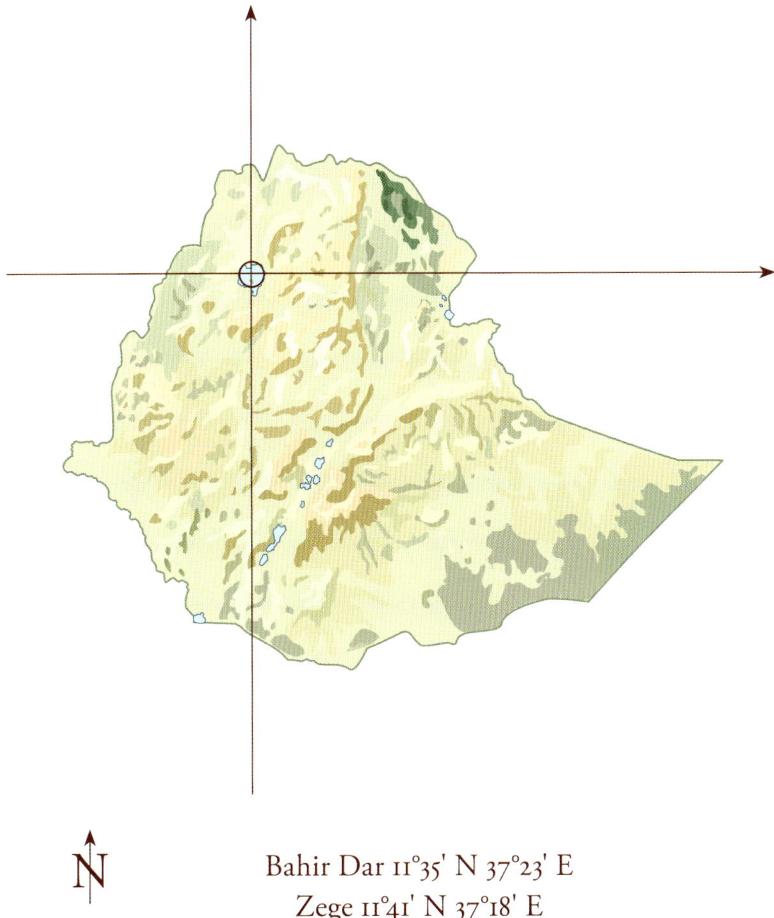

Bahir Dar 11°35' N 37°23' E
Zege 11°41' N 37°18' E

5 Lake Tana

Mit einer Fläche von etwa 3.200 km^2 ist der Tana das größte Gewässer Äthiopiens. Der See und angrenzende Bereiche sind seit 2015 UNESCO-Biosphärenreservat. An den Vorbereitungen zur Ausweisung des Gebietes waren der Naturschutzbund Deutschland und die Michael Succow Stiftung maßgeblich beteiligt. Die Wasserflächen und Feuchtgebiete entlang des Ufers sind Lebensraum zahlreicher Vogelarten, darunter Kronenkranich (*Balearica pavonina*), Klunkerkranich (*Bugeranus carunculatus*), Rötelpelikan (*Pelecanus rufescens*), Rosapelikan (*Pelecanus onocrotalus*) und Schreiseeadler (*Haliaeetus vocifer*). Zu den paläarktischen Wintergästen gehören Tausende von Kranichen (*Grus grus*). Insbesondere in den Sommermonaten ist der Besuch der nahe gelegenen Blue Nile Falls lohnenswert. Der Blaue Nil führt dann besonders viel Wasser, und die Szenerie ist entsprechend eindrucksvoll. Das Areal um die Wasserfälle bietet Gelegenheit zur Beobachtung des Graubrustgirlitz (*Crithagra xanthopygia*). Auf der Fahrt dorthin, südlich von Bahir Dar, kann ein kurzer Stop an der Mülldeponie der Stadt eingelegt werden. In der Regel halten sich hier neben vielen Marabus (*Leptoptilos crumenifer*) auch Hunderte von Geiern auf, insbesondere Weißrückengeier (*Gyps africanus*), Sperbergeier (*Gyps rueppelli*) und Kappengeier (*Necrosyrtes monachus*).

Am Südufer des Lake Tana liegt die Stadt Bahir Dar, was aus dem Amharischen mit „Tor zum See“ übersetzt werden kann. Von hier aus können die dicht bewachsenen Ufer mit ihrer reichen Avifauna leicht erkundet werden.

Der Kronenkranich (*Balearica pavonina*) ist ein vertrauter Anblick in den nahen Feuchtgebieten. Naturschützer fürchten jedoch einen Rückgang der Art infolge von Habitatverlusten und einer Intensivierung der Landwirtschaft.

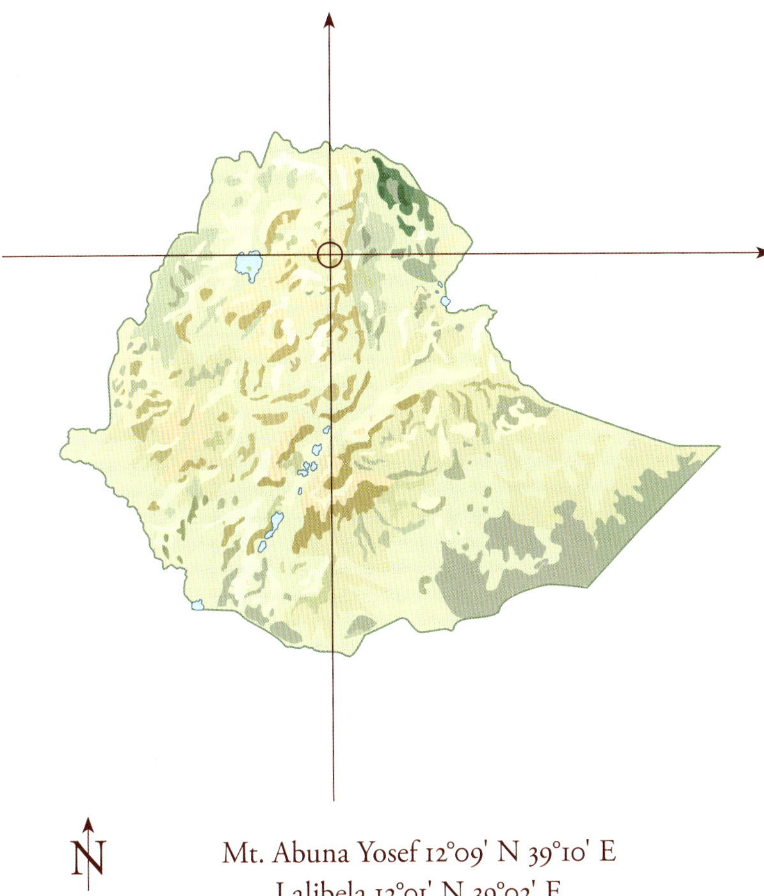

N

Mt. Abuna Yosef 12°09' N 39°10' E
Lalibela 12°01' N 39°02' E

6 Lalibela

Wegen seiner eindrucksvollen monolithischen Felsenkirchen ist Lalibela ein von Touristen viel besuchter Ort. Die historischen Stätten und die Umgebung bieten aber auch für Ornithologen interessante Beobachtungen. So gibt es im Gelände der Bet Giyorgis, der wohl am meisten fotografierten Kirche, zahlreiche Weißschnabelstare (*Onychognathus albirostris*), für die die alten Gemäuer offenbar geeignete Brutplätze bieten. In den Gärten und Hinterhöfen der Stadt trifft man auf Wellenbartvögel (*Lybius undatus*), Trauerturteltauben (*Streptopelia lugens*), Rotbauchschmätzer (*Thamnolaea cinnamomeiventris*) und Schluchtenrötel (*Monticola rufocinereus*). Der Bartgeier (*Gypaetus barbatus*) ist eine regelmäßige Erscheinung, gelegentlich kreisen ein Dutzend oder mehr Vögel am Himmel. Nur wenige Reisende finden den Weg zum nahe gelegenen Massiv des Abuna Yosef. Mit über 4.200 m ü. NN gehört er zu den höchsten Bergen Äthiopiens und verkörpert das Zentrum der historischen Landschaft Lasta. Auch wenn sich die Felsformationen hier weniger spektakulär als in Simien präsentieren, bietet das Gebiet einen vergleichbaren Lebensraum für afro-alpine Floren- und Faunenelemente, wie Riesenlobelie (*Lobelia rhynchopetalum*), Äthiopischen Wolf (*Canis simensis*) und Goldhalspieper (*Macronyx flavicollis*). Etwa 70 km^2 unterliegen als Community Conservation Area einem lokalen Schutz.

Blick vom Fuße des Abuna-Yosef-Massives in Richtung Lalibela. Der historische Ort liegt auf dem Plateau im hinteren Bilddrittel, in einer Höhe von etwa 2.500 m ü. NN.

An steilen Hängen mit Felsen und Buschwerk brütet der Schluchtenrötel (*Monticola rufocinereus*). Er meidet auch Ortschaften nicht.

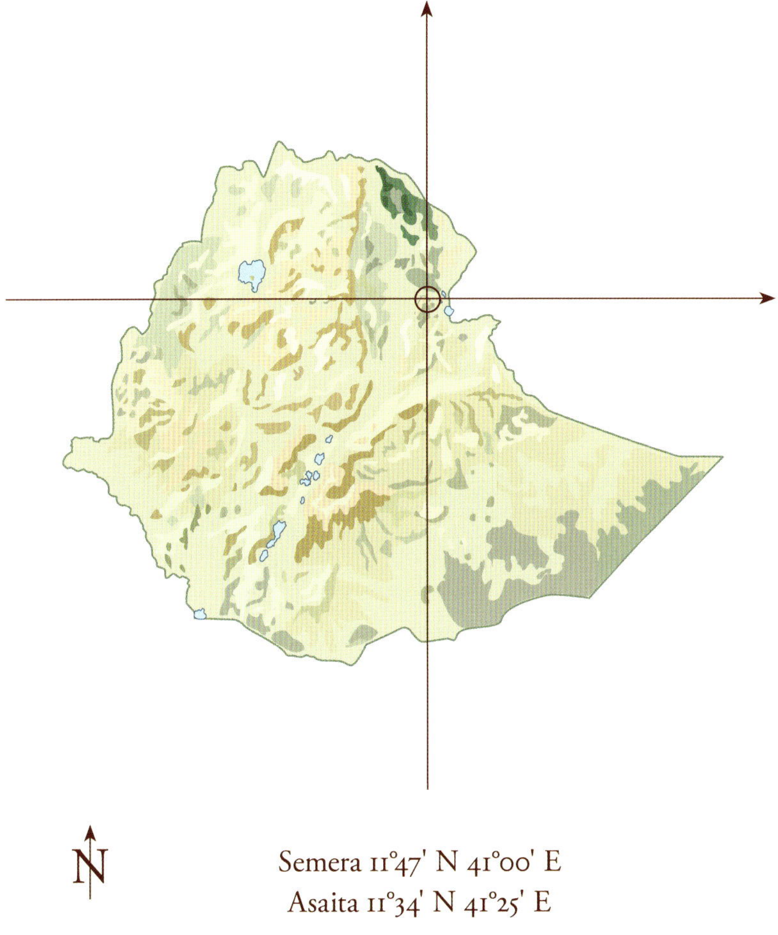

Semera 11°47' N 41°00' E
Asaita 11°34' N 41°25' E

7 Asaita

Die einstige Hauptstadt von Afar liegt nahe der Grenze zu Djibouti. Der Awash mündet hier in einer Kette von Seen und beendet seinen Lauf, noch bevor er die Küste des Roten Meeres erreicht. Die Anfahrt führt in der Regel vom Süden her über Gewane und Semera, wobei der Yangudi-Rassa National Park gequert wird, der in den meisten Landkarten prominent ausgezeichnet ist. Er wurde einst zum Schutz des Afrikanischen Wildesels (*Equus africanus*) ausgewiesen, wobei der dortige Bestand heute wohl erloschen ist. Wer das vom Naturschutz de facto aufgegebene Gebiet dennoch besuchen will, muss sich im Aledeghi National Park anmelden. Die lange und durch karge Landschaft führende Strecke nach Asaita bietet dennoch gute Beobachtungsmöglichkeiten, unter anderem von Sömmerringgazellen (*Nanger soemmerringii*), Mantelpavianen (*Papio hamadryas*), Schmutzgeiern (*Neophron percnopterus*), Ohrengeiern (*Torgos tracheliotos*) und Wellenflughühnern (*Pterocles lichtensteinii*). Die Oase Asaita ist eine der wenigen Stellen Äthiopiens, an denen der Braunrücken-Goldsperling (*Passer luteus*) zu finden ist. Nach Regenfällen sammeln sich auf Überflutungsflächen Tausende Witwenpfeifgänse (*Dendrocygna viduata*) und andere Wasservögel. Vor dem Besuch der Region empfiehlt sich die Anmeldung im Tourist Office in Semera.

Die Gärten und Plantagen um Asaita leben vom Wasser des nahen Awash. Wenige Kilometer weiter erstrecken sich steinige Halbwüsten, darin die verstreuten Siedlungen der Afar.

Nach ergiebigen Regenfällen sammeln sich in Überflutungsgebieten neben zahlreichen anderen Wasservögeln große Trupps von Witwenpfeifgänsen (*Dendrocygna viduata*).

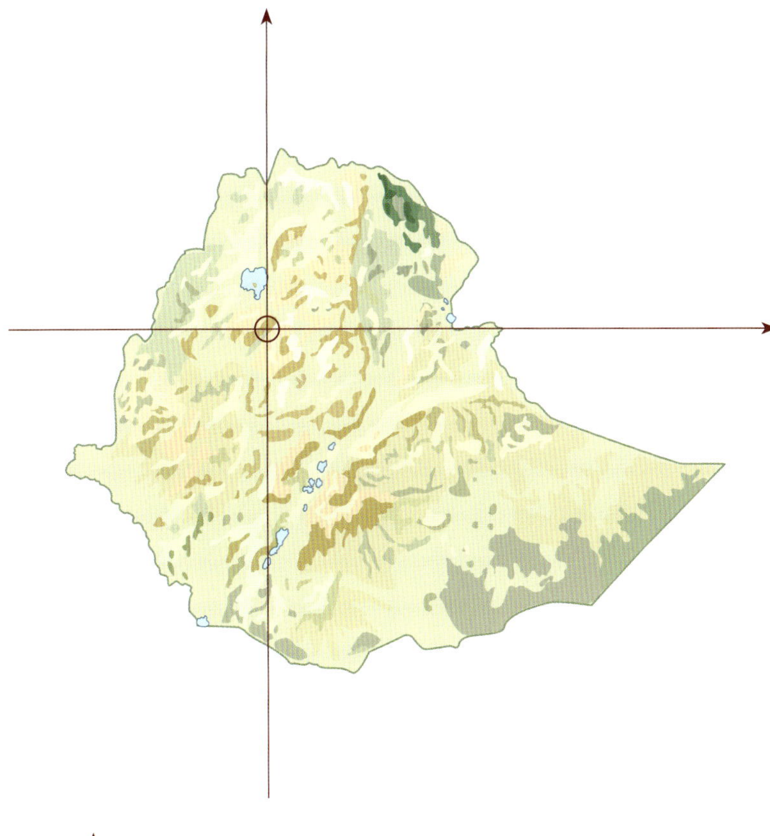

N

Debre Markos 10°20' N 37°43' E
Mt. Choke 10°43' N 37°51' E

8 Choke

Bei der Aufzählung naturkundlich interessanter Reiseziele werden die nördlich von Debre Markos liegenden Choke Mountains selten genannt. Für Reisende, die Debre Libanos und das Jemma Valley besuchen und von dort weiter zum Lake Tana fahren, könnte sich ein Abstecher dennoch lohnen. Das über 4.000 m ü. NN reichende Bergmassiv ist bis in hohe Lagen landwirtschaftlich genutzt, weist aber ein relativ gut erreichbares Plateau mit einer typischen Ausstattung von afro-alpinen Habitaten und Artengemeinschaften auf. Theklalerche (*Galerida theklae*), Almenschmätzer (*Pinarochroa sordida*), Schwarzkopfgirlitz (*Serinus nigriceps*) sind häufige Brutvögel, und selbst die Kosobaumdrossel (*Psophocichla simensis*) ist hier noch in den nahezu gehölzfreien Gipfelzonen anzutreffen. Es gibt eine reiche Greifvogelzönose, zu der unter anderem Augurbussard (*Buteo augur*) und Lannerfalke (*Falco biarmicus*) gehören. Blühende Lobelien werden von Zimtflügelstaren (*Onychognathus tenuirostris*) und Tacazzenektarvögeln (*Nectarinia tacazze*) besucht, die normalerweise in tieferen Lagen anzutreffen sind. Säugerarten wie Buschschwein (*Potamochoerus larvatus*), Hochland-Schirrantilope (*Tragelaphus meneliki*) und Kronenducker (*Sylvicapra grimmia*) kommen vor, allerdings nur in geringer Dichte.

Die Choke Mountains sind, wie die anderen hohen Gebirge Äthiopiens, dicht besiedelt. In den höchsten Lagen finden wir typische afro-alpine Lebensgemeinschaften.

Die Kosobaumdrossel (*Psophocichla simensis*) zeigt sich gern in offenen, kurzrasigen Habitaten. Bevorzugt hält sie auf niedrigen Warten Ausschau, ähnlich einem Steinschmätzer.

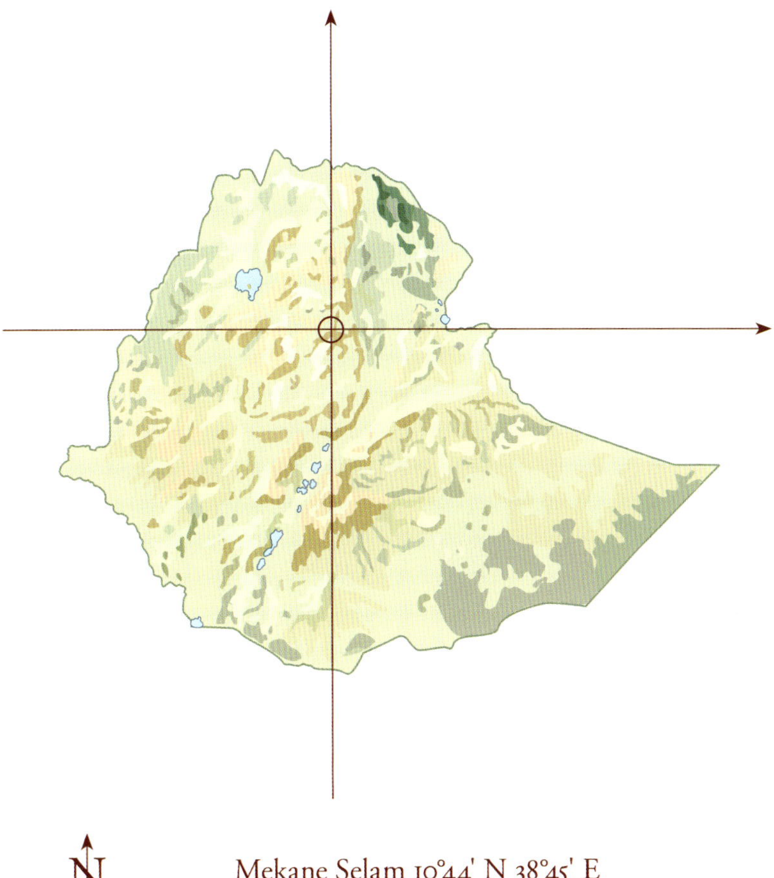

N

Mekane Selam 10°44' N 38°45' E

9 Borena Saynt

Von allen äthiopischen Nationalparks ist Borena Saynt der wohl am wenigsten bekannte. Das südwestlich von Dessie gelegene Schutzgebiet (ehemals Denkoro Chaka State Reserve) wurde 2009 von der Regionalregierung von Amhara ausgewiesen und wird von dieser verwaltet. Sein Areal erstreckt sich über eine Höhenlage zwischen 1.900 bis 3.700 m ü. NN und umfasst drei ökologische Zonen: Woina Dega (gemäßigt), Dega (kühl) und Wurch (afro-alpin). In den unteren Tallagen des Gebietes haben sich von Steineiben (*Podocarpus*) dominierte Waldbestände erhalten, von denen es im dicht besiedelten und ackerbaulich stark genutzten Nördlichen Hochland nur noch sehr wenige gibt. Zur typischen Vogelfauna gehören Roststeiß-Grasmücke (*Parophasma galinieri*), Weißmantel-Rußmeise (*Melaniparus leuconotus*), Mönchspirol (*Oriolus monacha*) und Weißohrturako (*Tauraco leucotis*), während in der umgebenden offenen Landschaft Klunkeribis (*Bostrychia carunculata*) und Weißringtaube (*Columba albitorques*) häufig anzutreffen sind. In den Hochlagen gibt es den Äthiopischen Wolf (*Canis simensis*), wobei die verbliebene Population sehr klein und stark gefährdet ist. Der Dschelada (*Theropithecus gelada*) ist dagegen häufig und gilt bei den Bauern als bedeutender Ernteschädling. Die Nationalparkverwaltung befindet sich in Mekane Selam.

Die tieferen Lagen des Borena Saynt National Park sind bewaldet und werden der gemäßigten Zone (Woina Dega) zugerechnet. In der Region sind nur noch wenige größere Habitatinseln dieser Art erhalten geblieben.

Der Weißohrturako (*Tauraco leucotis*) ernährt sich von Früchten und Beeren (*Podicarpus*, *Juniperus* etc.) und ist auf Baumbestände angewiesen. Oft findet er diese nur noch an steilen Hängen oder in geschützten Arealen rings um Kirchen.

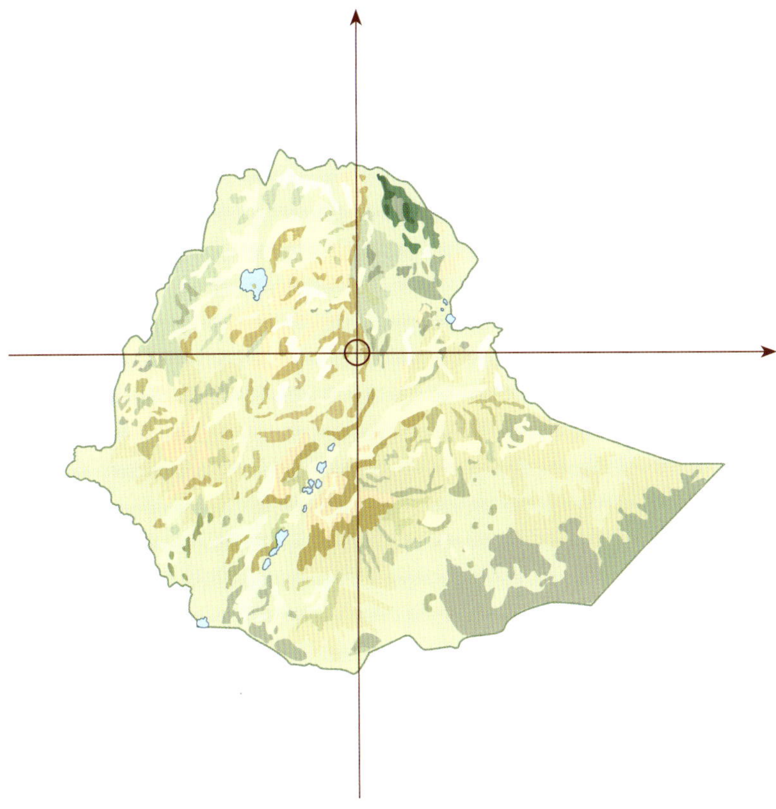

N

Mehal Meda 10°18' N 39°39' E
Community Lodge 10°17' N 39°48' E

10 Guassa-Menz

Guassa-Menz, südöstlich von Mehal Meda, ist eine der bekanntesten Community Conservation Areas. Mit einer Fläche von 110 km² und einer Höhenlage bis 3.700 m ü. NN ist das Gebiet ein wichtiger Bestandteil der afro-alpinen Zone Äthiopiens. Weite Teile der hügeligen Landschaft sind mit *Euryops-Alchemilla*-Buschland bewachsen. Reiche *Festuca*-Bestände bilden eine wichtige Ressource und werden von der lokalen Bevölkerung als Material für die Dächer ihrer Hütten genutzt. Der Äthiopische Wolf (*Canis simensis*) ist selten, kann aber regelmäßig beobachtet werden. Eine im Gebiet lebende Gruppe von Dscheladas (*Theropithecus gelada*) gilt infolge langjähriger intensiver Studien von Forschern als habituiert. Die Tiere dulden nahen Kontakt und ermöglichen so detaillierte Einblicke in ihr Sozialverhalten. An Bächen, Kleingewässern und im umgebenden Grasland leben Blauflügelgänse (*Cyanochen cyanoptera*), Strichelbrustkiebitze (*Vanellus melanocephalus*) und Goldhalspieper (*Macronyx flavicollis*). Die offenen, feuchten Habitate sind auch ein guter Ort für die Beobachtung der recht scheuen Hochlandfrankoline (*Scleroptila psilolaema*). Der Erckelfrankolin (*Pternistis erckelii*) bevorzugt eher trockene und felsige Lebensräume, die an den steilen Abhängen im Osten des Gebietes zu finden sind. Zur Vogelfauna von Guassa gehört auch der Ankobergirlitz (*Crithagra ankoberensis*). Unterkünfte gibt es in einer zentral gelegenen Community Lodge.

Gerstenfelder in Guassa-Menz. Die Entwicklung des Ökotourismus im Schutzgebiet der Community wird unter anderem von der Frankfurter Zoologischen Gesellschaft gefördert, um alternative Einkommen für die lokale Bevölkerung zu generieren.

Schütter bewachsene Weiden, Äcker und andere offene Bereiche sind der Lebensraum des Braunbrust-Steinschmätzers (*Oenanthe frenata*). Es gibt ihn nur in den Gebirgen Äthiopiens.

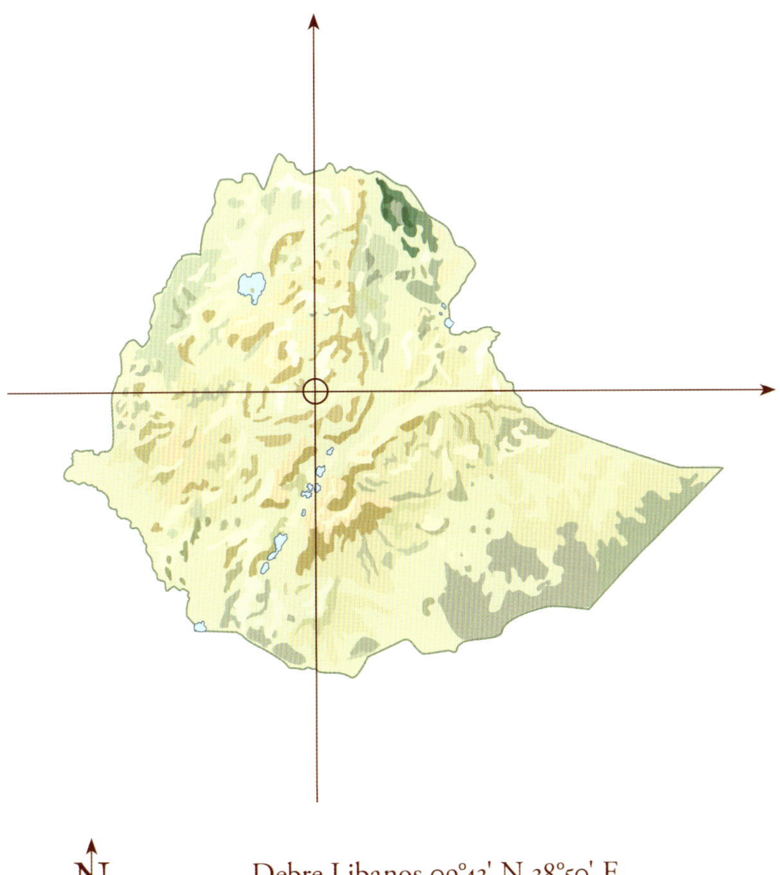

N

Debre Libanos 09°43' N 38°50' E
Jemma Brigde 09°54' N 38°55' E

11 Debre Libanos und Jemma Valley

Das Kloster von Debre Libanos zieht nicht nur Touristen an, sondern ist auch ein bedeutender Pilgerort. Von der Hauptstadt aus ist die Gegend leicht zu erreichen und bietet sich für ein- oder zweitägige Exkursionen an. Um das Kloster sind einige bewaldete Bereiche erhalten geblieben. Hier lohnt unter anderem die Suche nach Wacholderspecht (*Dendropicos abyssinicus*), Graukopfspecht (*Dendropicos spodocephalus*), Rotschulter-Raupenfänger (*Campephaga phoenicea*) und Braundrongoschnäpper (*Melaenornis chocolatinus*). Paare und kleinere Trupps von Weißschnabelstaren (*Onychognathus albirostris*) sind nicht selten. Das Umfeld der portugiesischen Brücke ist ein lohnender Ort für die Beobachtung von Einfarbschmätzer (*Myrmecocichla melaena*) und Spiegelrötel (*Monticola semirufus*). Über dem weiten Canyon kreisen häufig Sperbergeier (*Gyps rueppelli*), Weißrückengeier (*Gyps africanus*) und Bartgeier (*Gypaetus barbatus*), seltener auch Wanderfalken (*Falco peregrinus*) der hier brütenden Unterart *minor*. Die Fahrt zum Jemmutal ist aufgrund schwieriger Straßenverhältnisse lang und mühsam, aber lohnend. Die sich unterwegs bietenden Aussichten sind grandios. Und mit etwas Glück gelingt es hier, den seltenen Harwoodfrankolin (*Pternistis harwoodi*) aufzuspüren.

Landschaft bei Debre Libanos. Bewirtschaftete Terrassen ziehen sich von der Hochebene bis an den Rand einer tiefen Schlucht. Der dortige Fluss fließt dem Blauen Nil zu.

Sitzend wirkt der Einfarbschmätzer (*Myrmecocichla melaena*) durchgehend schwarz. Nur im Flug werden die markanten weißen Flecken in seinen Handschwingen sichtbar. Auch er ist ein äthiopischer Endemit.

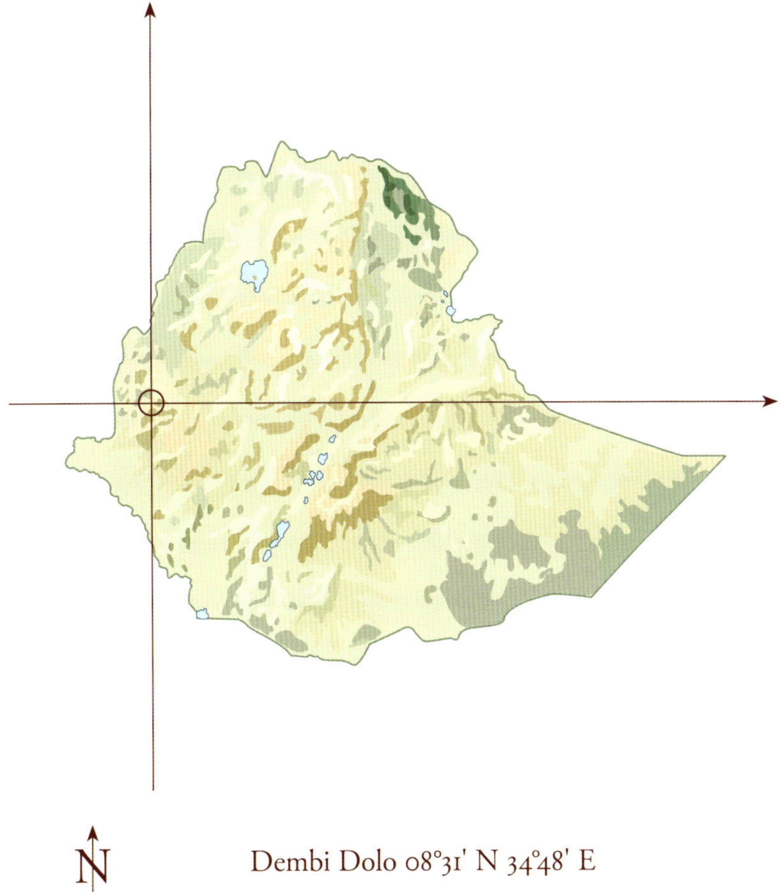

Dembi Dolo 08°31' N 34°48' E

12 Dhati-Welel

Dhati-Welel ist einer der neu errichteten Nationalparks in Oromia und steht unter regionaler Verwaltung. Das ausgedehnte, über 1.000 km² umfassende Feuchtgebiet liegt zwischen Dembi Dolo und Asosa, fernab im wenig besuchten Westen Äthiopiens. Weite Teile sind von Papyrus-Sümpfen und feuchtem Grasland bedeckt. Gewaltige Maulbeerfeigen (*Ficus sycomorus*) mit ausladenden Kronen erreichen Höhen bis über vierzig Metern. Zu den bedeutenden Schutzgütern zählen Afrikanischer Büffel (*Syncerus caffer*), Flusspferde (*Hippopotamus amphibius*) sowie ein kleiner Bestand von Löwen (*Panthera leo*). An Gewässern und im Offenland sind Kronenkranich (*Balearica pavonina*), Marabu (*Leptoptilos crumenifer*) und Hammerkopf (*Scopus umbretta*) häufig zu beobachtende Vogelarten. Zu den Bewohnern baumreicher Habitate gehören Tamburintaube (*Turtur tympanistria*), Zimttaube (*Aplopelia larvata*), Amethystglanzstar (*Cinnyricinclus leucogaster*) und Purpurmasken-Bartvogel (*Lybius guifsobalito*). Auch die Fahnennachtschwalbe (*Caprimulgus longipennis*), deren Männchen bizarr verlängerte Flügelfedern besitzen, wurde beobachtet. Das Schutzgebiet ist wenig erschlossen und in weiten Teilen unzugänglich, insbesondere während und nach der Regenzeit. Die Parkverwaltung befindet sich in Dembi Dolo.

Sanfte Hügel ziehen sich am Rande des Dhati-Welel National Park hin. Auch dieser Park ist in weiten Teilen schwer zugänglich, vor allem während der regenreichen Monate von Juni bis September.

Purpurmasken-Bartvogel (*Lybius guifsobalito*). Verpaarte Vögel haben komplexe Begrüßungszeremonien und tragen oft weithin hörbare synchronisierte Duett-Gesänge vor.

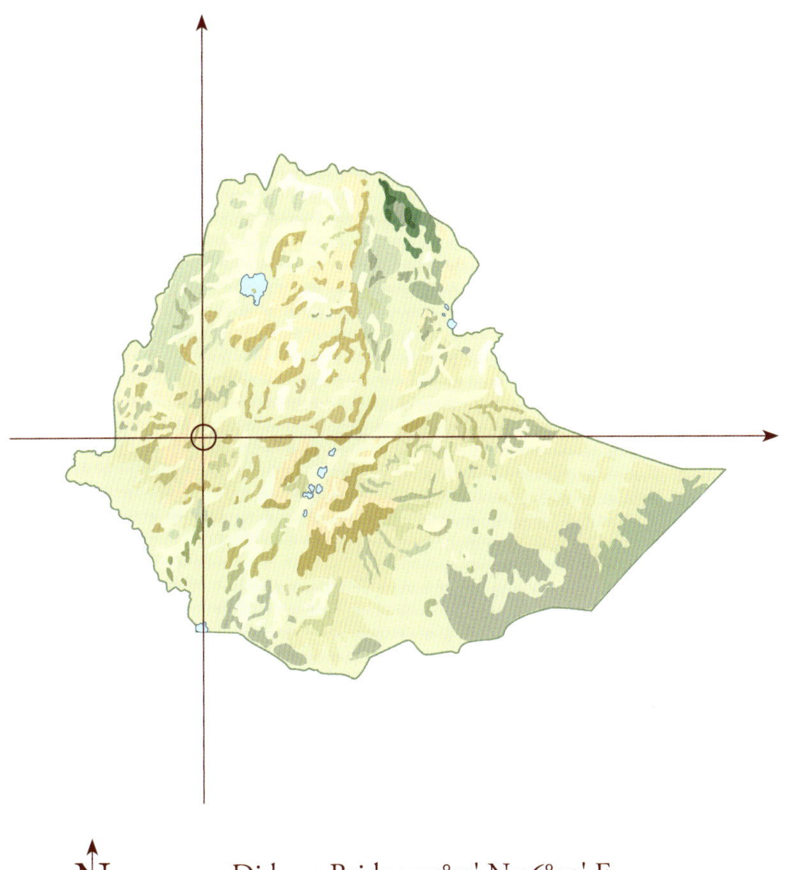

N Didessa Bridge 09°01' N 36°09' E

13 Didessa River

Der Didessa-Region im Westen des Landes wird ein hohes Naturschutzpotenzial zugeschrieben. Das in Planung befindliche Wildlife Reserve erstreckt sich entlang des mittleren Flusslaufes. Die Straße von Nekemte nach Bedele führt hinunter ins Tal, wo sie den Fluss überquert. Das zu schützende Gebiet wird auf eine Fläche von über 1.000 km² geschätzt. Die Artausstattung ähnelt jener von Dhati-Welel. Auch hier gibt es nennenswerte Bestände von Afrikanischen Büffeln (*Syncerus caffer*) und Flusspferden (*Hippopotamus amphibius*). An steinigen Hängen kommt die Felsenwachtel (*Ptilopachus petrosus*) vor, die in Äthiopien auf den Westteil des Landes beschränkt ist. In waldreichen Abschnitten lohnt die Suche nach dem Kronenadler (*Stephanoaetus coronatus*). Der seltene Greifvogel kommt auch in den montanen Forsten südwestlich der nahe gelegenen Stadt Bedele vor. Leicht zugänglich ist der Didessa River, wo er die Straße von Nekemte nach Gimbi kreuzt. Graufalke (*Falco ardosiaceus*) und Schikrasperber (*Accipiter badius*) brüten in den flussbegleitenden Gehölzen. Der dortige Flussabschnitt ist auch eine der sehr wenigen Stellen, an denen in Äthiopien die Halsband-Brachschwalbe (*Glareola nuchalis*) beobachtet werden kann.

Reste einer zerstörten Brücke über den Didessa River, etwa 40 km westlich von Nekemte.

Der Graufalke (*Falco ardosiaceus*) bevorzugt baumbestandene Habitate, etwa lichte Galeriewälder entlang von Flüssen. Ein großer Teil seiner Nahrung besteht aus Insekten, insbesondere Heuschrecken.

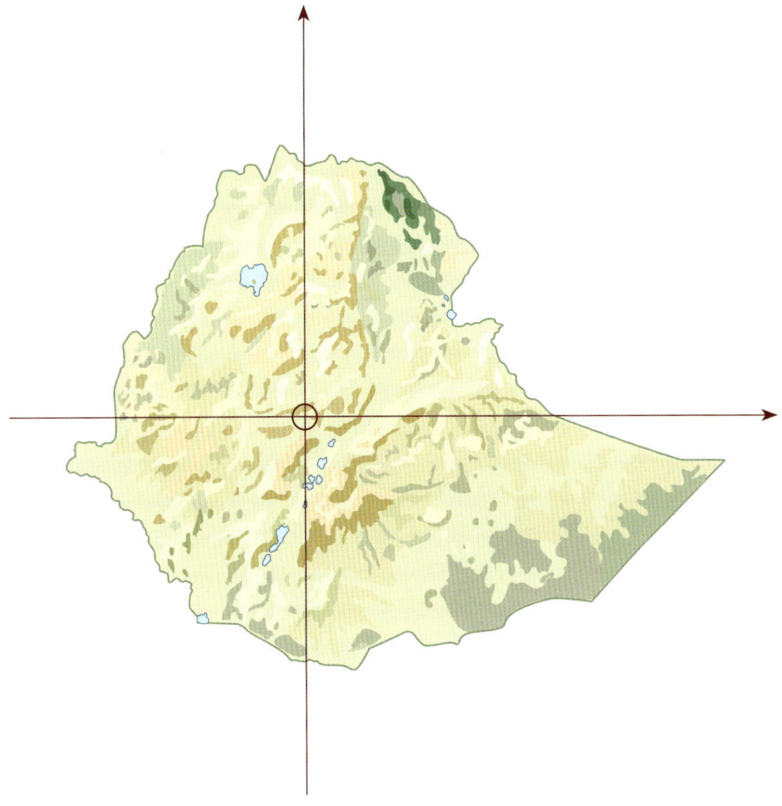

N Suba Menagesha 08°58' N 38°32' E

14 Menagesha

Der Menagesha National Forest liegt nahe der Hauptstadt und ist lohnendes Ziel für einen Tagesausflug. Der Besucher kann sich hier eine Vorstellung verschaffen, wie weite Teile des äthiopischen Hochlandes einmal ausgesehen haben müssen. Dichte, hochgewachsene Wälder mit *Podocarpus*, *Hagenia* und *Juniperus* laden zu ausgiebiger Erkundung ein. Bei den Vogelarten ist das Artenspektrum der montanen Wälder nahezu vollständig vertreten. Mönchspirole (*Oriolus monacha*) und Oliventauben (*Columba arquatrix*) bevorzugen die Wipfelregionen der Bäume, während Abessiniendrosseln (*Turdus abyssinicus*), Braungrasmücken (*Sylvia lugens*) und Braunrückenrötel (*Cossypha semirufa*) im Unterholz zu finden sind. Am Waldrand und in eher offenen Bereichen treffen wir auf Trauerturteltauben (*Streptopelia lugens*), Tarantapapageien (*Agapornis taranta*) und Rüppellgirlitze (*Crithagra tristriata*). Diese Arten sind aber auch in urbanen Bereichen mit hinreichend Vegetation vielfach anzutreffen. Als eine der „key species“ des Gebietes gilt der Schoapapagei (*Poicephalus flavifrons*), der vor allem in den Morgen- und Abendstunden in der Umgebung der Forstverwaltung beobachtet werden kann. Die Kuppe des Menagesha-Massivs ist unbewaldet und erlaubt einen weiten Blick in die umgebende Landschaft.

Juniperus-Wälder haben einst weite Teile des äthiopischen Hochlandes bedeckt. Die verbliebenen Standorte unterliegen heute vielerorts einem starken Nutzungsdruck, etwa durch Beweidung oder durch das Sammeln von Feuerholz.

Seinen Namen verdankt der Schoapapagei (*Poicephalus flavifrons*) der historischen Region Schoa (auch Shoa oder Shewa) im Zentrum des heutigen Äthiopiens. Der berühmte Kaiser Menelik II. war zugleich König von Schoa.

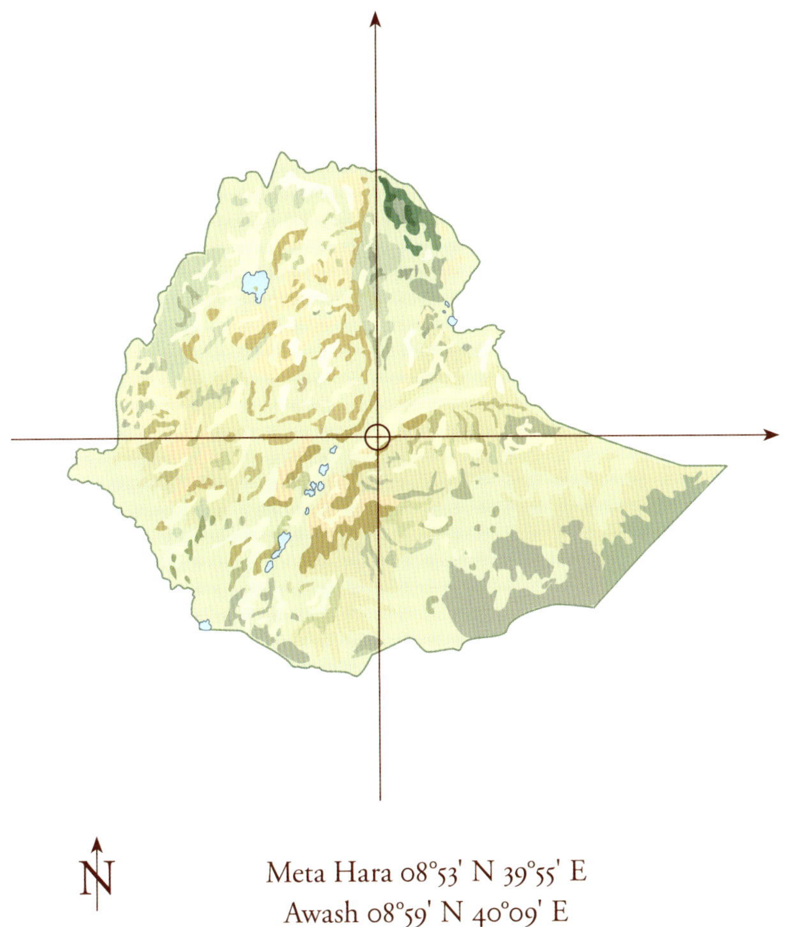

N

Meta Hara 08°53' N 39°55' E
Awash 08°59' N 40°09' E

15 Awash und Aledeghi

Der Awash National Park ist das älteste Schutzgebiet des Landes. Die meisten Besucher konzentrieren sich auf die Ilala Sala Plains, die im Süden vom Awash River begrenzt werden. Die Landschaft dort wird von Akaziensavanne und offenem Grasland bestimmt, auf der Beisa-Oryx (*Oryx beisa*) und Sömmerringgazellen (*Nanger soemmerringii*) weiden. Auch Nördliche Kleinkudus (*Tragelaphus imberis*) können leicht beobachtet werden. Zu den charakteristischen Vertretern der Vogelwelt gehören Riesentrappe (*Ardeotis kori*), Sekretär (*Sagittarius serpentarius*), Halsband-Zwergfalke (*Polihierax semitorquatus*), Riesenlerche (*Mirafra hypermetra*) und Somaliwürger (*Lanius somalicus*). Der Lake Beseka nahe der Stadt Meta Hara lohnt wegen seiner Wasservögel einen kurzen Abstecher. Das mühsame Durchstreifen der nahen Lavafelder könnte mit der Sichtung des seltenen Dunkelsteinschmätzers (*Oenanthe dubia*) belohnt werden. Zwei sehr ähnliche Arten, der Braunschwanz-Steinschmätzer (*Oenanthe scotocerca*) und der Schwarzschwanz-Steinschmätzer (*Oenanthe melanura*), kommen ebenfalls vor. Der etwas weiter nordöstlich gelegene Aledeghi National Park ist ein vielversprechender Ort für die Beobachtung von Arabertrappe (*Ardeotis arabs*) und Schwalbenschwanzaar (*Chelictinia riocourii*).

In tiefen Schluchten windend bahnt sich der Awash River seinen Weg vom Hochland in die Ebenen der südlichen Afar-Region. Der Awash National Park erstreckt sich auf den Ebenen am Nordufer des Flusses, nahe der gleichnamigen Stadt.

Mit einer Länge von einem Meter und einem Gewicht von bis zu 10 kg sind die Männchen der Arabertrappe (*Ardeotis arabs*) zwar kleiner und leichter als die der nahe verwandten Riesentrappe, dennoch zählen sie zu den imposantesten Vertretern der Familie.

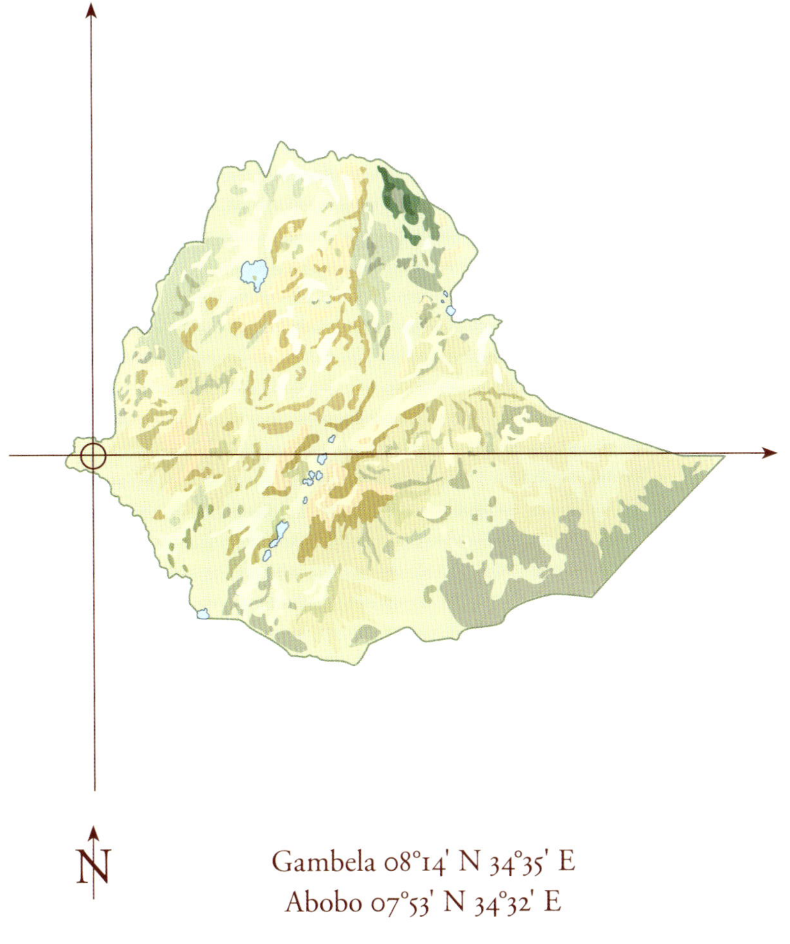

16 Gambela

Der Gambela National Park ist mit über 4.500 km² der größte Äthiopiens, zumindest nominell. So wie einige andere Schutzgebiete muss er zurzeit allerdings als „paper park“ gelten. Die riesigen Sümpfe der Region sind von Entwässerung und Bewirtschaftung bedroht. Statt ihrer werden weite Teile des Gebietes bald mit Pflanzungen von Zuckerrohr, Reis, Mais und Baumwolle bedeckt sein. Weißnacken-Moorantilopen (*Kobus megaceros*) und Weißohr-Moorantilopen (*Kobus leucotis*) gehören zu den bemerkenswerten Großsäugern des Gebietes, dürften sich aber wegen der schweren Zugänglichkeit des Parks den Blicken der meisten Besucher entziehen. Das gilt auch für den in Äthiopien ausgesprochen seltenen Schuhschnabel (*Balaeniceps rex*). Für Ornithologen ist ein Besuch der Gambela-Region dennoch lohnend, da hier mit interessanten Vertretern zu rechnen ist, deren Vorkommen ganz oder in weiten Teilen auf das Sudan-Guinea Savannenbiom beschränkt sind. Zu nennen wären Arten wie Erzflecktaube (*Turtur abyssinicus*), Fuchszistensänger (*Cisticola troglodytes*), Grünrückeneremomela (*Eremomela canescens*), Gambagaschnäpper (*Muscicapa gambagae*) und Kastanienscheitelweber (*Plocepasser superciliosus*). Am Ufer des Baro-Flusses können Krokodilwächter (*Pluvianus aegyptius*) leicht beobachtet werden.

Der Gambela National Park stellt ein Mosaik von Wäldern, Savannen, Sümpfen und Überschwemmungsgebieten dar. Sein Erhalt ist durch die Ausweitung von Plantagen und Siedlungen bedroht.

Große Flüsse mit flachen, vegetationslosen Uferzonen bilden den Lebensraum des Krokodilwächters (*Pluvianus aegyptius*). Seine Eier vergräbt er in heißem Sand und bebrütet diese nur während der kühlen Nachtstunden.

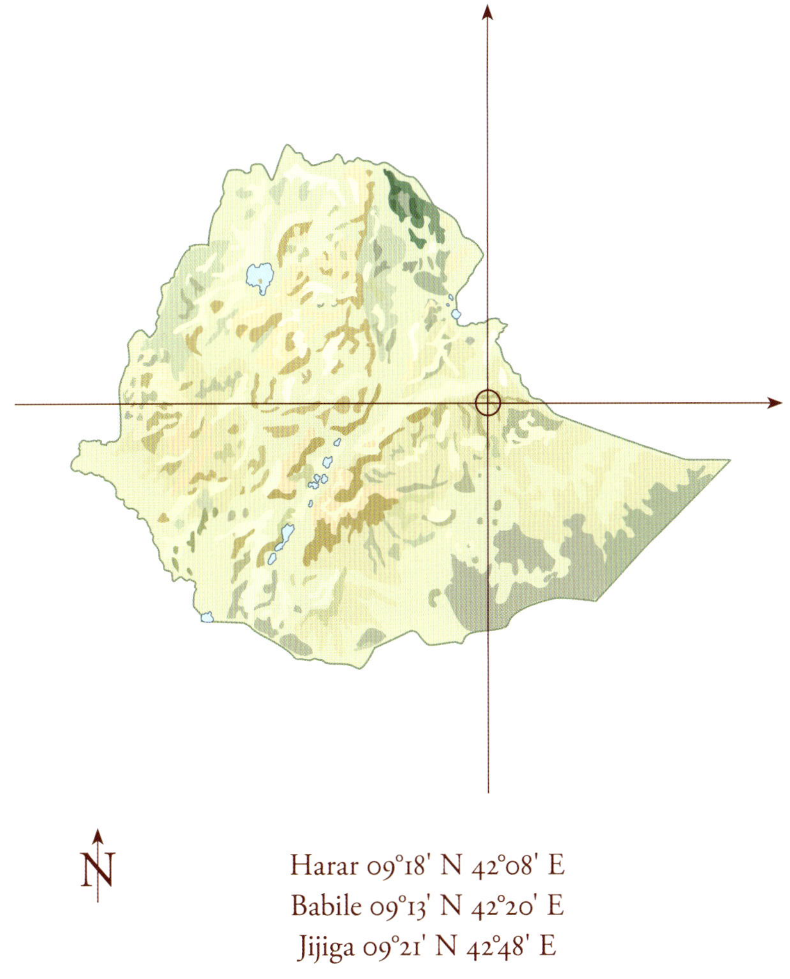

N

Harar 09°18' N 42°08' E
Babile 09°13' N 42°20' E
Jijiga 09°21' N 42°48' E

17 Harar, Babile und Jijiga

Zu Recht wird in vielen Reiseführern auf den besonderen Charakter der Stadt Harar hingewiesen. Was sie aus Sicht des naturkundlich Reisenden so interessant macht, sind ihre Tüpfelhyänen (*Crocuta crocuta*). Allabendlich kann man hier sogenannte „Hyänen-Männer" beim Füttern frei lebender Tiere zusehen. Mutige Gäste können sich an der Darreichung von Fleischstücken und Knochen per Hand (oder auch per Mund) beteiligen. Das unweit gelegene Babile Sanctuary wurde vorrangig zum Schutz der hier lebenden Afrikanischen Elefanten (*Loxodonta africana*) eingerichtet. Die beste Zeit für deren Beobachtung sind die Monate Juni bis September. Ob Tiere anwesend sind und ob sich die Wege des Parkes tatsächlich befahren lassen, sollte vor Antritt des Besuches in der Parkverwaltung in Babile erfragt werden. Wer sich auf die Suche nach der seltenen Somalispornlerche (*Heteromirafra archeri*) begeben will, muss weiter nach Jijiga reisen, der Hauptstadt der äthiopischen Somali-Region. Die Ebene östlich der Stadt ist nach den Liben Plains im Süden Äthiopiens der einzige Ort, von dem aktuelle Vorkommen bekannt sind. Das Auffinden der oft unauffälligen und scheuen Vögel ist nicht einfach. Lohnend ist der Bereich nördlich der Straße nach Wajaale, etwa 30 Kilometer von Jijiga entfernt.

Ahmar Mountains, westlich von Harar. Das Gebirge ist eines der bedeutendsten Anbaugebiete für Khat. Die Sträucher werden auf terrassierten Feldern selbst in steilsten Lagen angebaut.

Wo Tüpfelhyänen (*Crocuta crocuta*) ungestört sind, verlassen sie auch tagsüber ihren Bau. Besonders die halbwüchsigen Jungtiere drängt es zur Erkundung der Gegend nach draußen.

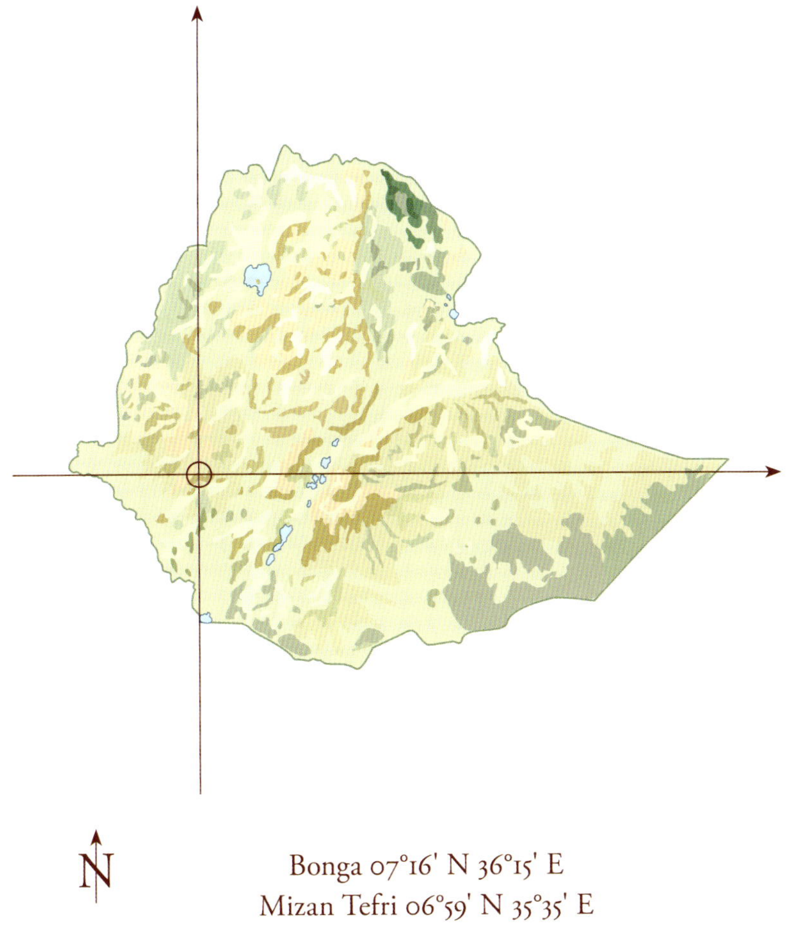

N

Bonga 07°16' N 36°15' E
Mizan Tefri 06°59' N 35°35' E

18 Kaffa

Ein Wechsel von üppigen Bergwäldern, Feuchtgebieten, tiefen Tälern und sanften Ebenen prägt das Kaffa Biosphere Reserve im Südwesten des Landes. Die höchsten Lagen erreichen über 3.000 m ü. NN. Besonders bekannt ist die Region für ihre Wildvorkommen des Arabica-Kaffees (*Coffea arabica*). Über die Fauna des Gebietes sind wir durch ein vom Naturschutzbund Deutschland koordiniertes Biodiversity Assessment gut informiert. Kaffa hat eine hohe Dichte an Primaten. Von den vorkommenden sechs Arten bevorzugen Diademmeerkatze (*Cercopithecus mitis*) und Brazza-Meerkatze (*Cercopithecus neglectus*) relativ ungestörte Habitate, während der Guereza (*Colobus guereza*) recht anspruchslos und weit verbreitet ist. Unter den Vögeln sind Kronenadler (*Stephanoaetus coronatus*), Klunkerkranich (*Bugeranus carunculatus*) und Kronenkranich (*Balearica pavonina*) sogenannte Flaggschiff-Arten. Zur typischen Vogelfauna der Wälder und gehölzreichen Lebensräume gehören Weißohrturako (*Tauraco leucotis*), Rostbauchstar (*Pholia sharpii*), Roststeiß-Grasmücke (*Parophasma galinieri*) und Braundrongoschnäpper (*Melaenornis chocolatinus*). An intakten Gewässern des Gebietes treffen wir auf die Binsenralle (*Podica senegalensis*) und den Kobalteisvogel (*Alcedo semitorquata*). Ein Büro des Biosphärenreservats befindet sich in Bonga.

Der Bonga Forest im Südwesten des Landes ist bekannt für sein Vorkommen von wildem Kaffee (*Coffea arabica*). Die Sträucher wachsen im Halbschatten des Waldes. Sie liefern nicht nur Bohnen von hoher Qualität, sondern sind auch eine wichtige Genressource.

Die nur im Südwesten Äthiopiens vorkommende Unterart der Diademmeerkatze (*Cercopithecus mitis boutourlinii*) steht auf der globalen Roten Liste und gilt als „verletzlich“ (vulnerable). Experten befürchten eine zunehmende Fragmentierung ihres Lebensraumes.

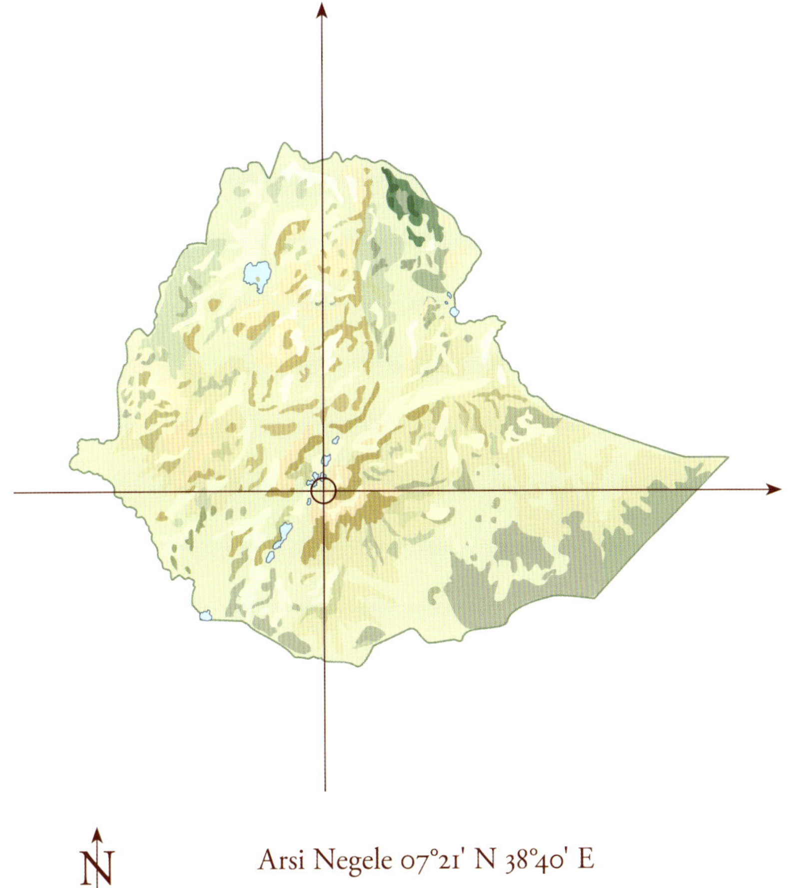

N

Arsi Negele 07°21' N 38°40' E

19 Abijatta-Shalla und Langano

Die drei Seen Abijatta, Shalla und Langano liegen nahe beieinander im mittleren Rift Valley, weisen jedoch einen sehr unterschiedlichen Charakter auf. Der flache Abijatta hat in den letzten Jahren beträchtlich an Ausdehnung verloren, ist jedoch noch immer ein wichtiger Lebensraum für Zwerg- und Rosaflamingos (*Phoeniconaias minor* und *Phoenicopterus roseus*) sowie Rastgebiet für paläarktische Wintergäste und Durchzügler wie Kampfläufer (*Calidris pugnax*), Sichelstrandläufer (*Calidris ferruginea*), Sandregenpfeifer (*Charadrius hiaticula*), Odinshühnchen (*Phalaropus lobatus*) und andere. Die umliegende Savanne ist wegen Übernutzung stark beeinträchtigt. Für Beobachtungen bietet sich deshalb das umzäunte und relativ intakte Areal am Haupteingang des Schutzgebietes an. Neben Nördlichen Grant-Gazellen (*Nanger notatus*) gibt es hier eine reiche Vogelfauna, darunter Clappertonfrankolin (*Pternistis clappertoni*), Schwarzschnabel-Baumhopf (*Phoeniculus somaliensis*) und Sudanhornrabe (*Bucorvus abyssinicus*). Der Bestand an Somalistraußen (*Struthio molybdophanes*) geht auf Aussetzungen zurück. Am Langano gibt es nur wenige Wasservögel. Gehölzreiche Uferabschnitte, zumeist im Umfeld der dortigen Lodges, sind dagegen vielversprechende Exkursionsziele. Mit etwas Glück kann die Nordbüscheleule (*Ptilopsis leucotis*) im Tageseinstand entdeckt werden.

Reste alter Baumbestände am Lake Langano lassen die einstige Bewaldung in der Umgebung des Sees erahnen. Vogelbeobachter treffen hier auf eine reiche Avifauna.

Sudanhornraben (*Bucorvus abyssinicus*) sieht man selten allein oder fliegend. Meist sind sie paarweise und zu Fuß unterwegs. Langsam und majestätisch laufen sie lange Strecken auf der Suche nach Insekten und anderer Nahrung.

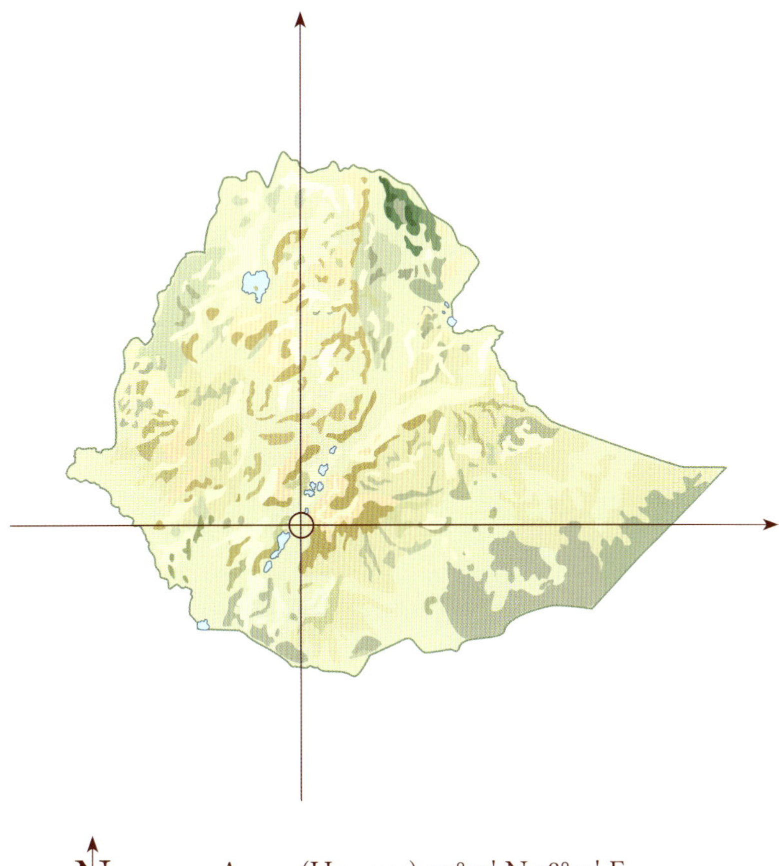

N

Awasa (Hawassa) 07°02' N 38°29' E

20 Awasa

Awasa (Hawassa) ist eine prosperierende Stadt und neben Bahir Dar die einzige in Äthiopien mit einer einladenden, reich begrünten Uferpromenade. Nicht nur für Birder, sondern auch für Fotografen bieten sich beste Möglichkeiten, denn die Vögel hier, einschließlich der meisten Wasservögel, zeigen sich sehr vertraut. In der vegetationsreichen Flachwasserzone können Goliathreiher (*Ardea goliath*), Gelbbrust-Pfeifgänse (*Dendrocygna bicolor*), Afrika-Zwergenten (*Nettapus auritus*) und Blaustirn-Blatthühnchen (*Actophilornis africanus*) beobachtet werden. Unter den Eisvögeln sind Haubenzwergfischer (*Corythornis cristatus*) und Graufischer (*Ceryle rudis*) häufig, der gigantische Riesenfischer (*Megaceryle maxima*) eher selten. Am berühmten Fischmarkt sammeln sich zahlreiche Marabus (*Leptoptilos crumenifer*), Rosapelikane (*Pelecanus onocrotalus*), Kormorane (*Phalacrocorax carbo*) und Graukopfmöwen (*Larus cirrocephalus*), insbesondere in den Morgenstunden, wenn die Fischer ihre Fänge an Land bringen. Der benachbarte Park lohnt für eine Suche nach dem seltenen Afrikastammsteiger (*Salpornis salvadori*). Häufiger und leichter zu finden sind Rotkehl-Wendehals (*Jynx ruficollis*), Senegalliest (*Halcyon senegalensis*) und Doppelzahn-Bartvogel (*Pogonornis bidentatus*). Guerezas (*Colobus guereza*) gibt es in großer Zahl.

Die Uferzone des Lake Awasa ist nahe der Stadt baumreich und parkartig. Obwohl er keinen erkennbaren Ablauf hat, enthält der über 100 km² große See Süßwasser. Forscher vermuten deshalb, dass Wasser unterirdisch abfließen muss.

Afrika-Zwergenten (*Nettapus auritus*) sind Bewohner flacher Seen oder langsam fließender Gewässer. Entscheidend ist eine üppige Vegetation. Die Art frisst gern Samen von Wasserlilien und anderen aquatischen Pflanzen.

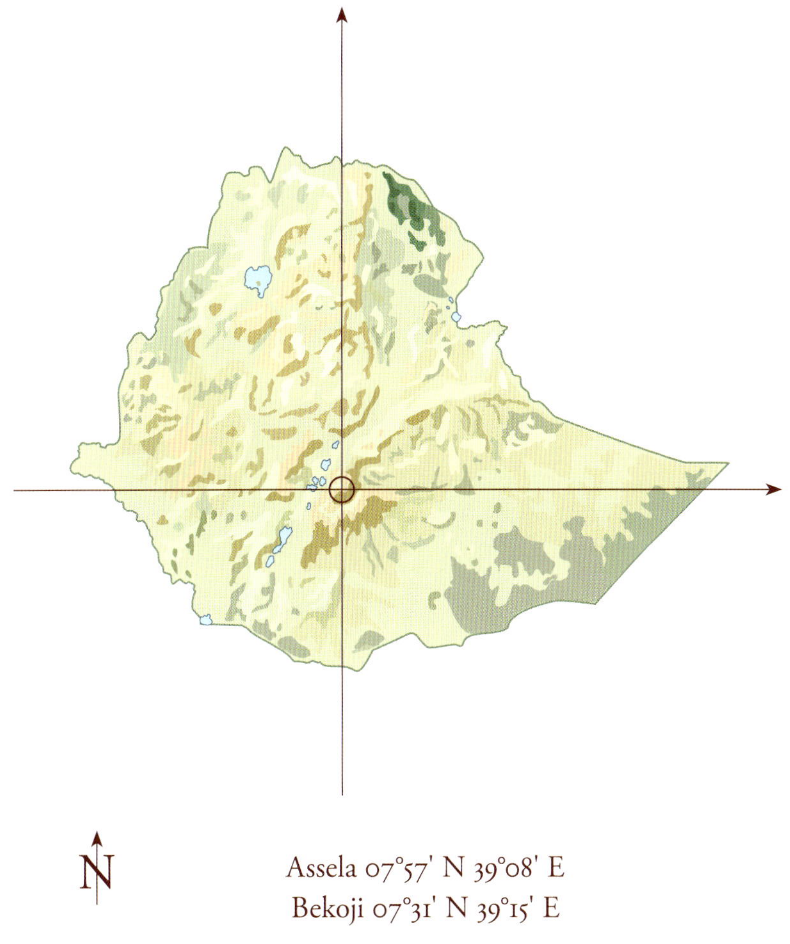

N

Assela 07°57' N 39°08' E
Bekoji 07°31' N 39°15' E

21 Arsi Mountains

Der von Oromia verwaltete Nationalpark besteht aus mehreren getrennten Gebieten. Die sanften Hänge des Dilifekar Block, etwa 25 Kilometer südlich von Adama, werden von Buschland dominiert. Zur Avifauna gehören typische Savannenbewohner wie Rotschnabeltoko (*Tockus erythrorhynchus*), Zwergspint (*Merops pusillus*), Dreifarbenglanzstar (*Lamprotornis superbus*) und Weißbrauenweber (*Plocepasser mahali*). Die überwiegend nacht- und dämmerungsaktiven Tüpfelhyänen (*Crocuta crocuta*) lassen sich hier auch tagsüber am Bau beobachten. Östlich von Assela und Bekoji befinden sich ausgedehnte afro-alpine Bereiche des Schutzgebietes, die selten besucht werden. Wir treffen dort auf viele Arten, die auch in den Hochlagen des benachbarten und viel bekannteren Bale National Park leben. Dazu gehören Großsäuger wie Hochland-Schirrantilope (*Tragelaphus meneliki*) und Bergnyala (*Tragelaphus buxtoni*) sowie Vogelarten wie Gelbschnabelente (*Anas undulata*), Hochlandfrankolin (*Scleroptila psilolaema*), Afrikanische Bekassine (*Gallinago nigripennis*), Goldhalspieper (*Macronyx flavicollis*) und Malachitnektarvogel (*Nectarinia famosa*). Ein Büro des Arsi National Park befindet sich in Deraa.

Alpiner Bereich des Arsi Mountains National Park. Die Ausstattung mit Arten und Lebensräumen ähnelt jener auf den Hochlagen der benachbarten Bale-Region.

Das Areal der Theklalerche (*Galerida theklae*) umfasst zum einen die Iberische Halbinsel und den Norden Afrikas und zum anderen, weit abgelegen, das Horn von Afrika. In den Bergen von Bale ist sie mit einer eigenen Unterart (*huei*) vertreten.

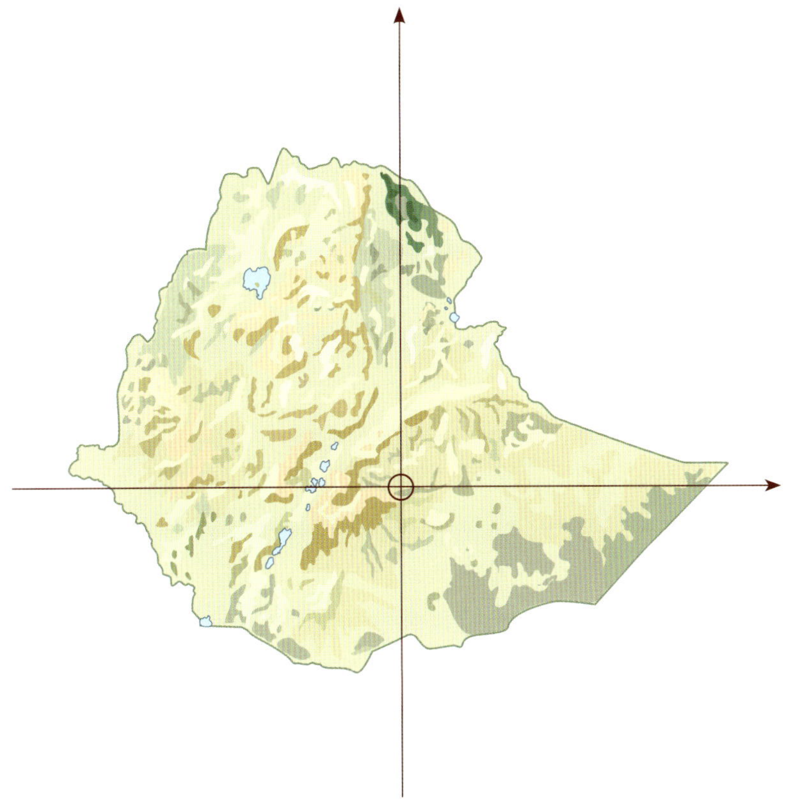

Sheik Hussein 07°44' N 40°42' E
Sof Omar 06°54' N 40°50' E

22 Sheik Hussein und Sof Omar

Sheik Hussein liegt abseits der üblichen Reiserouten naturkundlich interessierter Besucher. Wen die lange und mühsame Anfahrt vom Norden her nicht abschreckt, der wird mit spektakulären Landschaftseindrücken belohnt, die sich bei der Querung des gigantischen Canyon des Wabe Shebelle bieten. Die steil abfallenden, kargen Felsen sind Lebensraum für Klippschliefer (*Procavia capensis*), Lannerfalke (*Falco biarmicus*), Borstenrabe (*Corvus rhipidurus*) und Bergammer (*Emberiza tahapisi*). Auch der seltene Salvadorigirlitz (*Crithagra xantholaema*) wurde hier schon beobachtet. Leichter erreichbar und vor allem wegen seiner Höhlen bekannt ist Sof Omar. Für Vogelbeobachter stehen dort, neben dem genannten Salvadorigirlitz, der Braunschwanz-Steinschmätzer (*Oenanthe scotocerca*) und der Helmstar (*Onychognathus salvadorii*) auf der Liste der Zielarten. Weitere typische Vertreter des Somali-Masai Biomes sind Goldschnabelhopf (*Rhinopomastus minor*), Von-der-Decken-Toko (*Tockus deckeni*), Königsglanzstar (*Lamprotornis regius*) und Somaliammer (*Emberiza poliopleura*). Das ausgedehnte, sich über 15 Kilometer erstreckende Höhlenlabyrinth ist zugänglich und lohnt einen Abstecher. Unter den Fledermausarten, die die Höhle als Tageseinstand nutzen, ist die Großohrige Riesenbulldoggfledermaus (*Otomops martiensseni*) die häufigste.

Das Labyrinth der Höhlen von Sof Omar wurde und wird von Wassermassen des Flusses Web ausgespült. Mit einer Länge von etwa 15 km ist es eines der größten Höhlensysteme Afrikas.

Der Goldpieper (*Tmetothylacus tenellus*) zählt zu den innerafrikanischen Zugvögeln, wobei noch viele Details der Wanderung unbekannt sind. Im Osten Äthiopiens trifft er offenbar nach den Regenfällen im Frühjahr ein, um dort zu brüten.

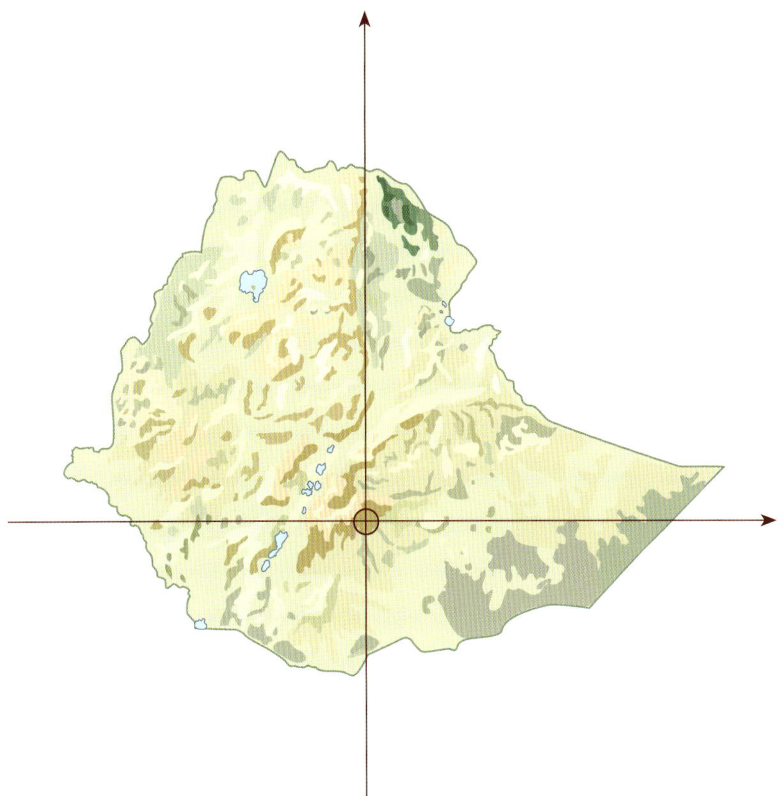

N

Dinsho 07°06' N 39°47' E
Mt. Tullu Dimtu (Sanetti) 06°49' N 39°49' E
Rira 06°46' N 39°43' E

23 Bale Mountains

Schon das baumreiche Gelände um die Verwaltung des Bale National Park in Dinsho bietet reichlich Beobachtungsmöglichkeiten. Die hier lebenden Bergnyalas (*Tragelaphus buxtoni*) sind wenig scheu und posieren für eindrucksvolle Fotos. Zur Vogelwelt der montanen Waldhabitate gehören Orangedrossel (*Geokichla piaggiae*), Roststeiß-Grasmücke (*Parophasma galinieri*) und Weißmantel-Rußmeise (*Melaniparus leuconotus*). Mit viel Glück oder der Hilfe eines Guides gelingt das Auffinden der Tageseinstände von Afrikanischem Waldkauz (*Strix woodfordii*) und Afrika-Waldohreule (*Asio abyssinicus*). Das afro-alpine Sanetti-Plateau ist ohne Zweifel eines der besonderen Highlights. Hier liegt der Hauptlebensraum des Äthiopischen Wolfes (*Canis simensis*), dessen Beobachtung fast immer gelingt. An temporären Gewässern und in feuchten Senken leben Blauflügelgänse (*Cyanochen cyanoptera*) und Strichelbrustkiebitze (*Vanellus melanocephalus*). Rostgans (*Tadorna ferruginea*), Alpenkrähe (*Pyrrhocorax pyrrhocorax*) und Steinadler (*Aquila chrysaetos*) sind paläarktische Vertreter der Vogelwelt, die hier ein Brutrefugium gefunden haben. Im Süden der Bale Mountains liegt der ausgedehnte Harenna Forest, mit charakteristischen Waldbewohnern wie Narinatrogon (*Apaloderma narina*), Waldraupenfänger (*Ceblepyris caesius*) und Hochland-Grasmücke (*Sylvia abyssinica*).

In einer Höhe von etwa 4.000 m ü. NN, unterbrochen von einigen Canyons, erstreckt sich das Sanetti-Plateau. Überragt wird es vom Mt. Tullu Dimtu, mit 4.377 m ü. NN.

Schwimmend ist die Blauflügelgans (*Cyanochen cyanoptera*) eher selten zu sehen. Meist ist sie unweit von Gewässern auf feuchtem Grünland oder moorigen Hochebenen unterwegs, wo sie sich vor allem von Gras und anderen grünen Pflanzenteilen ernährt.

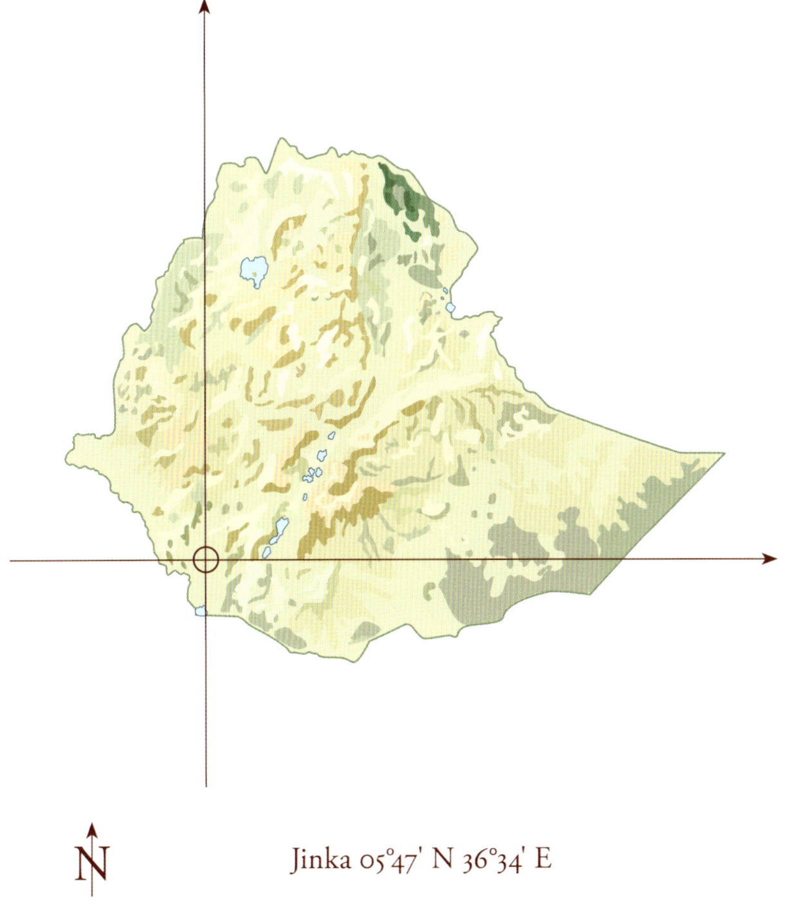

Jinka 05°47' N 36°34' E

24 Unterer Omo

Der Mago National Park ist wohl das am meisten besuchte Gebiet am unteren Lauf des Omo. Zu den zahlreichen hier lebenden Ethnien gehören die Mursi, Außenstehenden vor allem wegen der großen Lippenteller bekannt. Savanne sowie flussbegleitende Wälder und Feuchtgebiete prägen die Region. Letztere Bereiche sind Lebensraum der seltenen Bindenfischeule (*Scotopelia peli*), ebenso wie von Graufalke (*Falco ardosiaceus*), Uferschwatzhäherling (*Turdoides tenebrosa*) und Weißbrauenrötel (*Cossypha heuglini*). Blutschnabelweber (*Quelea quelea*) können in riesigen Trupps zusammenfinden, die oft mehrere Tausend Individuen umfassen. Aus der trockenen Akazien-Savanne gibt es Beobachtungen des Dornbuschwebers (*Plocepasser donaldsoni*), der in Äthiopien nur an wenigen Stellen im äußersten Süden beobachtet werden kann. Zu den häufiger festgestellten Arten gehören Schwarzkuckuck (*Cuculus clamosus*), Schwalbenschwanzspint (*Merops hirundineus*), Zimtracke (*Eurystomus glaucurus*), Glanzwitwe (*Vidua hypocherina*) und Zwergweber (*Ploceus luteolus*). Offene Grasebenen mit eingestreuten Bäumen und Büschen sind bevorzugtes Jagdrevier des Sekretärs (*Sagittarius serpentarius*).

Eine Savanne ist ein Wald-Grasland-Ökosystem. Kennzeichnend ist, dass die Bäume weit voneinander entfernt stehen und sich deren Kronen nicht schließen. Das lichte Blätterdach ermöglicht eine flächige Bodenvegetation, die vor allem aus Gräsern besteht.

Zu den Bewohnern offener Habitate gehört der Sekretär (*Sagittarius serpentarius*). Wie Hornraben sind diese Greifvögel meist zu Fuß unterwegs. Sie töten ihre Beute oft durch schnelle Tritte mit ihren langen Beinen und kräftigen Zehen.

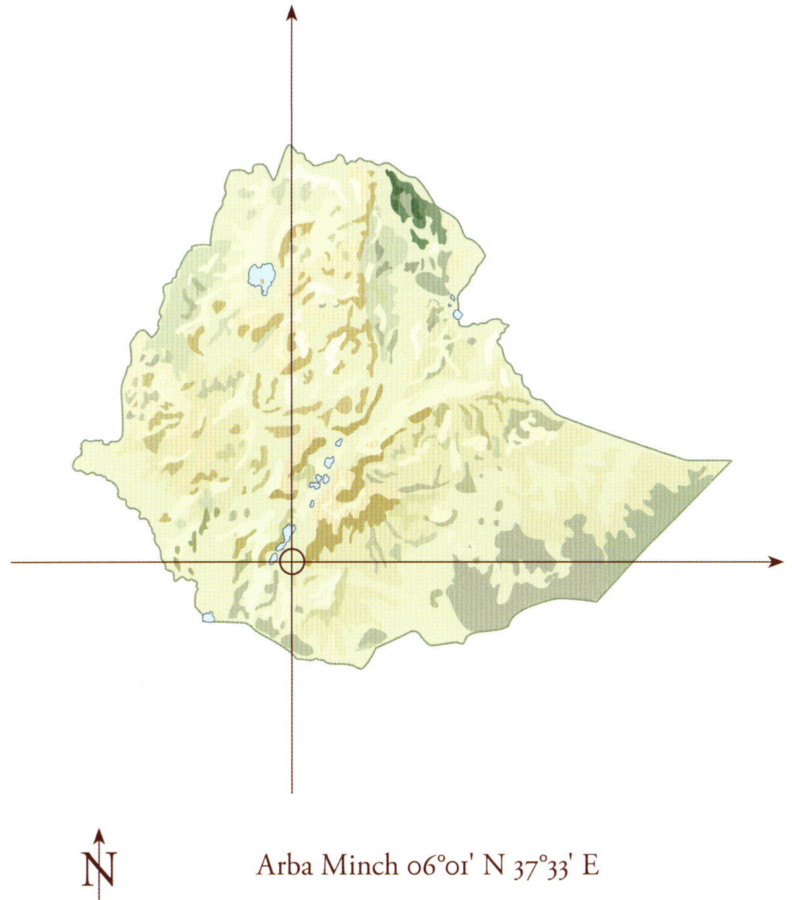

Arba Minch 06°01' N 37°33' E

25 Nechisar

Unter Ornithologen ist der Nechisar National Park vor allem wegen der Entdeckung der nach ihrem Fundort benannten Nechisarnachtschwalbe (*Caprimulgus solala*) bekannt. Das Schutzgebiet umfasst die baumlosen Hochebenen östlich der Seen Abaya und Chamo, aber auch die bewaldeten Gebiete und verbuschten Hänge zwischen den beiden Gewässern. Steppenzebra (*Equus quagga*) und Nördlicher Großkudu (*Strepsiceros chora*) können leicht beobachtet werden. In den ausgedehnten Savannenhabitaten gibt es drei Trappenarten: Hartlaubtrappe (*Lissotis hartlaubii*), Schwarzbauchtrappe (*Lissotis melanogaster*) und Riesentrappe (*Ardeotis kori*), wobei Letztere besonders häufig ist. Typische Bewohner sind des Weiteren Gelbkehl-Flughuhn (*Pterocles gutturalis*), Weißschwanzlerche (*Mirafra albicauda*) und Taitawürger (*Lanius dorsalis*). Entlang des Kulfo Rivers unweit des Parkeinganges ist mit Riesenfischer (*Megaceryle maxima*), Waliataube (*Treron waalia*), Strichelstirn-Honiganzeiger (*Indicator variegatus*) und Bindenlappenschnäpper (*Platysteira cyanea*) zu rechnen. Am „Krokodilmarkt" des Lake Chamo können Boote gemietet werden, die die Beobachtung von Flusspferden (*Hippopotamus amphibius*) sowie prächtigen Exemplaren des Nilkrokodils (*Crocodylus niloticus*) aus nächster Nähe ermöglichen.

Blick über den Nechisar National Park auf den Lake Chamo. Es ist der südlichste der großen Süßwasserseen im äthiopischen Rift Valley, sein Wasserspiegel liegt 1.100 m ü. NN.

Steppenzebras (*Equus quagga*) sind nicht territorial und leben überwiegend nomadisch in weiträumigen home ranges. In Nechisar kann man sie verstreut in kleinen Gruppen beobachten.

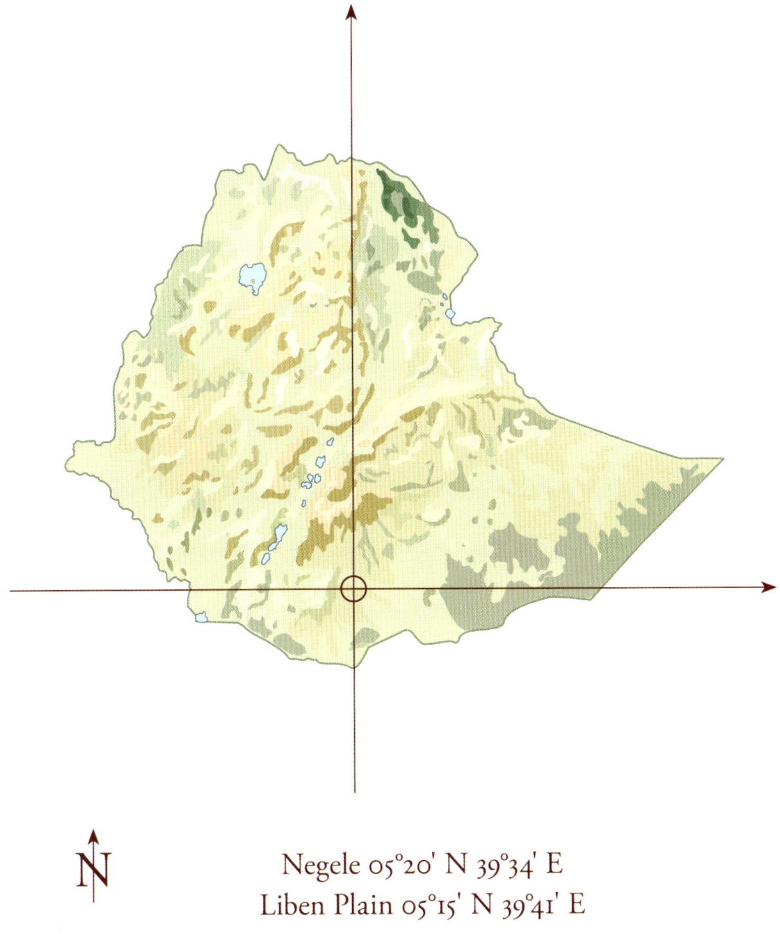

N

Negele 05°20' N 39°34' E
Liben Plain 05°15' N 39°41' E

26 Negele

Südöstlich von Negele erstrecken sich die Liben Plains. Bevor ein weiteres Vorkommen im Norden der Somali-Region gefunden wurde, galt dieses Gebiet als das einzig verbliebene Areal der Somalispornlerche (*Heteromirafra archeri*). Die lokalen Guides sind im Rahmen eines Community-Projektes tätig. Sie kennen das Aufenthaltsgebiet der Tiere und können diese von der viel häufigeren Halsfleckenlerche (*Alaudala somalica*) ohne Mühe unterscheiden. Das karge und baumlose Plateau erscheint zunächst artenarm, erweist sich nach einigem Aufenthalt aber als spannendes Terrain. Zur typischen Avifauna des Graslandes gehören Riesentrappe (*Ardeotis kori*), Kronenkiebitz (*Vanellus coronatus*), Schwarzflügelkiebitz (*Vanellus melanopterus*), Braunrückenpieper (*Anthus leucophrys*) und Blasskopf-Zistensänger (*Cisticola brunnescens*). In strauchreicheren Habitaten am Rande der Ebene finden wir Somaliwürger (*Lanius somalicus*), Marmorweber (*Pseudonigrita arnaudi*) und Weißscheitel-Glanzstare (*Lamprotornis albicapillus*). Die Weiterfahrt nach Filtu ist wegen des Straßenzustandes lang und mühsam, könnte aber mit der einen oder anderen Sichtung des Salvadorigirlitz (*Crithagra xantholaema*) belohnt werden. Für die Suche nach dem Ruspoliturako (*Tauraco ruspolii*) ist der Oberlauf des Genale, zwischen Negele und Dolo Mena, am aussichtsreichsten.

Buschsavanne mit eingesprengten Feldern unweit des Genale Rivers. Nach reichlichen Regenfällen im Mai sprießt überall frische Vegetation.

Der Ruspoliturako (*Tauraco ruspolii*) war Forschern schon seit dem Ende des 19. Jahrhunderts bekannt, doch lange rätselte man über die genaue Herkunft des Vogels. Inzwischen weiß man, dass er nur ein kleines Areal im Südosten Äthiopiens besiedelt.

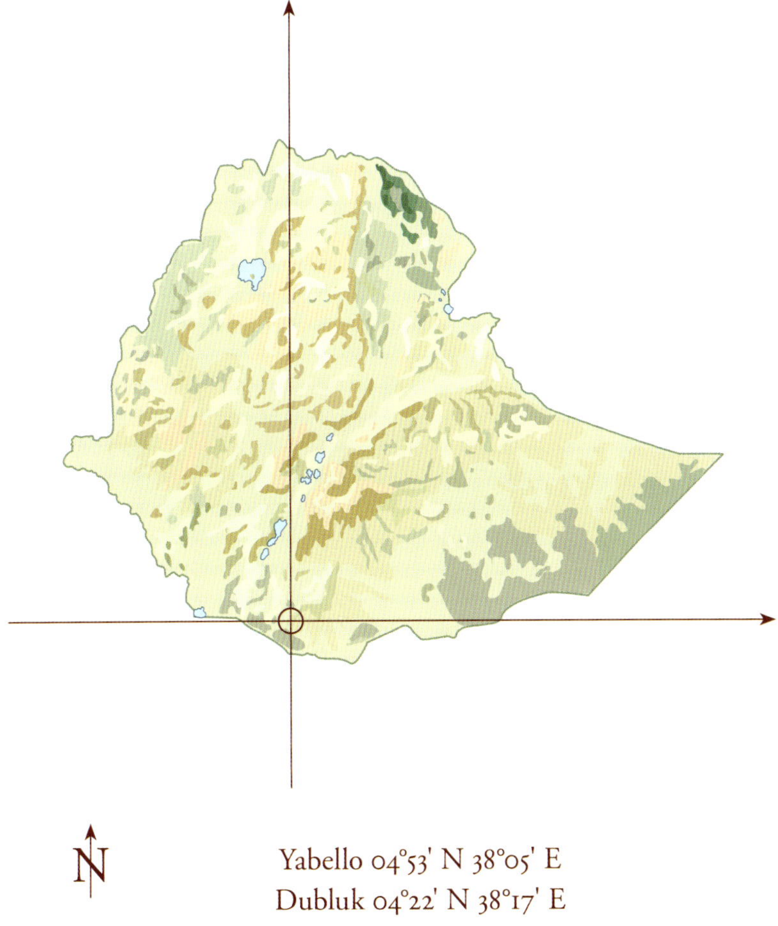

N

Yabello 04°53' N 38°05' E
Dubluk 04°22' N 38°17' E

27 Yabello

Für jeden Vogelbeobachter, der den Süden Äthiopiens bereist, ist Yabello eine Pflichtstation. Die Region beherbergt zwei äthiopische Endemiten, die nur hier beobachtet werden können: den Akazienhäher (*Zavattariornis stresemanni*) und die Weißschwanzschwalbe (*Hirundo megaensis*). Beide Arten sind Bewohner der Akazien- und Strauchsavanne des Borana-Plateaus, das sich von hier bis nahe der Grenze zu Kenia erstreckt. Während die Häher große und auffällige Nester in den Wipfeln von Büschen und Bäumen anlegen, brüten die Schwalben (neben *H. megaensis* auch die weiter verbreitete Fahlkehlschwalbe, *Hirundo aethiopica*) in den Hütten der Borana. In den Randbereichen der Dörfer befinden sich oft auch die bevorzugten Habitate des Ohrfleck-Bartvogels (*Trachyphonus darnaudii*), des Schuppenbrust-Elsterhäherlings (*Argya aylmeri*) und des Maronensperlings (*Passer eminibey*). Sowohl Helmperlhuhn (*Numida meleagris*) als auch Geierperlhuhn (*Acryllium vulturinum*) sind nicht selten, haben aber unterschiedliche Habitatpräferenzen. Westlich von Yabello befinden sich die Sarrite Plains, eines der wenigen Vorkommensgebiete der Maskenlerche (*Spizocorys personata*). Neben Halsband-Zwergfalke (*Polihierax semitorquatus*), Rötelfalke (*Falco naumanni*) und Turmfalke (*Falco tinnunculus*) kommt gelegentlich auch der Steppenfalke (*Falco rupicoloides*) vor. Das Grevy-Zebra (*Equus grevyi*) ist selten.

Eisenoxid gibt den Böden um Yabello ihre typische rotbraune Färbung. Markante Termitenhügel, hier in der Bildmitte erkennbar, ragen wie Türme aus der Erde. Sie erreichen oft Höhen von 5 m oder mehr.

Akazienhäher (*Zavattariornis stresemanni*) gibt es nur auf dem Borana-Plateau, das sich etwa zwischen den Orten Yabello und Mega und von dort nach Osten hin erstreckt. Forschungen haben ergeben, dass eine Kombination von relativ hohen Niederschlägen und geringen Temperaturen die Grenzen seiner Verbreitung bestimmt.

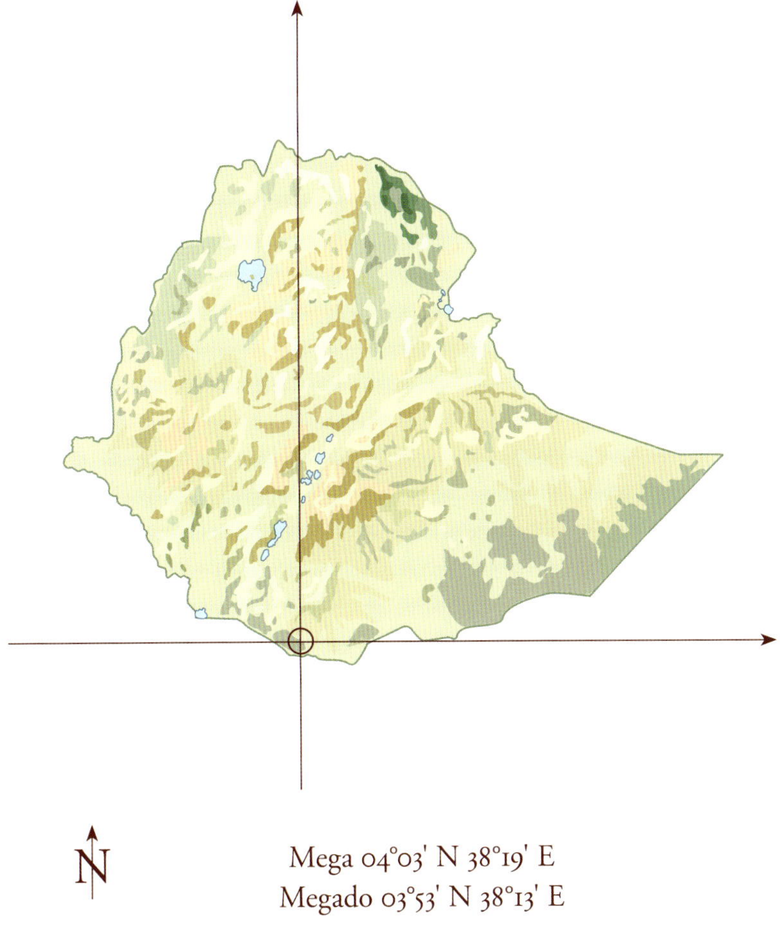

Mega 04°03' N 38°19' E
Megado 03°53' N 38°13' E

28 Mega Mountains

Um die Stadt Mega herum, ca. 100 km südlich von Yabello, gibt es eine weitere endemische Vogelart, den Schwarzstirnfrankolin (*Pternistis atrifrons*). Während Gelbkehlfrankolin (*Pternistis leucoscepus*) und Schopffrankolin (*Dendroperdix sephaena*) in flachen und hügeligen Bereichen häufig und weit verbreitet sind, beschränkt sich sein Vorkommen auf exponierte Lagen der Berge und Klüfte. Die in bebuschten Hangabschnitten eingestreuten Felsen sind beliebte Plätze für rufende Individuen. An höher aufragenden, ungestörten Felsen befinden sich Brutplätze von Klippenadler (*Aquila verreauxii*), Lannerfalke (*Falco biarmicus*) und Wanderfalke (*Falco peregrinus*). Unweit von Mega liegt der Salzkrater von El Sod, in dessen weiterer Umgebung sich die Ausschau nach Schmuckflughuhn (*Pterocles decoratus*), Somalirennvogel (*Cursorius somalensis*) und Kurzschwanzlerche (*Spizocorys fremantlii*) lohnt. Nördliche Grant-Gazellen (*Nanger notatus*) können vor allem in den Ebenen westlich des Ortes regelmäßig beobachtet werden. Südliche Giraffengazellen (*Litocranius walleri*) sind dagegen in der gesamten Region verbreitet, wenn auch in geringer Dichte. Nicht ausgeschlossen, aber höchst außergewöhnlich sind Begegnungen mit Leoparden (*Panthera pardus*) und Geparden (*Acinonyx jubatus*).

Um die Ortschaft Mega sowie südöstlich davon, bis hin zur kenianischen Grenze, erstreckt sich eine bergige Landschaft mit teils bewaldeten Gipfeln. Es ist das südlichste der äthiopischen Gebirge.

Die südlich der Sahara brütenden Wanderfalken (*Falco peregrinus*) gehören der Subspezies *minor* an. Am Horn von Afrika gilt die Art als seltener Brutvogel, von der bisher nur wenige Brutnachweise bekannt wurden.

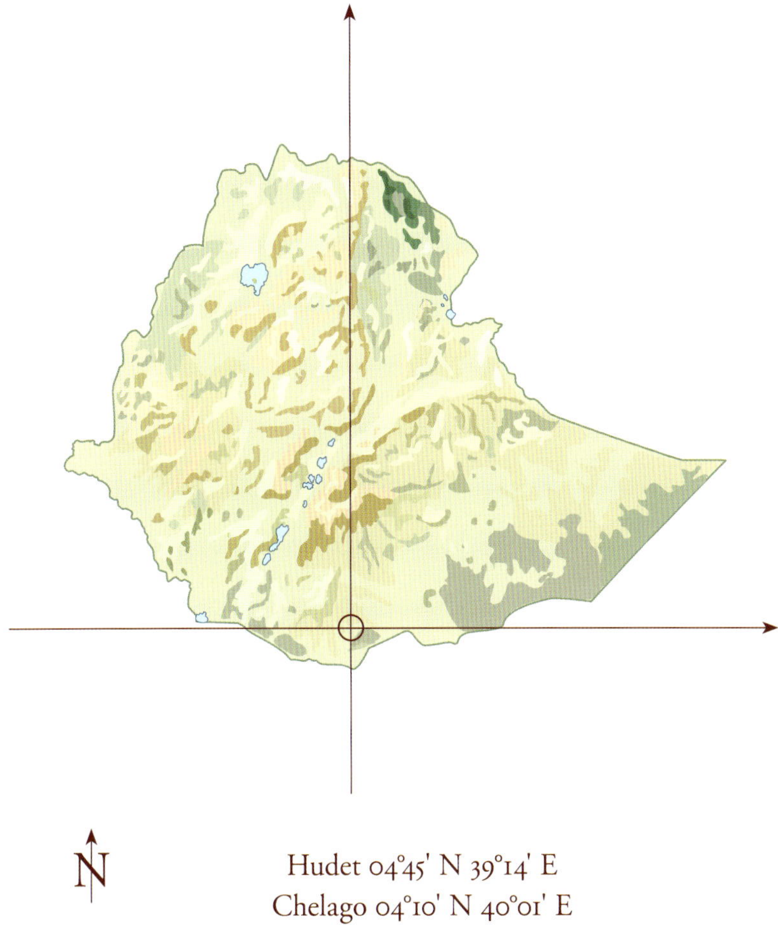

Hudet 04°45' N 39°14' E
Chelago 04°10' N 40°01' E

29 Geraille und Hudet

Der Geraille National Park im äußersten Süden Äthiopiens gehört zu den kaum bekannten und selten frequentierten Schutzgebieten des Landes. Zu Unrecht, da den Besucher hier ausgedehnte und in Teilen ungestörte Savannenhabitate erwarten und, verglichen mit vielen anderen Parks, Bevölkerungs- und Nutzungsdruck noch moderat sind. Dass die meisten Wildtiere, etwa Oryx (*Oryx gallarum*) und Südliche Giraffengazellen (*Litocranius walleri*), recht scheu sind, deutet jedoch auch hier auf illegale Bejagung hin. Es gibt eine kleine Population von Giraffen (*Giraffa camelopardalis*), zu deren Streifgebiet auch der benachbarte Malka Mari National Park in Kenia gehört. Somalistrauße (*Struthio molybdophanes*) bewohnen die kurzgrasigen Ebenen, und kleine Gruppen von Schmuckflughühnern (*Pterocles decoratus*) suchen in sandigen Fahrspuren nach Nahrung. Der in Äthiopien weit verbreitete Graukopfsperling (*Passer griseus*) wird hier durch den Papageischnabelsperling (*Passer gongonensis*) ersetzt. Die Parkverwaltung befindet sind in Hudet, wobei die Fahrt von hier bis zu den Camps des Schutzgebietes mehrere Stunden dauert. Leichter zu erreichen ist der Dawa River nördlich des Ortes, wo der ambitionierte Birder mit zwei Besonderheiten rechnen kann, der Reichenowtaube (*Streptopelia reichenowi*) und dem Gelbrückenweber (*Ploceus dichrocephalus*).

Die Savanne südlich von Hudet erscheint über weite Strecken menschenleer. Fehlender Zugang zu Wasser erschwert die Viehhaltung. Pastoralisten sind hier vor allem auf Kamele angewiesen.

Am Dawa River kann der Gelbrückenweber (*Ploceus dichrocephalus*) regelmäßig beobachtet werden. Er lebt bevorzugt in flussnahen Gehölzen.

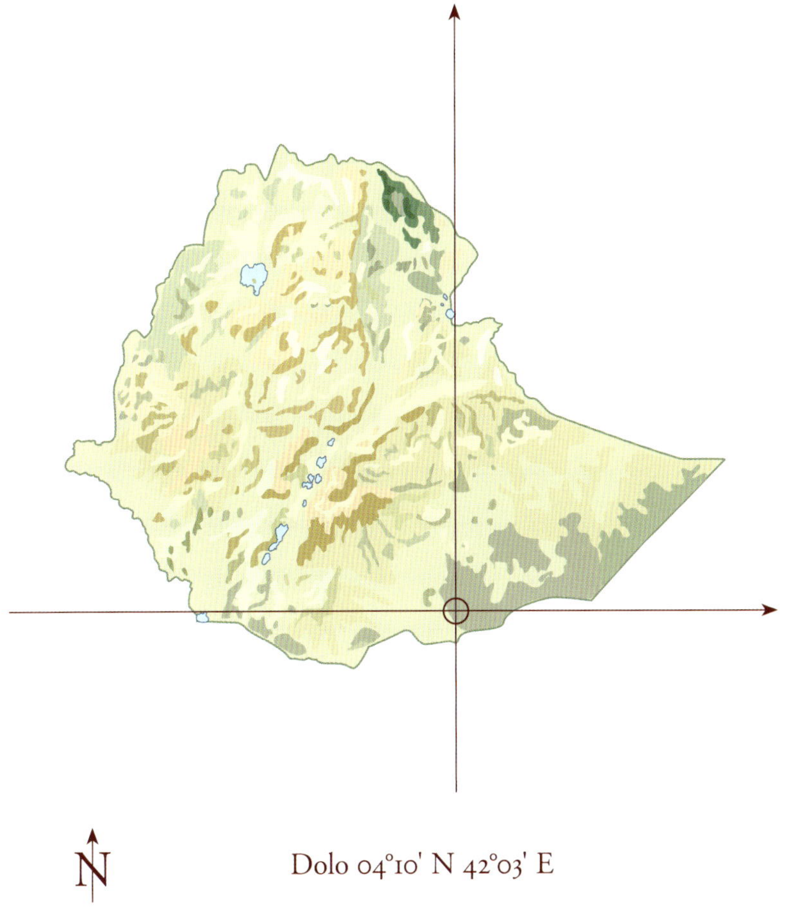

N

Dolo 04°10' N 42°03' E

30 Unterer Genale

Wenn Ornithologen in die riesige Somali-Region im Osten Äthiopiens vorstoßen, dann meist in das Gebiet des Unteren Genale zwischen Bogol Manyo und Dolo Odo. Reichenowtaube (*Streptopelia reichenowi*) und Gelbrückenweber (*Ploceus dichrocephalus*) sind zwar an ihrem Vorposten bei Hudet mit weniger Aufwand aufzuspüren, wer aber wirklich in das Kernareal der Arten vordringen will, muss hierher an die somalische Grenze reisen. Zu den „target species" des östlichen Landesteiles gehören auch Somalispint (*Merops revoilii*), Somalisteinschmätzer (*Oenanthe phillipsi*), Kurzschnabelsylvietta (*Sylvietta philippae*) und Somalieremomela (*Eremomela flavicrissalis*). Die Leitungsmasten entlang der Pisten sind beliebte Ansitzplätze für Weißbürzel-Singhabichte (*Melierax poliopterus*) und den temporär ebenfalls häufigen Heuschreckenteesa (*Butastur rufipennis*). Saisonal ist auch das Vorkommen des Spiegelstars (*Speculipastor bicolor*) und des recht spärlich verbreiteten Goldpiepers (*Tmetothylacus tenellus*). Zu den charakteristischen und lokal häufigen Arten der trockenen Savanne gehören Gillettlerche (*Mirafra gilletti*) und Harlekinlerche (*Eremopterix signatus*). Anders als die Braunflügel-Mausvögel (*Colius striatus*) im Rest des Landes haben die hier lebenden Vertreter der Subspecies *mombassicus* braune statt blau-graue Augen.

Wadi in der Somali-Region, westlich des Genale Rivers. Die kleinen Zuflüsse führen in dem trockenen und heißen Gebiet nur während einiger Wochen oder Monate Wasser.

Die Vorkommen der Reichenowtaube (*Streptopelia reichenowi*) liegen meist nicht fern von den Flüssen und Wadis. Allerdings kommt sie auch in Siedlungen fernab von Wasserläufen vor.

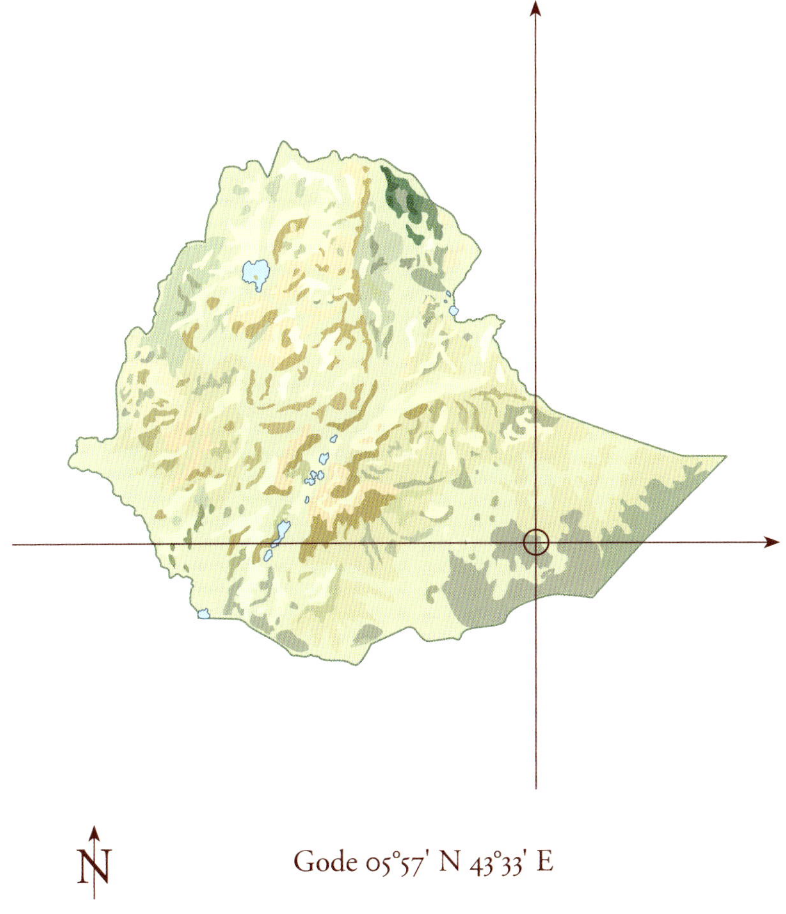

N

Gode 05°57' N 43°33' E

31 Gode

Unter den Flüssen, die das östliche Hochland Richtung Somalia entwässern, ist der Shabelle der Größte. Während er sich an seinem Oberlauf durch tiefe Schluchten drängt, fließt er bei Gode durch die flachen Ebenen des Ogaden. Obwohl die Stadt zu den größten der äthiopischen Somaliregion gehört, ist sie auf dem Landweg nicht leicht zu erreichen. Von Goba aus führt die Strecke vorwiegend über raue Pisten und beansprucht knapp zwei Tage. Schneller ist man auf der asphaltierten Straße von Jijiga über Kebri Dehar unterwegs, aber auch hier müssen etwa 550 km zurückgelegt werden. Südöstlich der Stadt kann die seltene Maskenlerche (*Spizocorys personata*) beobachtet werden. Anders als in Sarrite (westlich von Yabello) gehören die Vögel der hiesigen Population der Nominatform an. Wir konnten im Mai 2021 zwei Individuen beobachten, nachdem es seit den 1970er-Jahren keine Feststellungen mehr gab. Einer der Gründe dafür ist sicherlich, dass die Region kaum bereist wird. Wer den Vorstoß dennoch wagt, kann hier und auf der Anreise mit spannenden Beobachtungen rechnen. Dazu gehören etwa Steinkauz (*Athene noctua*), Reichenowtaube (*Streptopelia reichenowi*) und Somalispint (*Merops revoilii*), deren Areale innerhalb Äthiopiens weitgehend auf den Osten beschränkt sind. Dies gilt auch für das Wüstenwarzenschwein (*Phacochoerus aethiopicus*). Zu den typischen Arten der kargen Savanne gehört zudem der Spiegelstar (*Speculipastor bicolor*), der besonders durch die leuchtend rote Färbung seiner Augen auffällt.

Zufluss des Shabelle Rivers nördwestlich von Gode. Die enorme Sedimentfracht der Gewässer lässt bei niedrigem Wasserstand riesige Schlammbänke entstehen.

Der Somalispint (*Merops revoilii*) ist weniger farbenprächtig als andere Bienenfresser. Man sieht ihn meist einzeln oder paarweise, und er brütet auch nicht in Kolonien.

Epilog

Hauptursache für die Übernutzung, Entwaldung und illegale Besiedlung der Nationalparks ist die prekäre Lebenssituation der Bevölkerung. Unser Ansatz muss deshalb ganzheitlich sein und alle Bereiche einbeziehen, die zu einer Verbesserung des Lebensunterhaltes der Menschen vor Ort führen. Nur so kann der Druck auf die Nationalparks allmählich abnehmen.

Kumara Wakjira

Dschelada (*Theropithecus gelada*)

Der Simien National Park ist eines der ältesten Schutzgebiete Äthiopiens. Er gehört wegen seiner „außergewöhnlichen natürlichen Schönheit“ und als Gebiet mit den „wichtigsten und bedeutendsten natürlichen Lebensräumen“ zu den UNESCO-Weltnaturerbestätten, von denen es auf unserem Globus nur etwa 200 gibt. Die Piste zu den Dörfern im Simien-Gebirge führt von der kleinen Stadt Debark Richtung Nordosten. Nach einigen Kilometern erreichen wir die 3.000 Meter Höhenlinie, wo der „Karte der potenziell-natürlichen Vegetation“ zufolge der Ericaceen-Gürtel beginnen sollte. Vergeblich halten wir Ausschau nach den urigen, flechtenbehangenen Baumheiden. Und auch weiter oben werden wir nur hier und da auf spärliche Reste treffen. Auf den kargen, mit tiefen Erosionsrinnen durchzogenen Hängen drängen sich Hirten mit ihrem Vieh. Als wir die letzten Gerstenfelder in fast 3.700 Höhenmetern passieren, blockiert ein großer frischtoter Vogel unseren Weg. Ein Bartgeier (*Gypaetus barbatus*) ist Opfer der unisolierten Stromleitung geworden, die längs der Piste verläuft. Auf knapp 4.000 Metern liegen die Wolken dann unter uns. Sie gleiten am späteren Vormittag die Täler hinauf und evaporieren über den sonnigen Hochlagen. Auf den satten Almen grasen Walia-Steinböcke (*Capra walie*) und Herden von Dscheladas (*Theropithecus gelada*). Ein Äthiopischer Wolf (*Canis simensis*) sucht zwischen Seggen und Lobelien nach Beute. Nach Norden hin fällt das alpine Plateau steil, fast senkrecht ab und öffnet den Blick in eine weite, bizarre Felslandschaft mit winzigen Feldern und verstreuten Hütten. Es stimmt, die Natur im Simien-Gebirge ist außergewöhnlich, schön und bedeutend. Aber sie erscheint extrem verletzlich – und alles andere als unberührt.

Ein Großteil der höchsten Gebirgslagen Äthiopiens liegt in Amhara. Besonders weiträumig sind neben den Simien-Bergen die Gebirgslagen bei Lalibela (inklusive Gebune Yosef), bei Debre Tarbor, bei Desse (inklusive Borena Saynt), bei Debre Markos (Choke Mts.), bei Mehal Meda (inklusive Guassa) und bei Ankober. Nirgends sonst in Afrika, abgesehen von den Hochlagen der Bale und Arsi Mountains in Oromia, erreichen alpine Habitate eine solche Ausdehnung wie hier. Selbst berühmte Giganten wie der Mt. Kilimandscharo und der Mt. Kenya stehen diesbezüglich in der zweiten Reihe. Dennoch gibt es in ganz Amhara nur zwei staatliche Schutzgebiete, deren Ausdehnung geradezu bescheiden ist. Der von der Ethiopian Wildlife Conservation Authority verwaltete Simien National Park umfasst nach offiziellen Angaben der UNESCO 136 km² (andere Quellen sprechen von 412 km²), der regional verwaltete Borena Saynt National Park nur

Linke Seite: Vom dichten Baumheidegürtel der Simien Mountains sind nur noch Reste geblieben. Abholzung, Feuer und intensive Beweidung beeinträchtigen auch die letzten Bestände.

Molekulargenetische Untersuchungen haben gezeigt, dass die Abstammungsgeschichte der in Afrika verbreiteten Buschböcke äußerst kompliziert ist. Konservative Taxonomen ordnen sie zwei Arten zu, andere gehen von acht Arten aus. Folgt man Letzteren, ist die Hochland-Schirrantilope (*Tragelaphus meneleki*) aus Äthiopien eine eigenständige Spezies.

44 km² (zum Vergleich: der Kilimandscharo National Park ist 1.688 km² groß, der Mt. Kenya National Park 715 km²). In zwei weiteren Gebieten (Menz-Guassa und Gebune Yosef) wurden sogenannte Community Conservation Areas etabliert. Hier unterstützen eine Reihe internationaler Akteure, unter anderem die Frankfurter Zoologische Gesellschaft, die ansässigen Kommunen bei ihren lokalen Schutzbemühungen und bei der Entwicklung von Ökotourismus.

Eine wirklich substanzielle Erweiterung des Schutzgebietssystems, die eigentlich dringend erforderlich wäre, ist nach gegenwärtigem Stand der Dinge kaum zu erwarten. Wir haben 2018 alle der oben genannten Gebiete besucht. Höhenlagen bis 3.700 Metern werden überall ackerbaulich genutzt und besiedelt. Darüber liegende Bereiche dienen als Weideflächen für Rinder, Ziegen und Schafe. Kein Quadratmeter scheint ungenutzt. Die größten Anstrengungen zur Verbesserung des Schutzes gab es in den zurückliegenden Jahren in Simien. Der Park stand bis 2017 auf der Roten Liste der gefährdeten Weltnaturerbestätten, nicht zuletzt wegen des extremen Nutzungsdruckes und des dadurch verursachten Rückganges der Walia-Bestände. Die internationale Gemeinschaft stellte daraufhin Geld zur Verfügung. Zu den eingeleiteten Maßnahmen gehörte die Umsiedlung mehrerer im Park liegender Dörfer. Zuletzt betraf es die Region Gich, deren Bewohner jetzt in einem neu errichteten Quartier in Debark leben. In dem Bericht an die UNESCO heißt es dazu: „Die Entwicklung des Tourismus war einer der Auslöser für die Bereitschaft der Bewohner zum Verlassen des Parkes“. Als wir uns anmelden, steht vor dem neuen Gebäude der Parkverwaltung in Debark eine Schar junger Männer und wartet darauf, eine der Touristen-

Der nur in Äthiopien heimische Dschelada (*Theropithecus gelada*) scheint bisher nicht gefährdet zu sein. Die Ausweitung von Viehhaltung und Landwirtschaft sowie die klimatischen Veränderungen der kommenden Jahrzehnte werden aber auch ihn vor Herausforderungen stellen.

gruppen als Guide zu begleiten. Die meisten von ihnen werden an diesem Tag ohne Job und Einkommen bleiben und zu ihren Familien in die neue Siedlung am Stadtrand zurückkehren. Und sie werden wiederkommen. Morgen. Und übermorgen.

Während der Fokus der Öffentlichkeit auf den Simien-Park gerichtet ist, bleiben andere schützenswerte Gebiete eher im Schatten oder werden ganz vergessen. In einer 2012 veröffentlichten Studie wird für das nördliche Hochland die Ausweisung von weiteren großen Schutzgebieten empfohlen. Explizit benannt wurden der Dessa Forest in Tigray und Afar sowie das East Amhara Escarpment und die Blue Nile and Lake Tana Shores in Amhara. Zur Umsetzung kam es nur im Gebiet des Tana-Sees, wo 2014 ein Biosphärenreservat eingerichtet wurde, unter Einschluss des bereits 2008 etablierten Bahir Dar Blue Nile River Millennium Parks. Nach wie vor gibt es jedoch kein annähernd adäquates und repräsentatives Schutzgebietssystem für eine Reihe endemischer und gefährdeter Vogelarten, um nur diese Artengruppe zu nennen. Es betrifft unter anderem folgende Spezies, von denen die meisten an montane und alpine Moorländer gebunden sind: Blauflügelgans (*Cyanochen cyanoptera*), Klunkerkranich (*Bugeranus carunculatus*), Strichelbrustkiebitz (*Vanellus melanocephalus*), Hochlandfrankolin (*Scleroptila psilolaema*), Harwoodfrankolin (*Pternistis harwoodi*) und Ankobergirlitz (*Crithagra ankoberensis*). Zu allen diesen Arten existieren weder nationale Schutzkonzepte noch hinlänglich genaue Kenntnisse zu Populationsgrößen und deren Entwicklung.

In Addis Ababa treffen wir uns mit einem Mann im Anzug, mit grau meliertem Haar, um die fünfzig. Nennen wir ihn an dieser Stelle Tesfaye, einen Angestellten einer großen staatlichen Einrichtung. Als ich ihm unsere Reiseeindrücke aus dem Nördlichen Hochland schildere, legt sich seine Stirn in Falten. „Es ist viel Geld in einzelne Gebiete und Naturschutzprojekte geflossen, sehr viel Geld. Es kam aus Deutschland, Österreich und anderen Ländern. Die Erfolge sind insgesamt nicht zufriedenstellend, da die äthiopische Seite ihre Zusagen vielfach nicht eingehalten hat. Was den Naturschutz betrifft, so liegt Äthiopien noch immer weit abgeschlagen hinter anderen afrikanischen Ländern wie Kenia oder Tansania. Es fehlt an wirklich ernsthaftem Willen und Engagement unserer Regierung. Ohne das werden wir den Anschluss jedoch nicht schaffen. Auch wenn der gute Wille internationaler Sponsoren noch so groß ist.“ Wirklich nachprüfen können wir diese ernüchternde Analyse nicht. Sie klingt indes plausibel und lässt uns etwas ratlos zurück. Zu den Fakten gehört, dass die äthiopische Wirtschaft seit Jahren ein rasantes Wachstum zeigt. Industrieparks schießen aus dem Boden, Schnellstraßen und Bahnstrecken entstehen. Das Bruttoinlandsprodukt hat sich von 2008 bis 2018 mehr als verdreifacht. Eine eindrucksvolle Bilanz. Am Ende stimmen wir Tesfaye zu: Der Naturschutz in Äthiopien sollte den ökonomischen Erfolgen des Landes nicht nachstehen!

Auf ihrer Website präsentiert die Ethiopian Wildlife Conservation Authority ihre Vision: „Im Jahr 2020 eines der Top-5-Länder im Bereich Wildlife-Tourismus in Afrika zu sein“. Das ist ambitioniert. Und wenn zur Umsetzung dieser Vision auch die Erhaltung gefährdeter Arten und Lebensräume sowie die Verbesserung der Lebensumstände der lokalen Bevölkerung gehören soll, dann wird Kumara Wakjira, der neue Generaldirektor der Behörde, nicht nur ausreichendes Fachpersonal und technische Mittel brauchen, sondern vor allem politische Unterstützung.

Erste Aufzeichnungen zum Mönchspirol (*Oriolus monacha*), einem Endemiten der Bergwälder Äthiopiens und Eritreas, gehen auf den schottischen Reisenden James Bruce und das 18. Jahrhundert zurück. Noch heute, 250 Jahre später, wissen wir wenig über die Biologie und Ökologie der Art. Das gilt für die meisten Spezies der Erde – und wir sollten das ändern.

Weiterführende Literatur

In Äthiopien gibt es keine Familiennamen. Werden für die Bezeichnung einer Person mehrere Namen angegeben, so ist der erstgenannte maßgeblich. Autorinnen und Autoren mit erkennbar äthiopischen Namen wurden im folgenden Quellenverzeichnis dementsprechend zitiert, sofern es in den betroffenen Publikationen keinen anderweitigen Vorschlag gab.

Abbink, J. (2011): 'Land to the foreigners': economic, legal, and sociocultural aspects of new land acquisition schemes in Ethiopia. *Journal of Contemporary African Studies* 29(4): 513–535.

Abebayehu Desalegn (2017): Flock size, habitat analysis, diet composition and genetic diversity of Ankober Serin (*Serinus ankoberensis*) in Simien Mountains National Park and Guassa Community Conservation Area, Ethiopia. PhD thesis. Addis Ababa University.

Abebe Getahun (2001): Lake Afdera: A threatened saline lake in Ethiopia. *Ethiop. J. Sci.* 24(1): 127–131.

Abebe Getahun & Lazara, K.J. (2001): *Lebias stiassnyae*: A new species of killifish from Lake Afdere, Ethiopia (Teleostei: Cyprinodontidae). *Copeia* 1: 150-153.

Abeje Kassie Teme, Mengistu Wale, Birhanu Beyene et al. (2018): Assessment of the wildlife and ecosystem status of Choke Mountain, North Western Ethiopia. *Biological Diversity and Conservation* 11(1): 125–132.

Abera, L., Getahun, A. & Lemma, B. (2018): Changes in fish diversity and fisheries in Ziway-Shala Basin: The case of Lake Ziway, Ethiopia. *J. Fisheries Livest. Prod.* 6(1): 1–7.

Abokor, A.C. (1987): *The camel in Somali oral traditions.* Somali Academy of Sciences and Arts & Scandinavian Institute of African Studies, Uppsala. 95 pp.

Afework Bekele & Yalden, D.W. (2013): *The mammals of Ethiopia and Eritrea.* Addis Ababa University Press. Addis Ababa.

Akester, A., Pomeroy, D. & Purton, M. (2009): Subcutaneous air pouches in the Marabou stork. *Journal of Zoology* 170: 493–499.

Aman Desta Lemessa (2015): Climate change and human population increase impacts on Swayne's Hartebeest (*Alcelaphus buselaphus swaynei*) conservation in Senkele Swayne's Hartebeest Sanctuary, Ethiopia. Thesis. Norwegian University of Science and Technology, Department of Biology. Trondheim.

Andree, R. (1869): *Abessinien, das Alpenland unter den Tropen.* Otto Spamer, Leipzig.

Angelov, I., Hashim, I. & Oppel, S. (2013): Persistent electrocution mortality of Egyptian Vultures *Neophron percnopterus* over 28 years in East Africa. *Bird Conservation International* 23(1): 1–6.

Arkumarev, V., Dobrev, V., Yilma D. Abebe et al. (2014): Congregations of wintering Egyptian Vultures *Neophron percnopterus* in Afar, Ethiopia: Present status and implications for conservation. *Ostrich* 85(2): 139–145.

Ash, J. & Miskell, J.E. (1998): *Birds of Somalia.* Pica Press, Robertsbridge.

Ash, J. & Atkins, J. (2009): *Birds of Ethiopia and Eritrea.* Christopher Helm, London.

Atakilt Berihun, Gidey Yirga & Gebregizabher Tesfay (2016): Human-wildlife conflict in Kafta-Sheraro National Park, Northern Ethiopia. *World Journal of Zoology* 11(3): 154–159.

Behrens, K., Barnes, K. & Boix, C. (2010): *Birding Ethiopia. A guide to the country's birding sites.* Lynx Edicions, Barcelona.

Benson, C.W. (1942): A new species and ten new races from southern Abyssinia. *Bull. Brit. Orn. Club* 63: 8–19.

Benson, C.W. (1942): Notes on the birds of southern Abyssinia. *Ibis* 87: 366–400, 489–509; 88: 25–48, 180–205, 287–306, 444–461; 89: 29–50; 90: 325–327.

Billi, P.; ed. (2015): *Landscapes and landforms of Ethiopia.* Springer, Dordrecht, Heidelberg, New York, London.

Biodiversity Indicators Development National Task Force (2010): *Ethiopia: Overview of selected biodiversity indicators.* Addis Ababa. 48 pp.

Birhanu Ayalew (2015): Trends, growth and instability of finger millet production in Ethiopia. *Research Journal of Agriculture and Environmental Management* 4(2): 78–81.

Bladon, A.J. (2017): The effects of temperature on the Ethiopian Bush-crow and the White-tailed Swallow (Doctoral thesis). University of Cambridge.

Bladon, A.J., Töpfer, T., Collar, N.J., Gedeon, K., Donald, P.F., Dellelegn, Y., Wondafrash, M., Denge, J., Dadacha, G., Adula, M. & Green, R.E. (2015): Notes on the behaviour, plumage and distribution of the White-tailed Swallow *Hirundo megaensis. Bulletin of the African Bird Club* 22: 148–161.

Bladon, A.J., Jones, S.E.I., Collar, N.J., Dellelegn, Y., Donald, P.F., Gedeon, K., Green, R.E., Spottiswoode, C.N., Töpfer, T. & Wondafrash, M. (2016): Further notes on the natural history of the Ethiopian Bush-crow *Zavattariornis stresemanni. Bulletin of the African Bird Club* 23: 27–45.

Bladon, A.J., Donald, P.F., Jones, S.E.I., Collar, N.J., Deng, J., Dadacha, G., Abebe, Y.D. & Green, R.E. (2018): Behavioural thermoregulation and climatic range restriction in the globally threatened Ethiopian Bush-crow *Zavattariornis stresemanni*. *Ibis* 161(3): 546–558.

Boundy, J. (2013): Description of a second specimen of *Leptotyphlops parkeri* (Squamata: Leptotyphlopidae), with comments on its generic placement. *Zootaxa* 3637(4): 493–497.

Brandt, S.A., Spring, A., Hiebsch, C. et al. (1997): *The "Tree against Hunger". Enset-based agricultural systems in Ethiopia.* American Association for the Advancement of Science. 55 pp.

Brehm, A.E. (1863): *Ergebnisse einer Reise nach Habesch im Gefolge seiner Hoheit des regierenden Herzogs von Sachsen-Koburg-Gotha Ernst II.* Otto Meissner, Hamburg.

Bruce, J. (1790–1792): *Travels to Discover the Source of the Nile, In the Years 1768, 1769, 1770, 1771, 1772 and 1773.* Five Volumes, G.G.J. and J. Robinson, London.

Buechley, E.R., Oppel, S., Beatty, W.S. et al. (2018): Identifying critical migratory bottlenecks and high-use areas for an endangered migratory soaring bird across three continents. *Journal of Avian Biology* 2018: e01629.

Burgin, C.J., Wilson, D.E., Mittermeier, R.A., Rylands, A.B., Lacher, E.T. & Sechrest, W.; ed. (2020): *Illustrated checklist of the mammals of the world.* Volumes I and II. Lynx Edicions, Barcelona.

Burgess, N.D., Halesa, J., Ricketts, T.H. & Dinerstein, E. (2006): Factoring species, non-species values and threats into biodiversity prioritisation across the ecoregions of Africa and its islands. *Biological Conservation* 127: 383–401.

Burnside, N., Montcoudiol, N., Becker, K., & Lewi, E. (2021): Geothermal energy resources in Ethiopia: Status review and insights from hydrochemistry of surface and groundwaters. *Wiley Interdisciplinary Reviews: Water*, 8(6), e1554.

Carmichael, T. (2000): Discussing the leaf of Allah: Linguistic aspects of quat culture in Harar, Ethiopia. Ufahamu. *A Journal of African Studies* 28(1): 43–69.

Cecchi, A. (1888): *Fünf Jahre in Ostafrika. Reisen durch die südlichen Grenzländer Abessiniens von Zeila bis Kaffa.* Fa. A. Brockhaus, Leipzig.

Chidumayo, E.N & Gumbo, D.J.; eds. (2010): *The dry forests and woodlands of Africa. Managing for Products and Services.* Earthscan, London, Washington, D.C.

Cieśluk, K., Karasiewicz, M.T. & Preisner, Z. (2014): Geotouristic attractions of the Danakil Depression. *Geotourism* 1(36): 33–42.

Clark, D.I. (2010): *An introduction to the Nech Sar National Park.* Ethiopian Wildlife & Natural History Society, Addis Ababa.

Clack, T. & Brittain, M.; eds. (2018): *The River: Peoples and histories of the Omo-Turkana area.* Archaeopress Publishing, Oxford. 184 pp.

Clausnitzer, V., Dijkstra, K.D.B. & Kipping, J. (2011): Globally threatened dragonflies (Odonata) in Eastern Africa and implications for conservation. *Journal of East African Natural History* 100: 89–111.

Conover, H.B. (1930): A new species of francolin from Southern Abyssinia. P*roceedings of the Biological Society of Washington* 43: 3–4.

Davis, A.P., Wilkinson, T., Zeleke Kebebew Challa et al. (2018): *Coffee atlas of Ethiopia.* Kew Publishing Royal Botanic Gardens, Kew. 59 pp.

Davis, A.P., Chadburn, H., Moat, J. et al. (2019): High extinction risk for wild coffee species and implications for coffee sector sustainability. *Sci. Adv.* 5: eaav3473.

de Klerk, H.M., Crowe, T.M., Fjeldså, J. & Burgess, N.D. (2002): Biogeographical patterns of endemic terrestrial afrotropical birds. *Diversity and Distributions* 8: 147–162.

del Hoyo, J. & Collar, N.J. (2014/16): *HBW and BirdLife International illustrated checklist of the birds of the world.* Volumes I and II. Lynx Edicions, Barcelona.

Derjew Yilak & Daniel Getahun Debelo (2019): Impacts of human resettlement on forests of Ethiopia: The case of Chamen-Didhessa Forest in Chewaka district, Ethiopia. *Journal of Horticulture and Forestry* 11(4): 70–77.

Donald, P.F., Gedeon, K., Collar, N.J. et al. (2012): The restricted range of the Ethiopian Bush-crow *Zavattariornis stresemanni* is a consequence of high reliance on modified habitats within narrow climatic limits. *J. Ornithol.* 153: 1031–1044.

Eberhard, D.M., Simons, G.F. & Fennig, C.D.; eds. (2019): *Ethnologue: Languages of the world.* Twenty-second edition. Dallas, Texas.

Ehret, C. (2002): *The civilizations of Africa. A history to 1800.* University of Virginia Press, Charlottesville.

Erlanger, C. (1904): Beiträge zur Vogelfauna Nordostafrikas mit besonderer Berücksichtigung der Zoogeographie. *Journal für Ornithologie* 52(2): 137–244.

Erlanger, C. (1904): Bericht über meine Expedition in Nordost-Afrika in den Jahren 1899–1901. *Zeitschrift der Gesellschaft für Erdkunde zu Berlin.* 1904, 89–117.

Ethiopian Wildlife Conservation Authority (2017): *State of conservation report of the World Natural Heritage Site, Simien Mountains National Park (Ethiopia).* Addis Ababa. 21 pp.

Evangelista, P., Swartzinski P. & Waltermire, R. (2007): A profile of the Mountain Nyala (*Tragelaphus buxtoni*). *African Indaba* 5(2): 1–47.

Fanuel Kebede, Rosenbom, S., Khalatbari, I. et al. (2016): Genetic diversity of the Ethiopian Grevy's zebra (*Equus grevyi*) populations that includes a unique population of the Alledeghi Plain. *Mitochondrial DNA* Part A: 27(1): 397–400.

Fassil Eshetu & Moreaux, R. (2018): *Preserving the ecosystem services of Lake Chamo and rehabilitation of the catchment area.* Arba Minch and Greifswald. 46 pp.

Fishpool, L.D.C. & Evans, M.I. (2001): *Important Bird Areas in Africa and Associated Islands: Priority sites for conservation.* Pisces Publications and BirdLife International, Newbury and Cambridge.

Firew Bekele Abebe & Solomon Estifanos Bekele (2018): Challenges to National Park conservation and management in Ethiopia. *Journal of Agricultural Science* 10(5): 52–62.

Fong, C. (2015): *The scramble for water, land and oil in the Lower Omo Valley. The consequences of industrialization on people and the environment in the Lower Omo Valley and Lake Turkana.* 15 pp.

Friedman, H. (1930, 1937): Birds collected by the Childs Frick expedition to Ethiopia and Kenya Colony. Part 1. Non-passeres. *Bull. US Natn. Mus.* 153: 1–516, Part 2: Passeres. *Bull. US Natn. Mus.* 153: 1–506.

Freilich, X., Tollis, M. & Boissinot, S. (2014): Hiding in the highlands: Evolution of a frog species complex of the genus *Ptychadena* in the Ethiopian highlands. *Molecular Phylogenetics and Evolution* 71: 157–169.

Friis, I., Thulin, M., Adseren, H. & Bürger, A.-M. (2005): Patterns of plant diversity and endemism in the Horn of Africa. *Biol. Skr.* 55: 289–314.

Friis, I. (2013): Travelling Among Fellow Christians (1768–1833): James Bruce, Henry Salt and Eduard Rüppell in Abyssinia. *Scientia Danica*, Series H, Humanistica, No. 4, Vol. 2: 161–194.

Gebhardt, L. (1964): *Die Ornithologen Mitteleuropas.* Brühlscher Verlag, Gießen.

Gedeon, K. (2006): Observations on the biology of the Ethiopian Bush Crow *Zavattariornis stresemanni. Bull. African Bird Club* 13: 178–188.

Gedeon, K. (2007): *Die Wata kaufen den Schatten: Reisereportage aus Äthiopien.* BoD, Norderstedt.

Gedeon, K. (2011): Äthiopiens einzigartige Vogelwelt. Entdeckungsgeschichte, Taxonomie, Gefährdung und Schutz. *Tagung Gesellschaft Tropenornithologie* 15: 43–60.

Gedeon, K., Chemere Zewdie & Töpfer, T. (2017): The Birds (Aves) of Oromia, Ethiopia – an annotated checklist. *European Journal of Taxonomy* 306: 1–69.

Gedeon, K. & Pröhl, T. (2015): Vögel im äthiopischen Bale. *Falke* 62: 20–26.

Gedeon, K. & Pröhl, T. (2017): Bedrohte Vogelwelt im Süden Äthiopiens. *Falke* 8: 12–19.

Gedeon, K., Rödder, D., Chemere Zewdie & Töpfer, T. (2018): Evaluating the conservation status of the Black-fronted Francolin *Pternistis atrifrons. Bird Conservation International* 28(4): 653–661.

Gedeon, K. & Töpfer, T. (2021): Is there an undescribed martin (Hirundinidae: Riparia) in Ethiopia? *Bulletin African Bird Club* 28(1): 27–36.

Getachew Bantihun, Shimekit Tadele & Abebe Ameha (2020): Avian Diversity in Dilifekar Block, Arsi Mountains National Park, Ethiopia. *Advances in Bioscience and Bioengineering* 8(1): 6–11.

Giotto, N., Obsieh, D., Joachim, J. & Gerard, J.-F. (2009): The population size and distribution of the vulnerable beira antelope *Dorcatragus megalotis* in Djibouti. *Oryx* 43(4): 552–555.

Gippoliti, S. (2017): On the taxonomy of *Erythrocebus* with a re-evaluation of *Erythrocebus poliophaeus* (Reichenbach, 1862) from the Blue Nile Region of Sudan and Ethiopia. *Primate Conservation* 31: 1–7.

Girma Mengesha & Afework Bekele (2008): Diversity and relative abundance of birds of Alatish National Park, North Gondar, Ethiopia. *International Journal of Ecology and Environmental Sciences* 34(2): 215–222.

Gizachew Zekele, Tesfaye Abebe & Wassie Haile (2015): *Ficus vasta* L. in parkland agroforestry practices of Hawassa Zuria district, Southern Ethiopia. *Ethiopian Journal of Natural Resources* 15(1): 1–14.

Golubtsov, A.S., Dgebuadze, Y.Y., Mina, M.V. (2002): Fishes of the Ethiopian Rift Valley. In: Tudorancea, C. & Taylor, W.D.; eds.: *Ethiopian Rift Valley lakes.* Backhuys Publishers, Leiden. 167–258.

Gomes, H., Rosina, P., Holakooei, P., Solomon, T. & Vaccaro, C. (2013): Identification of pigments used in rock art paintings in Gode Roriso-Ethiopia using Micro-Raman Spectroscopy. *Journal of Archaeological Science* 40(11): 4073–4082.

Gómez, F., Cavalazzi, B., Rodríguez, N. et al. (2019): Ultra-small microorganisms in the polyextreme conditions of the Dallol volcano, Northern Afar, Ethiopia. *Sci. Rep.* 9: 7907.

Gower, D. J., Aberra, R. K., Schwaller, S. et al. (2013): Long-term data for endemic frog genera reveal potential conservation crisis in the Bale Mountains, Ethiopia. Fauna & Flora International, *Oryx* 47(1): 59–69.

Haberland, E. (1963): *Die Galla Süd-Äthiopiens.* Kohlhammer, Stuttgart.

Haig, S. M. & Winker, K. (2010): Avian Subspecies: Summary and Prospectus. *Ornithological Monographs* 67: 172–175.

Hanstein, O. (1930): *Mit Kamel und Nilbarke.* Leipziger Graphische Werke, Leipzig.

Head, V. R. (2015): *The rarest bird in the world. The search for the Nechisar Nightjar.* Pegasus Books, New York, London.

Heuglin, T. (1856): *Systematische Übersicht der Vögel Nord-Ost-Afrikas mit Einschluss der arabischen Küste, des rothen Meeres und der Nil-Quellen südwärts bis zum IV. Grade nördl. Breite.* Kaiserlich-königliche Staatsdruckerei, Wien.

Heuglin, T. (1857): *Reisen in Nord-Ost-Afrika.* Justus Perthes, Gotha.

Heuglin, T. (1868): *Reise nach Abessinien, den Gala-Ländern, Ost-Sudan und Chartum in den Jahren 1861 und 1862.* Hermann Costenoble, Jena.

Heuglin, T. (1869–1873): *Die Ornithologie Nordost-Afrikas, der Nilquellen und Küsten-Gebiete des Rothen Meeres und des nördlichen Somal-Landes.* Bde. 1.1, 1.2, 2.1, 2.2. Verlag Theodor Fischer, Cassel.

Heuglin, T. (1877): *Reise in Nordost-Afrika. Schilderungen aus dem Gebiete der Beni Amer und Habab nebst zoologischen Skizzen und einem Führer für Jagdreisende.* Band 1 und 2. George Westermann, Braunschweig.

Houston, D. C. (1980): A possible function of sunning behaviour by griffon vultures, *Gyps* spp., and other large soaring birds. *Ibis* 122 (3): 366–369.

Howell, T. R. (1979): Breeding Biology of the Egyptian Plover *Pluvianus aegyptius. Univ. Calif. Publ. Zool. Vol.* 113, Univ. California Press, Berkeley, California. 76 pp.

Humboldt, A. (1826): *Bericht über die Naturhistorischen Reisen der Herren Ehrenberg und Hemprich durch Ägypten, Dongola, Syrien, Arabien und den östlichen Abfall des Habessinischen Hochlandes, in den Jahren 1820–1825.* Königliche Akademie der Wissenschaften, Berlin.

Hurni, H., Berhe, W. A., Chadhokar, P., Daniel, D., Gete, Z., Grunder, M. & Kassaye, G. (2016): *Soil and water conservation in Ethiopia: Guidelines for development agents. Second revised edition.* Bern, Switzerland: Centre for Development and Environment (CDE), University of Bern, with Bern Open Publishing (BOP). 134 pp.

Itefa Degefa & Essay Dawit (2018): Indigenous knowledge on cultivation and consumption of Enset (*Enset ventricosum*) in Kercha District; West Guji Zone, Oromia Region of Ethiopia. *J. Plant Breed. Genet.* 6(3): 87–94.

Jacob, M., Frankl, A., Hurni, H. et al. (2017): Land cover dynamics in the Simien Mountains (Ethiopia), half a century after establishment of the National Park. *Reg. Environ. Change* 17: 777–787.

Jenner, T. (2020): *Mammals of Ethiopia, Eritrea, Djibouti and Somalia.* Meru Publishing Ltd, Buckinghamshire.

Kassa Belay (2004): Resettlement of peasants in Ethiopia. *Journal of Rural Development* 27: 223–253.

Kassegn Berhanu & Endalkachew Teshome (2018): Opportunities and challenges for wildlife conservation: The case of Alatish National Park, Northwest Ethiopia. *African Journal of Hospitality, Tourism and Leisure* 7(1): 1–13.

Kingdon, J. (1989): *Island Africa. The evolution of Africa's rare animals and plants.* Princeton University Press, Princeton.

Kingdon, J. (2015): *The Kingdon field guide to African mammals.* Second edition. Bloomsbury Wildlife, London, Oxford, New York, New Delhi, Sydney.

Kingdon, J., Happold, D. C. D., Butynski, T. M. et al.; eds. (2013): *Mammals of Africa.* Volumes I to VI. Bloomsbury, London, New Delhi, New York, Sydney.

Kinzelbach, R. K. (2013): *Das neue Buch vom Pfeilstorch.* Natur+-Text, Rangsdorf.

Kula Jilu (2016): Medicinal values of camel milk. *Int. J. Vet. Sci. Res.* 2(1): 18–25.

Largen, M. J. (2001): Catalogue of the amphibians of Ethiopia, including a key for their identification, *Tropical Zoology*, 14(2): 307–402.

Largen, M. & Spawls, S. (2010): *The Amphibians and Reptiles of Ethiopia and Eritrea.* Edition Chimaira, Frankfurt am Main.

Lashermes, P., Combes, M. C., Robert, J. et al. (1999): Molecular characterisation and origin of the *Coffea arabica* L. genome. *Mol. Gen. Genet.* 61: 259–266.

Lavrenchenko, L.A. & Afework Bekele (2017): Diversity and conservation of Ethiopian mammals: What have we learned in 30 years? *Ethiop. J. Biol. Sci.* 16(Suppl.): 1–20.

Legesse Negash (2010): *A selection of Ethiopia's indigenous trees: Biology, uses and propagation techniques.* Addis Ababa University Press, Addis Ababa.

Lewis, I.M. (1964): *Peoples of the Horn of Africa. Somali, Afar and Saho.* Haan Associates, London.

Linder, H.P., de Klerk, H.M., Born, J., Burgess, N.D., Fjeldså, J. & Rahbek, C. (2012): The partitioning of Africa: statistically defined biogeographical regions in sub-Saharan Africa. *Journal of Biogeography* 39: 1189–1205.

Linder, H.P. (2014): The evolution of African plant diversity. *Frontiers in Ecology and Evolution* 2: 1–14.

Lomolino, M.V., Riddle, B.R. & Whittaker, R.J. (2016): *Biogeography. Biological diversity across space and time.* Fifth edition. Sinauer Associates, Sunderland.

Marshall, F. (1989): Rethinking the role of *Bos indicus* in Sub-Saharan Africa. *Current Anthropology* 30(2): 235–240.

Martin, G.R. & Shaw, J.M. (2010): Bird collisions with power lines: Failing to see the way ahead? *Biological Conservation.* 143(11): 2695–2702.

McCann, J.C. (1995): *People of the plow. An agricultural history of Ethiopia, 1800–1990.* University of Wisconsin Press, Madison.

Megersa Tsegaye, Tsegaye Gadisa & Gelaye G/Micchael (2016): Avian diversity in Dhati Walel National Park of Western Ethiopia. *International Journal of Molecular Evolution and Biodiversity* 6(1): 1–12.

Mekonnen Daba (2016): The eucalyptus dilemma: The pursuit for socio-economic benefit versus environmental impacts of eucalyptus in Ethiopia. *Journal of Natural Sciences* 6(19): 127–137.

Mekoya Mamo, Abdella Gure, Fanuel Kebede et al. (2019): Population status and habitat preference of Soemmerring's Gazelle in Alledeghi Wildlife Reserve, Eastern Ethiopia. *Afr. J. Ecol.* 2019: 1–7.

Melaku Tefera (2011): Wildlife in Ethiopia: Endemic large mammals. *World Journal of Zoology* 6(2): 108–116.

Mertens, J., Jocqué, M., Geeraert, L. & de Beenhouwer, M. (2016): Newly discovered populations of the Ethiopian endemic and endangered *Afrixalus clarkei* Largen, implications for conservation. *ZooKeys* 565: 141–146.

Mertens, R. (1949): *Eduard Rüppell. Leben und Werk eines Forschungsreisenden.* Verlag Waldemar Kramer, Frankfurt am Main.

Meseret Chanea & Solomon Yirgab (2014): Diversity of medium and large-sized mammals in Borena-Saynt National Park, South Wollo, Ethiopia. *International Journal of Sciences. Basic and Applied Research* 15(1): 95–106.

Misikire Tessema, Takele Shitaw, Birhanu Beyene et al. (2020): Assessment of the status of Lake Afdera in the Danakil Depression; Afar, Ethiopia. *Forest. Res. Eng. Int. J.* 4(1): 10–15.

Moehlman, P.D., Kebede, F. & Yohannes, H. (2015): *Equus africanus.* The IUCN Red List of Threatened Species 2015: e.T7949A45170994. https://dx.doi.org/10.2305/IUCN.UK.2015-2.RLTS.T7949A45170994.en [Download am 7. März 2022]

Mohammed Mussa Abdulahi, Jemal Abdulkerim Ute & Tefara Regasa (2017): *Prosopis juliflora*: Distribution, impacts and available control methods in Ethiopia. *Tropical and Subtropical Agroecosystems* 20: 75–89.

Moltoni, E. (1938). *Zavattariornis stresemanni* novum genus et nova species Corvidarum. *Orn. Monatsber.* 46: 80–83.

Moreau, R.E. (1966): *The bird fauna of Africa and its islands.* Academic Press, New York, London.

Mori, A. & Gurja Belay (1990): The distribution of baboon species and a new population of Gelada Baboons along the Wabi-Shebeli River, Ethiopia. *Primates* 31(4): 495–508.

Mussa Yusuf, Zewge Teklehaimanot & Deribe Gurmu (2013): The decline of the vulnerable yeheb *Cordeauxia edulis*, an economically important dryland shrub of Ethiopia. *Oryx* 47(1): 54–58.

Neumann, O. (1902): Von der Somali-Küste durch Süd-Äthiopien zum Sudan. *Zeitschrift der Gesellschaft für Erdkunde zu Berlin.* 1902, 7–32.

Neumann, O. (1902): From the Somali Coast through Southern Ethiopia to the Sudan. *Geographical Journal.* Band 20(4): 373–387.

Neumann, O. (1904): Vögel von Schoa und Süd-Äthiopien. Teil 1. *Journal für Ornithologie.* Band 52(3): 321–410.

Neumann, O. (1905): Vögel von Schoa und Süd-Äthiopien. Teil 2. *Journal für Ornithologie.* Band 53(1): 184–243.

Neumann, O. (1905): Vögel von Schoa und Süd-Äthiopien. Teil 3. *Journal für Ornithologie.* Band 53(2): 229–360.

Neumann, O. (1906): Vögel von Schoa und Süd-Äthiopien. Teil 4. *Journal für Ornithologie.* Band 54(2): 229–300.

Nyssen, J., Frankl, A., Mitiku Haile et al. (2014): Environmental conditions and human drivers for changes to north Ethiopian mountain landscapes over 145 years. *Science of the Total Environment* 485/486: 164–179.

Ogada, D.L. & Buij, R. (2011): Large declines of the Hooded Vulture *Necrosyrtes monachus* across its African range. *Ostrich* 82(2): 101–111.

Olson, D.M. & Dinerstein, E. (2002): The Global 200: Priority ecoregions for global conservation. *Ann. Missouri Bot. Gard.* 89: 199–224.

Ossendorf, G., Groos, A.R., Bromm, T. et al. (2019): Middle Stone Age foragers resided in high elevations of the glaciated Bale Mountains, Ethiopia. *Science* 365: 583–587.

Pearce-Higgins, J.W. & Green, E.R. (2014): *Birds and climate change: Impacts and conservation responses.* Cambridge University Press.

Perktaş, U., Groth, J.G. & Barrowcloth, G.F. (2020): Phylogeography, species limits, phylogeny, and classification of the turacos (Aves: Musophagidae) based on mitochondrial and nuclear DNA sequences. *Am. Mus. Novit.* 3934: 1–61.

Pohlstrand, H. (2019): *Ethiopia's wildlife treasures.* Shama Books, Addis Ababa.

Randall, D., Thirgood, S. & Kinahan, A.; eds. (2011): *Walia-Special edition on the Bale Mountains.* Addis Ababa. 340 pp.

Redae T. Tesfai, Owen-Smith, N., Parrini, F. & Moehlman, P.D. (2019): Viability of the critically endangered African wild ass (*Equus africanus*) population on Messir Plateau (Eritrea). *Journal of Mammalogy* 100(1): 185–191.

Redman, N., Stevenson, T. & Fanshawe, J. (2011): *Birds of the Horn of Africa.* Revised and expanded edition. Princeton University Press, Princeton and Oxford.

Remsen, J.V. (2010): Subspecies as a meaningful taxonomic rank in avian classification. *Ornithological Monographs* 67: 62–78.

Rettberg, S. (2010): Contested narratives of pastoral vulnerability and risk in Ethiopia's Afar region. *Pastoralism* 1(2): 248–273.

Rosso D.E., d'Errico, F. & Queffelec, A. (2017): Patterns of change and continuity in ochre use during the late Middle Stone Age of the Horn of Africa: The Porc-Epic Cave record. *PLoS ONE* 12(5): e0177298.

Royal Botanic Gardens Kew & Environment and Coffee Forest Forum (2017): *Coffee farming and climate change in Ethiopia. Impacts, forecasts, resilience and opportunities.* Summary Report 2017. 37 pp.

Rüppell, E. (1835–1840): *Neue Wirbelthiere zu der Fauna von Abyssinien gehörig.* Frankfurt am Main.

Rüppell, E. (1838, 1840): *Reisen in Abyssinien.* Erster und zweiter Band. Frankfurt am Main.

Rüppell, E. (1845): *Systematische Uebersicht der Vögel Nord-Ost-Afrikas.* Frankfurt am Main.

Rushby, K. (1998): *Eating the flowers of paradise.* Constable & Robinson Ltd, London.

Saber, S.A., Roman Kassahun, Loader, S.P. & El Kafrawy, S.B. (2019): Amphibian diversity in relation to environmental change in Harenna Forest, Bale Mountains National Park, Ethiopia: A Remote sensing and GIS Approach. *Egyptian Journal of Aquatic Biology & Fisheries* 23(3): 139–149.

Salt, H. (1815): *Neue Reise nach Abyssinien in den Jahren 1809 und 1810.* Landes-Industrie-Comptoir. Weimar.

Sayre, R., Comer, P., Hak, J. et al. (2013): *A new map of standardized terrestrial ecosystems of Africa.* Association of American Geographers, Washington, D.C. 24 pp.

Scalabrin, S., Toniutti, L., Di Gaspero, G. et al. (2020): A single polyploidization event at the origin of the tetraploid genome of *Coffea arabica* is responsible for the extremely low genetic variation in wild and cultivated germplasm. *Scientific Reports* 10: 4642.

Smith, A.D. (1897): *Through unknown African countries, the first expedition from Somaliland to Lake Lamu.* Edward Arnold, London, New York.

Schmidt, J. & Faille, A. (2018): Revision of *Trechus* Clairville, 1806 of the Bale Mountains and adjacent volcanos, Ethiopia (Coleoptera, Carabidae, Trechini). *European Journal of Taxonomy* 446: 1–82.

Shack, W.A. (1966): *The Gurage: A people of the Ensete culture.* Oxford University Press. London, New York.

Shibru, S., Vancampenhout, K., Deckers, J., Leirs, H. (2020): Human pressure threaten Swayne's Hartebeest to point of local extinction from the savannah plains of Nech Sar National Park, South Rift Valley, Ethiopia. *Journal of Biodiversity and Endangered Species* 8:1, DOI: 10.24105/2332-2543.2020.8.239

Shimelis Aynalem Zelelew (2013): *Birds of Lake Tana area, Ethiopia.* A photographic guide. 235 pp.

Shotake, T., Saijuntha, W., Agatsuma, T. & Kawamoto, Y. (2016): Genetic diversity within and among Gelada (*Theropithecus gelada*) populations based on mitochondrial DNA analysis. *Anthropological Science* 124(3): 157–167.

Spottiswoode, C., Merid Gabremichael & Francis, J. (2015): *Where to watch birds in Ethiopia.* Christopher Helm, London.

Stock, F. & Gifford-Gonzalez, D. (2013): Genetics and African cattle domestication. *Afr. Archaeol. Rev.* 30: 51–72.

Tadesse Fetahi (2016): Greening a tropical Abijata-Shala Lakes National Park, Ethiopia – a review. *J. Ecosys. Ecograph.* 6(1): 1–7.

Tesfaye Awas (2007): *Plant diversity in Western Ethiopia: Ecology, ethnobotany and conservation.* Dissertation. Department of Biology, Faculty of Mathematics and Natural Sciences, University of Oslo, Norway.

Tesfaye Awas & Nordal, I. (2007): Benishangul Gumuz Region in Ethiopia: A centre of endemism for *Chlorophytum* – with a description of *C. pseudocaule* sp. nov. (Anthericaceae). *Kew Bulletin* 62: 129–132.

Tewodros Kumssa & Afework Bekele (2014): Attitude and perceptions of local residents toward the protected area of Abijata-Shalla Lakes National Park (ASLNP), Ethiopia. *J. Ecosys. Ecograph.* 4(1): 1–5.

The Nature and Biodiversity Conservation Union (NABU); ed. (2017): *NABU's biodiversity assessment at the Kafa Biosphere Reserve.* Berlin, Addis Ababa.

The Oakland Institute (2019): *'How they Tricked us'. Living with the GIBE III Dam and Sugarcane Plantations in Southwest Ethiopia.* Oakland. 22 pp.

Tiru Berihun Tessema, Jungmeier, M. & Huber, M. (2012): The relocation of the village of Arkwasiye in the Simien Mountain National Park in Ethiopia: an intervention towards sustainable development? *eco.mont* 4(2): 13–20.

Töpfer, T. & Gedeon, K. (2012): The construction and thermal insulation of Ethiopian Bush-crow (*Zavattariornis stresemanni*) nests: a preliminary study. *Avian Biology Research* 5: 198–202.

Töpfer, T. & Gedeon, K. (2013): Auf der Suche nach dem Schwarzstirn-Frankolin in Süd-Äthiopien. *Rundbr. World Pheasant Association*, Sekt. BRD 121: 10–13.

Töpfer, T. & Gedeon, K. (2014): Facial skin provides thermoregulation in Stresemann's Bush-crow *Zavattariornis stresemanni. Ornithol. Sci.* 13, Suppl.: 348.

Töpfer, T., Podsiadlowski, L. & Gedeon, K. (2014): Rediscovery of the Black-fronted Francolin *Pternistis (castaneicollis) atrifrons* (Conover, 1930) (Aves: Galliformes: Phasianidae) with notes on biology, taxonomy and conservation. *Vert. Zool.* 64: 261–271.

Töpfer, T. & Gedeon, K. (2020): Alpine Birds of Africa. In: Goldstein, M. I. & DellaSala, D. A.; eds., *Encyclopedia of the World's Biomes.* Elsevier. 505–517.

Tujuba T. F., Sciarretta A., Hausmann A., Abate G. A. (2019): Lepidopteran biodiversity of Ethiopia: current knowledge and future perspectives. *ZooKeys* 882: 87–125.

Uhlig, S., Appleyard, D., Bausi, A. et al.; eds. (2017): *Ethiopia. History, culture and challenges.* LIT Verlag, Berlin.

UNESCO (2018): *UNESCO's commitment to biodiversity – connecting people and nature for an inspiring future.* Paris.

van Bodegraven, J. (2006): *On the move. Understanding pastoralism in Ethiopia.* Pastoralist Concern Association Ethiopia and Save the Children USA, Addis Ababa.

Vivero, J. L., Ensermu, K. & Sebsebe, D. (2006): Progress on the Red List of plants of Ethiopia and Eritrea: conservation and biogeography of endemic flowering taxa. In: Ghazanfar, S. A. & Beentje, H. J.; eds.: *Taxonomy and ecology of African plants, their conservation and sustainable use:* 761–778. Royal Botanic Gardens, Kew.

Volz, A. (2019): *Blauer Mais und rote Kartoffeln. Eine kleine Kulturgeschichte bekannter und weniger bekannter Nahrungspflanzen.* Natur+Text, Rangsdorf.

Vreugdenhil, D., Vreugdenhil, A. D., Tamirat Tilahun, Anteneh Shimelis, Zelealem Tefera (2012): *Gap Analysis of the protected areas system of Ethiopia*, with technical contributions from Nagelkerke, L., Gedeon, K., Spawls, S., Yalden, D., Lakew Berhanu and Siege, L., World Institute for Conservation and Environment, USA.

Wakshum Shiferaw, Tamrat Bekele, Sebsebe Demissew & Ermias Aynekulu (2019): *Prosopis juliflora* invasion and environmental factors on density of soil seed bank in Afar Region, Northeast Ethiopia. *Journal of Ecology and Environment* 43(41): 1–21.

Willén, E., Ahlgren, G. & Girma Tilahun et al. (2011): Cyanotoxin production in seven Ethiopian Rift Valley lakes. *Inland Waters* 1: 8191.

Winchell, F., Stevens, C. J., Murphy, C. et al. (2017): Evidence for Sorghum domestication in fourth millennium BC in Eastern Sudan: Spikelet Morphology from Ceramic Impressions of the Butana Group. *Current Anthropology* 58(5): 673–683.

Wortmann, C. S., Mamo, M., Mburu, C. et al. (2006): *Atlas of Sorghum ›Sorghum bicolor (L.) Moench.‹ production in Eastern and Southern Africa.* University of Nebraska, Lincoln. 63 pp.

Yalden, D. W. & Largen, M. J. (1992): The endemic mammals of Ethiopia. *Mammal Rev.* 22: 115–150.

Zelalem Assefa, Pleurdeau, D., Duquesnoy, F. et al. (2014): Survey and explorations of caves in southeastern Ethiopia: Middle Stone Age and Later Stone Age archaeology and Holocene rock art. *Quaternary International* 343: 136–147.

Zemlemerovaa, E. D., Kostina, D. S., Gromova, A. R. et al. (2020): Preliminary data on phylogeography of the Naked Mole-Rat *Heterocephalus glaber* (Rodentia: Heterocephalidae). *Russian Journal of Genetics* 56(3): 370–374.

Zenebe Arafaine & Addisu Asefa (2019): Dynamics of land use and land cover in the Kafta-Sheraro National Park, NW Ethiopia: patterns, causes and management Implications. *Momona Ethiopian Journal of Science* 11(2): 239–257.

Zerihun Girma, George Chuyong, Paul Evangelista & Yosef Mamo (2015): Habitat characterization and preferences of the Mountain Nyala (*Tragelaphus buxtoni*, Lydekker 1910) and Menelik's Bushbuck (*Tragelaphus scriptus meneliki*, Neumann 1902) in Arsi Mountains National Park, South-eastern Ethiopia. *International Journal of Current Research* 7(11): 23074–23082.

Zinner, D., Dereje Tesfaye, Stenseth, N. C. et al. (2019): Is *Colobus guereza gallarum* a valid endemic Ethiopian taxon? *Primate Biol.* 6: 7–16.

Zinner, D., Anagaw Atickem, Beehner, C. J. et al. (2018): Phylogeography, mitochondrial DNA diversity, and demographic history of Geladas (*Theropithecus gelada*). *PLoS ONE* 13(8): e0202303.

Verzeichnis der deutschen Artnamen

Wenn eine Art abgebildet ist, ist die Seitenzahl hervorgehoben.

Verzeichnis der wissenschaftlichen Artnamen

Verzeichnis der Personen

Der Autor und der Fotograf

Kai Gedeon (links) ist promovierter Biologe und studierte an den Universitäten Leipzig und Halle. Thema seiner Doktorarbeit war das Monitoring von Greifvogel- und Eulenarten. Als Vorstandsvorsitzender der „Stiftung Vogelmonitoring Deutschland" koordinierte er die Arbeiten zum *Atlas Deutscher Brutvogelarten* (ADEBAR). Er war langjähriger Vorsitzender des Vereins Sächsischer Ornithologen und leitet heute das Dezernat Artenschutz, Staatliche Vogelschutzwarte und CITES im Landesamt für Umweltschutz Sachsen-Anhalt. Zudem ist er Research Associate am Zoologischen Forschungsmuseum Alexander Koenig in Bonn. Zahlreiche Reisen führten ihn seit 2005 nach Äthiopien, wo er unter anderem Forschungen zu gefährdeten endemischen Vogelarten wie Akazienhäher, Weißschwanzschwalbe und Schwarzstirnfrankolin durchführte.

Torsten Pröhl (rechts) erlernte den Beruf des Rinderzüchters. Seit 1980 ist er im ehrenamtlichen Naturschutz aktiv und begann in den Folgejahren mit der Naturfotografie. Er ist Gründungsmitglied des NABU Altenburger Land, Mitglied in der Interessengemeinschaft für Fledermausschutz und -forschung in Thüringen (IFT) und in der Gesellschaft für Naturfotografie (GDT). Gemeinsam mit seiner Frau Kathrin betreibt er die Firma Naturschutzbedarf Strobel und die Naturfoto-Datenbank www.fokus-natur.com. Er veröffentlichte mehrere Bücher und Fachbeiträge zum Thema Greifvögel, Falken und Eulen in Europa. Seit 2011 unternimmt er jährlich Reisen in alle erreichbaren Regionen Äthiopiens. Fotodokumentationen zu Bartgeier, Savannen- und Klippenadler bildeten den Ausgangspunkt eines inzwischen umfangreichen Bildarchivs äthiopischer Arten und Lebensräume.

Der schönste Moment im Leben eines Menschen ist der Aufbruch in fremde Länder.
Sir Richard Francis Burton

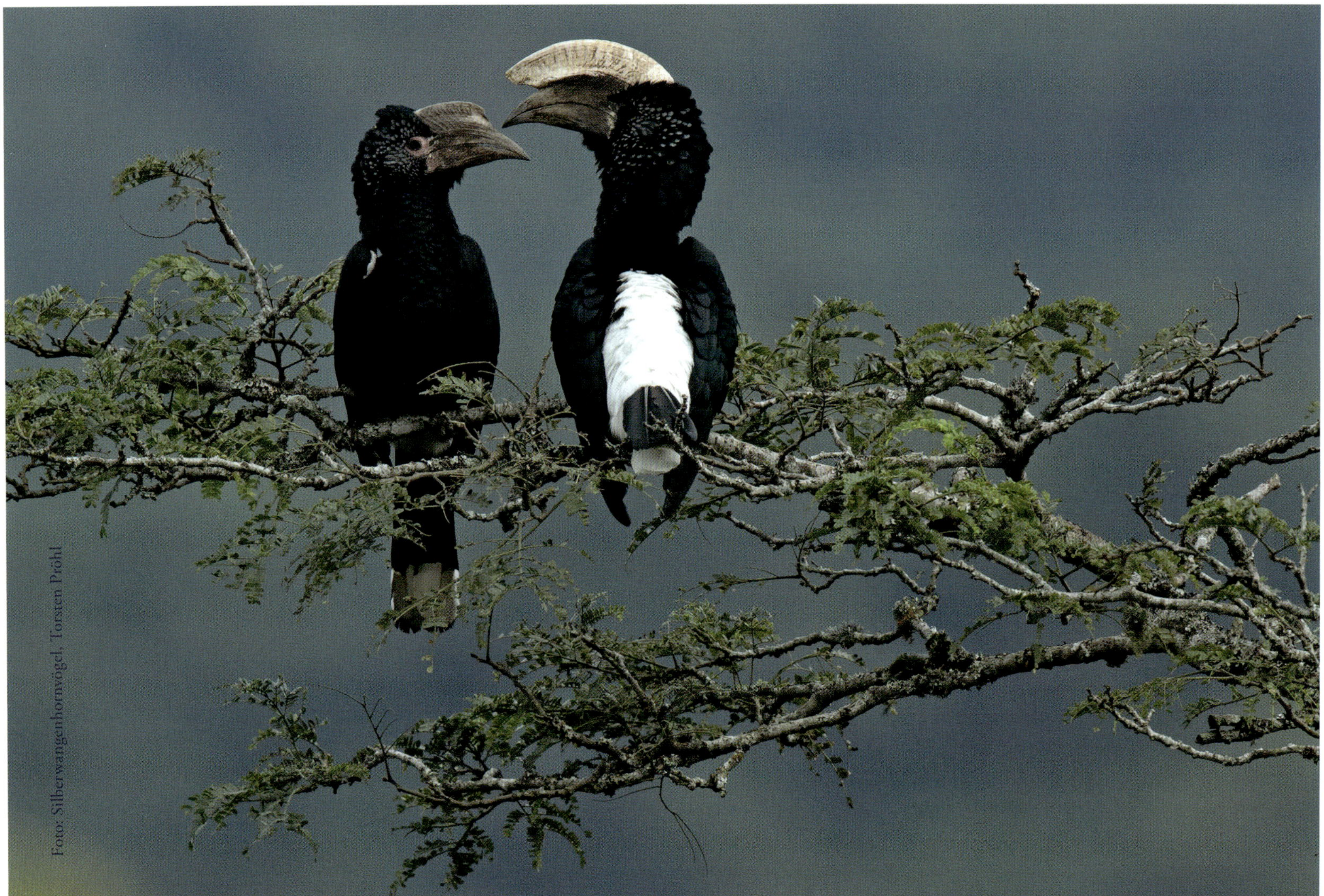

Foto: Silberwangenhornvögel, Torsten Pröhl

Foto: ©Per-Anders Pettersson

Regenwald retten? Wildkaffee trinken!

Wildkaffee aus Äthiopien von ORIGINAL FOOD schützt den Regenwald und bietet gleichzeitig rund 150.000 Menschen eine Perspektive.

Wie funktioniert das?

Kaffa, eine Region im Südwesten Äthiopiens, ist die ursprüngliche Heimat des Kaffees. Seit Tausenden von Jahren wachsen hier immergrüne Kaffeebäume inmitten schattenspendender Urwaldriesen. Schon lange sammeln die Menschen den wilden Kaffee für den Eigenbedarf. Könnte dieser Kaffee zu einer Einkommensquelle werden und so seine Heimat, die Bergregenwälder, nachhaltig geschützt werden?

Mit genau dieser Idee startete vor über 15 Jahren das Experiment von ORIGINAL FOOD. Seither erhalten die Bauern vor Ort für den gesammelten und an der Sonne getrockneten Wildkaffee einen äußerst attraktiven Preis, deutlich über „Fairen Preisen", sowie langfristige Abnahmegarantien. Aus der Not heraus hatten die Einwohner früher noch die Baumriesen für Ackerflächen und Brennholz gefällt. Jetzt pflücken die Kleinbauern unter ihrem Schatten die wilden Kaffeebohnen von Hand und können darüber ihr Einkommen sichern. Im eigenen Interesse schützen und erhalten sie heute die Regenwälder und mit ihnen ihre natürlichen Ressourcen.

Über 5.000 Unterarten der edlen Sorte Arabica findet man auf diesem kleinen Stückchen Erde. Der wilde Kaffee wächst dort, wo er die günstigsten Wachstumsbedingungen vorfindet – und diese Biodiversität kann man tatsächlich schmecken. Die Vielseitigkeit der Kaffa-Region an Böden, Höhen und Klimata bringt ganz individuelle Charakteristika der Arabica-Bohne hervor, eine unglaubliche Aromenvielfalt und -intensität.

Das Zusammenspiel von wildem Sortenreichtum in geringen Erntemengen, aufwendiger Auswahl der Kaffeekirschen per Hand, natürlicher Trocknung an der Sonne und schonender Röstung verleiht dem Kaffa-Kaffee sein gänzlich unverfälschtes, ursprüngliches Aroma und macht ihn zu einem der besten Kaffees.

www.originalfood.de

Alle ORIGINAL FOOD Wildkaffee-Produkte sind als streng kontrollierte Wildsammlung bio- sowie Naturland Fair-zertifiziert.

Bildnachweis
Alle Fotos stammen von Torsten Pröhl, mit Ausnahme von Seite 4, 15 oben, 108, 170, 230 oben, 238 oben, 240 oben, 242 oben, 246 oben, 248 oben, 262 oben, 270 oben, 272 unten, 282 unten, 284 oben, 288, 290 (Kai Gedeon), Seite 232 oben (Helmut und Gertrud Denzau) und Seite 317 (Kathrin Pröhl).

Auf der Umschlagvorderseite ist ein Erzrabe (*Corvus crassirostris*), auf
der Umschlagrückseite ein Pünktchenamarant (*Lagonosticta rufopicta*) abgebildet.

Bibliografische Information der Deutschen Nationalbibliothek
Die Deutsche Nationalbibliothek verzeichnet diese Publikation in der Deutschen Nationalbibliografie; detaillierte bibliografische Daten sind im Internet über http://dnb.dnb.de abrufbar.

Noahs Rabe. Artenvielfalt in Äthiopien
Kai Gedeon/Torsten Pröhl
Rangsdorf: Natur+Text 2022
320 Seiten; 24 × 29,5 cm
ISBN 978-3-942062-55-8

Friedensallee 21, D-15834 Rangsdorf, Tel. 03 37 08 / 20 431
verlag@naturundtext.de; www.naturundtext.de
Redaktion: Roland Lehmann (Natur+Text)
Layout, Satz und Umschlaggestaltung: Birgit Cirksena · Satzfein, Berlin & Katrin Wähner (Natur+Text)
Illustrationen: Katrin Wähner (Natur+Text)

Gesetzt aus der Adobe Garamond
Druck und Bindung: Druckerei & Verlag Steinmeier, Deiningen
Gedruckt auf MagnoSatin 135 g/m²

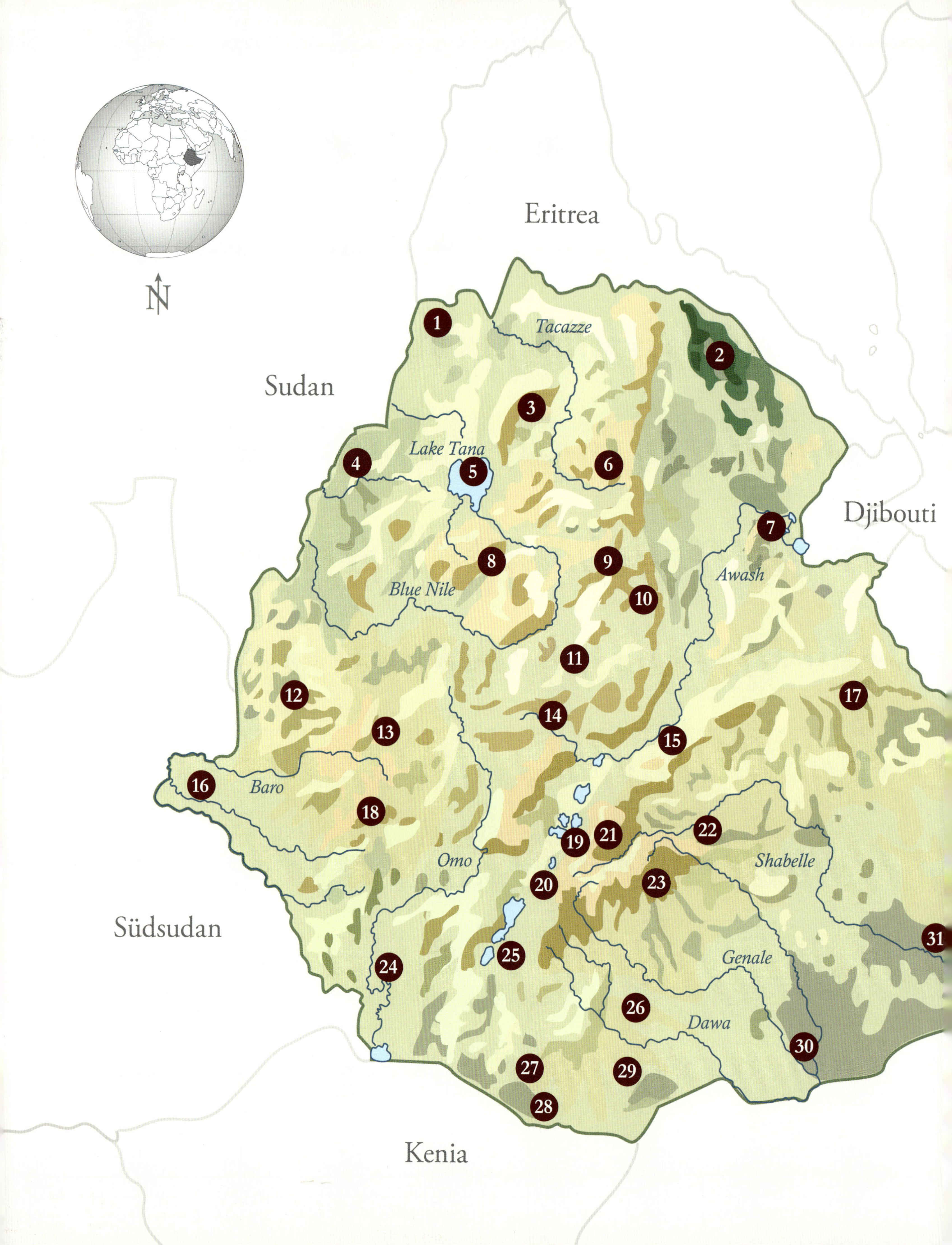

N
Eritrea
Sudan
Djibouti
Südsudan
Kenia
Tacazze
Lake Tana
Blue Nile
Awash
Baro
Omo
Shabelle
Genale
Dawa
1
2
3
4
5
6
7
8
9
10
11
12
13
14
15
16
17
18
19
20
21
22
23
24
25
26
27
28
29
30
31